通信建设工程概预算人员培训教材

通信建设工程概预算管理与实务

工业和信息化部通信工程定额质监中心　编著

人民邮电出版社

北　京

图书在版编目（CIP）数据

通信建设工程概预算管理与实务 / 工业和信息化部通信工程定额质监中心编著．—北京：人民邮电出版社，2009.3（2016.12重印）
 ISBN 978-7-115-19634-7

Ⅰ．通⋯ Ⅱ．工⋯ Ⅲ．①通信工程—概算编制—技术培训—教材②通信工程—预算编制—技术培训—教材 Ⅳ．TN91

中国版本图书馆 CIP 数据核字（2009）第 002354 号

内 容 提 要

本书以工信部规〔2008〕75 号文颁布的《通信建设概算、预算编制办法》及相关定额为基准，综合阐述了建设项目的基本概念、建设工程程序、工程造价的相关知识、建设工程定额的相关概念、历史发展过程以及通信建设工程现行定额内容结构，系统地介绍了现行通信建设工程概、预算编制的方法与基础知识，通信建设工程概、预算的管理与审查和通信建设工程价款结算的有关内容，并介绍了通信专业工程的概、预算编制示例。

本书主要供通信建设概、预算人员培训之用，也可供与通信建设工程概、预算工作相关的人员及相关院校通信工程造价管理方面的教学参考。

通信建设工程概预算管理与实务

- ◆ 编　著　工业和信息化部通信工程定额质监中心
  责任编辑　张兆晋
- ◆ 人民邮电出版社出版发行　北京市丰台区成寿寺路 11 号
  邮编　100164　电子邮件　315@ptpress.com.cn
  网址　http://www.ptpress.com.cn
  北京隆昌伟业印刷有限公司印刷
- ◆ 开本：787×1092　1/16
  印张：16.25
  字数：395 千字　　　　　　　　　　2009 年 3 月第 1 版
  印数：163 851 – 173 850 册　　　　 2016 年 12 月北京第 13 次印刷

ISBN 978-7-115-19634-7/TN

定价：68.00 元

读者服务热线：(010) 81055488　　印装质量热线：(010) 81055316
反盗版热线：(010) 81055315

本书编写人员

编委会主任：祝　军

编委会副主任：沈美丽　王晓丽　曲晶唯　刘晓丰

编写人员：刘晓丰　张永红　王建平　张亚丽　吴淑平

参编人员：于海春　孙东原　杜　锋　詹书林　周子义

　　　　　　胡　明　杨柳青　赵　玲　郭　武　刘　克

　　　　　　赵银山　冯鲁陵　王树林　梅　杰　刘建安

前　言

为适应通信建设发展需要，合理和有效控制工程建设投资，规范通信建设概算、预算的编制与管理，根据国家法律、法规及有关规定，2008年5月24日，工业和信息化部以工信部规〔2008〕75号文发布了《通信建设工程概算、预算编制办法》及相关定额（以下简称新定额）。新定额配套文件包括《通信建设工程费用定额》、《通信建设工程施工机械、仪表台班费用定额》、《通信建设工程预算定额》（共五册：第一册　通信电源设备安装工程、第二册　有线通信设备安装工程、第三册　无线通信设备安装工程、第四册　通信线路工程、第五册　通信管道工程），自2008年7月1日起实施。

在新定额发布前，电信建设工程概预算的编制依据是原邮电部1995年颁布的《通信建设工程概算、预算编制办法及费用定额》（邮部〔1995〕626号）及配套的通信各专业建设工程预算定额（以下简称"626定额"）。"626定额"对控制通信工程建设投资、规范通信工程计价行为起到了重要作用。但随着经济改革的不断深入，经济结构的调整，国家相关价格、工资等政策的调整，"626定额"结构和部分内容已不适应目前通信建设工程造价的需要，同时随着新技术、新业务的不断出现也要求对预算定额进行及时补充，为此，新定额对以上问题进行了修订和完善。

新定额主要调整了五个方面内容：第一是人工费的调增；第二是增加了社会保障费（养老保险、失业保险、医疗保险和住房公积金）；第三是仪器仪表使用费按实计取，从政策上保障施工企业的再生产能力；第四是预算定额中除新增子目外，为促进生产效率提高，对于工艺成熟的子目内容，调减了工日；第五是取消了按不同资质等级施工企业计取人工费的规定，取费基数也取消了按工程类别计取的相关规定。

为了使广大从事通信工程建设的概、预算工作人员能够正确地掌握和运用新定额，提高通信工程概、预算编制质量，合理确定工程造价，我们对原《通信建设工程概预人员培训教材》进行了较大修改，形成本教材。

本教材第一章从建设项目管理入手，综合阐述了建设项目的基本概念、基本建设程序、工程造价的相关知识；第二章介绍了定额的相关概念、历史发展过程，以及通信建设工程现行定额内容结构；第三章系统地介绍了现行通信建设工程概、预算编制的依据和方法，概、预算的管理与审查，通信建设工程识图，通信建设工程工程量计算规则等；第四章介绍了通信建设工程价款结算的有关内容；第五章是通信专业工程的概、预算编制示例，可供读者在学习中参考；附录收集了与本教材相关的电信工程图形符号。

本教材在知识结构方面更加合理、内容更为丰富，特别是充分考虑了不同专业人员学习的需要。本教材除作为通信建设工程概预算人员资格考试培训教材外，还可供设计、施工、建设管理等单位从事通信工程概预算的专业人员在业务工作中参考，也可作为相关院校通信工程造价管理方面的教学参考用书。

本教材是在工业和信息化部通信发展司的指导下编写完成的，在编写过程中也得到了部分通信建设、设计、施工等单位及有关人员的大力支持和帮助，在此一并表示衷心的感谢！

在本教材的编写过程中，虽然进行了较充分的论证和准备，但仍难免存在不足之处，殷切希望读者提出宝贵意见，以便进一步修改完善。

2008 年 12 月

目 录

第一章 建设项目管理和工程造价 ... 1
第一节 建设项目管理概述 ... 1
一、建设项目的基本概念 ... 1
二、建设项目分类 ... 2
第二节 建设程序 ... 5
一、我国的建设程序和历史沿革 ... 6
二、建设程序及内容 ... 6
第三节 工程造价 ... 10
一、工程造价的作用 ... 10
二、工程造价的计价特征 ... 11
三、工程造价的有效控制 ... 13

第二章 建设工程定额 ... 16
第一节 概述 ... 16
一、定额的产生与发展 ... 16
二、建设工程定额及其发展过程 ... 17
三、建设工程定额的分类 ... 18
四、建设工程定额管理 ... 21
第二节 通信建设工程预算定额 ... 23
一、预算定额的作用 ... 23
二、预算定额的编制程序 ... 23
三、现行通信建设工程预算定额的编制依据和基础 ... 25
四、现行通信建设工程预算定额的编制的原则 ... 25
五、现行通信建设工程预算定额的构成 ... 29
第三节 通信建设工程费用定额 ... 36
一、通信建设工程费用的构成 ... 36
二、建筑安装工程费用内容、相关定额及计算规则 ... 36
三、设备、工器具购置费费用内容、相关定额及计算规则 ... 46
四、工程建设其他费用内容、相关定额及计算规则 ... 47
五、预备费费用内容、相关定额及计算规则 ... 51
六、建设期利息的相关定额及计算规则 ... 52

第三章 通信建设工程概算、预算的编制 ... 53
第一节 通信建设工程概算、预算的概念 ... 53

一、概算、预算的含义 53
二、概算、预算的作用 53
三、概算、预算的构成 55
第二节 通信建设工程概算、预算的编制 56
一、概算、预算编制原则 56
二、概算、预算的编制依据 57
三、引进通信设备安装工程概算、预算的编制 57
四、概算、预算文件的组成 58
五、概算、预算的编制方法 71
六、概算、预算的审查 73
第三节 通信建设工程识图 76
一、工程识图 76
二、通信工程制图的要求 76
三、通信工程制图的统一规定 76
第四节 通信建设工程量计算规则 81
一、概述 81
二、通信设备安装工程量计算规则 82
三、通信线路工程工程量计算规则 85

第四章 工程价款结算 93
第一节 工程价款结算方法 93
一、工程价款结算的一般方式 93
二、按月结算工程价款的一般程序 93
三、国际咨询工程师联合会（FIDIC）合同条件下工程费的结算 94
第二节 通信建设工程价款结算 96
一、基本原则 96
二、工程合同价款的约定与调整 97
三、工程价款结算 98

第五章 通信建设工程概、预算编制示例 101
示例一 ××站电源设备安装工程初步设计概算 101
示例二 ××市话交换设备安装单项工程 115
示例三 ××—××光缆通信工程施工图设计××端站传输设备安装单项工程 131
示例四 ××移动通信基站设备安装工程施工图预算 150
示例五 ××直埋光缆线路单项工程施工图预算 164
示例六 交接箱配线管道电缆线路工程施工图预算 180
示例七 ××局架空光缆线路单项工程一阶段 施工图设计预算 192
示例八 ××电话局配套通信管道单项工程 一阶段施工图设计预算 207

附录 电信工程图形符号 224

第一章 建设项目管理和工程造价

项目管理是一门新兴的管理科学,是现代工程技术、管理理论和项目建设实践相结合的产物。它经过数十年的发展和完善已日趋成熟,并以经济上的明显效益在各发达国家得到广泛应用。实践证明,在经济建设领域中实行项目管理,对于提高项目质量、缩短建设周期、节约建设资金具有十分重要的作用。

我国近十几年来在工程建设领域内大力推行项目管理,对提高工程质量、保证工期、降低成本起到了重要作用,并取得了明显的经济效益。本章将介绍项目管理的有关基本概念、项目建设程序、工程造价等有关内容。

第一节 建设项目管理概述

一、建设项目的基本概念

建设项目是指按照一个总体设计进行建设,经济上实行统一核算,行政上有独立的组织形式,实行统一管理,由一个或若干个具有内在联系的工程所组成的总体。凡属于一个总体设计中的主体工程和相应的附属配套工程、综合利用工程、环境保护工程、供水供电工程等,均可作为一个建设项目。凡不属于一个总体设计,工艺流程上没有直接关系的几个独立工程,应分别作为不同的建设项目。

建设项目按照合理确定工程造价和建设管理工作的需要,可划分为单项工程、单位工程、分部工程和分项工程。

单项工程是建设项目的组成部分,是指具有单独的设计文件,建成后能够独立发挥生产能力或效益的工程。工业建设项目的单项工程一般是指能够生产出符合设计规定的主要产品的车间或生产线;非工业建设项目的单项工程一般是指能够发挥设计规定的主要效益的各个独立工程,如教学楼、图书馆等。通信建设单项工程划分见表1-1-1。

表 1-1-1 通信建设单项工程项目划分表

专业类别	单项工程名称	备 注
通信线路工程	1. ××光、电缆线路工程 2. ××水底光、电缆工程(包括水线房建筑及设备安装) 3. ××用户线路工程(包括主干及配线光、电缆、交接及配线设备、集线器、杆路等) 4. ××综合布线系统工程	进局及中继光(电)缆工程可按每个城市作为一个单项工程
通信管道工程	通信管道工程	

续表

专业类别	单项工程名称	备注
通信传输设备安装工程	1．××数字复用设备及光、电设备安装工程 2．××中继设备、光放设备安装工程	
微波通信设备安装工程	××微波通信设备安装工程（包括天线、馈线）	
卫星通信设备安装工程	××地球站通信设备安装工程（包括天线、馈线）	
移动通信设备安装工程	1．××移动控制中心设备安装工程 2．基站设备安装工程（包括天线、馈线） 3．分布系统设备安装工程	
通信交换设备安装工程	××通信交换设备安装工程	
数据通信设备安装工程	××数据通信设备安装工程	
供电设备安装工程	××电源设备安装工程（包括专用高压供电线路工程）	

单位工程是单项工程的组成部分，是指具有独立的设计文件，能单独施工，但建成后不能独立发挥生产能力或使用效益的工程。如一个生产车间的土建工程、电气照明工程、给排水工程、机械设备安装工程、电气设备安装工程等都是生产车间这个单项工程的组成部分，即单位工程。又如，住宅工程中的土建、给排水、电气照明等分别是一个单位工程。

分部工程是单位工程的组成部分。分部工程一般按工种来划分，例如土石方工程、脚手架工程、钢筋混凝土工程、木结构工程、金属结构工程、装饰工程等等。也可按单位工程的构成部分来划分，例如基础工程、墙体工程、梁柱工程、楼地面工程、门窗工程、屋面工程等等。一般建设工程概、预算定额的分部工程划分综合了上述两种方法。

分项工程是分部工程的组成部分。一般按照分部工程划分的方法划分分部工程，再将分部工程划分为若干个分项工程。例如基础工程还可以划分为基槽开挖、基础垫层、基础砌筑、基础防潮层、基槽回填土、土方运输等分项工程项目。分项工程划分的粗细程度视具体编制概、预算的不同要求而确定。

分项工程是建设工程的基本构造要素。通常，我们把这一基本构造要素称为"假定建设产品"。假定建设产品虽然没有独立存在的意义，但这一概念在预算编制原理、计划统计、建筑施工、工程概预算、工程成本核算等方面都是必不可少的重要概念。

二、建设项目分类

为了加强建设项目管理，正确反映建设的项目内容及规模，建设项目可按不同标准、原则或方法进行分类，如图 1-1-1 所示。

（一）按投资用途分类

按照投资的用途不同，建设项目可以分为生产性建设和非生产性建设两大类。

1．生产性建设

生产性建设是指直接用于物质生产或为满足物质生产需要的建设，包括工业建设、建筑业建设、农林水利气象建设、运输邮电建设、商业和物资供应建设和地质资源勘探建设。

上述运输邮电建设、商业和物资供应建设两项，也可以称为流通建设。因为流通过程是生产过程的继续，所以"流通过程"列入生产建设中。

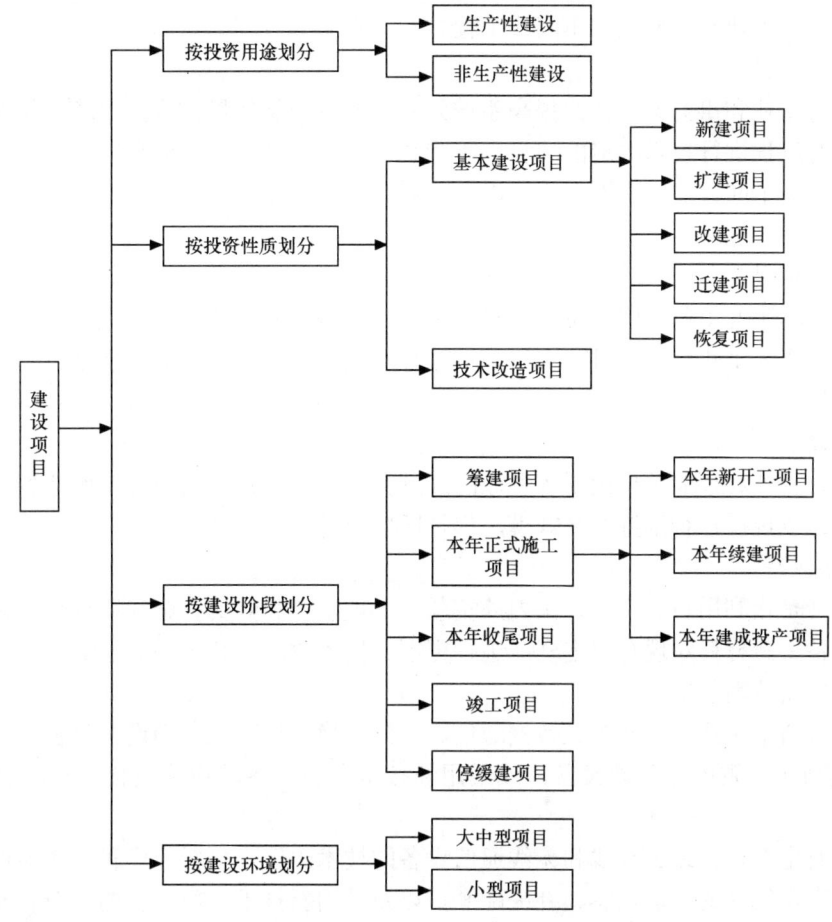

图 1-1-1 通信建设项目分类示意图

2．非生产性建设

非生产性建设一般是指用于满足人民物质生活和文化生活需要的建设，包括住宅建设、文教卫生建设、科学实验研究建设、公用事业建设和其他建设。

（二）按投资性质分类

按照投资的性质不同，建设项目可以划分为基本建设和技术改造两大类。

1．基本建设

基本建设是指利用国家预算内基建拨款投资、国内外基本建设贷款、自筹资金以及其他专项资金进行的，以扩大生产能力为主要目的的新建、扩建等工程的经济活动。具体包括以下几个方面。

（1）新建项目

是指从无到有，"平地起家"，新开始建设的项目；或原有基础很小，重新进行总体设计，经扩大建设规模后，其新增加的固定资产价值超过原有固定资产价值3倍以上的建设项目，也属于新建项目。

（2）扩建项目

是指原有企业和事业单位为扩大原有产品的生产能力和效益，或为增加新的产品的生产能力和效益，而扩建的主要生产车间或工程。

(3) 改建项目

是指原有企业和事业单位，为提高生产效率，改进产品质量，或为改进产品方向，对原有设备、工艺流程进行技术改造的项目。有些企业和事业单位为了提高综合生产能力，增加一些附属和辅助车间或非生产性工程，以及工业企业为改变产品方案而改装设备的项目，也属于改建项目。

(4) 恢复项目

是指企业和事业单位的固定资产因自然灾害、战争或人为的灾害等原因已全部或部分报废，而后又投资恢复建设的项目。不论是按原来规模恢复建设，还是在恢复同时进行扩建的都算恢复项目。

(5) 迁建项目

是指原有企业和事业单位由于各种原因迁到另外的地方建设的项目。搬迁到另外地方建设，不论其建设规模是否维持原来规模，都是迁建项目。

2．技术改造

技术改造是指利用自有资金、国内外贷款、专项基金和其他资金，通过采用新技术、新工艺、新设备、新材料对现有固定资产进行更新、技术改造及其相关的经济活动。通信技术改造项目的主要范围包括：

(1) 现有通信企业增装和扩大数据通信、程控交换、移动通信等设备以及营业服务的各项业务的自动化、智能化处理设备，或采用新技术、新设备的更新换代及相应的补缺配套工程。

(2) 原有电缆、光缆、有线和无线通信设备的技术改造、更新换代和扩容工程。

(3) 原有本地网的扩建增容、补缺配套，以及采用新技术、新设备的更新和改造工程。

(4) 其他列入技术改造计划的工程。

(三) 按建设阶段分类

按建设阶段不同，建设项目可划分为筹建项目、本年正式施工项目、本年收尾项目、竣工项目、停缓建项目五大类。

1．筹建项目

是指尚未正式开工，只是进行勘察设计、征地拆迁、场地平整等为建设做准备工作的项目。

2．本年正式施工项目

是指本年正式进行建筑安装施工活动的建设项目。包括本年新开工的项目，以前年度开工跨入本年继续施工的续建项目，本年建成投产的项目和以前年度全部停缓建在本年恢复施工的项目。

(1) 本年新开工项目

是指报告期内新开工的建设项目。包括新开工的新建项目、扩建项目、改建项目、单纯建造生活设施项目、迁建项目和恢复项目。

(2) 本年续建项目

是指本年以前已经正式开工，跨入本年继续进行建筑安装和购置活动的建设项目。以前年度全部停缓建,在本年恢复施工的项目也属于续建项目。

(3) 建成投产项目

是指报告期内按设计文件规定建成主体工程和相应配套的辅助设施,形成生产能力(或工程效益),经过验收合格,并且已正式投入生产或交付使用的建设项目。

3．本年收尾项目

是指以前年度已经全部建成投产,但尚有少量不影响正常生产或使用的辅助工程或非生产性工程在报告期继续施工的项目。本年收尾项目是报告期施工项目的一部分,但不属于正式施工项目。

4．竣工项目

是指整个建设项目按设计文件规定的主体工程和辅助、附属工程全部建成,并已正式验收移交生产或使用部门的项目。建设项目的全部竣工是建设项目建设过程全部结束的标志。

5．停缓建项目

是指经有关部门批准停止建设或近期内不再建设的项目。停缓建项目分为全部停缓建项目和部分停缓建项目。

(四) 按建设规模分类

按建设规模不同,建设项目可划分为大中型和小型两类。

建设项目的大中型和小型是按项目的建设总规模或总投资确定的。生产单一产品的工业企业,按产品的设计能力划分;生产多种产品的工业企业,按其主要产品的设计能力划分;产品种类繁多,难以按生产能力划分的,按全部投资额划分;新建项目,按整个项目的全部设计能力所需要的全部投资划分;改、扩建项目,按改、扩建新增加的设计能力,或改、扩建所需要全部投资划分。对国民经济具有特殊意义的某些项目,例如,产品为全国服务,或者生产新产品,采用新技术的重大项目,以及对发展边远地区和少数民族地区经济有重大作用的项目,虽然设计能力或全部投资不够大中型标准,经国家指定,列入大中型项目计划的,也可以按大中型项目管理。

工业建设项目和非工业建设项目的大中型、小型划分标准,会根据各个时期经济发展水平和实际工作中的需要而有所变化,执行时以国家主管部门的规定为准。

第二节 建 设 程 序

建设程序是指建设项目从项目建议、可研、评估、决策、设计、施工到竣工验收、投入生产整个建设过程中,各项工作必须遵循的先后顺序的法则。这个法则是在人们认识客观规律的基础上制定出来的,是建设项目科学决策和顺利进行的重要保证,是多年来从事建设管理经验总结的高度概括,也是取得较好投资效益必须遵循的工程建设管理方法。按照建设项目进展的内在联系和过程,建设程序分为若干阶段,它们之间的先后次序和相互关系,不是任意决定的。这些进展阶段有严格的先后顺序,不能任意颠倒。违反了这个规律就会使建设工作出现严重失误,甚至造成建设资金的重大损失。

一、我国的建设程序和历史沿革

我国的建设程序是随着我国社会主义建设的进行,随着人们对建设工作认识的日益深化,逐步建立发展和完善起来的。

建国以后,随着恢复经济和开展建设工作,建设程序的制定就开始了。1952年1月政务院财政经济委员会颁发了《基本建设工作暂行办法》,1956年5月颁发了《关于加强设计工作的决定》、《关于加强新工业区和新工业城市建设设计工作几个问题的决定》,这几个文件对我国大规模经济建设和新工业区建设起到了重要的指导作用。

1958年大跃进时期,基本建设程序被忽视,建设过程中正常秩序被打乱,结果造成很大的浪费,社会生产力受到损害,社会生产陷入困境。

1961年～1965年国民经济调整时期,建设程序重新被重视和肯定,管理部门恢复了一系列基本建设管理制度,国务院也先后颁发了一系列文件,对于克服基本建设混乱,恢复按建设程序办事起到很好的作用,建设程序也比以前更具体、更完善。

"文革"时期,建设程序遭到了更大的否定,并被当作修正主义的管理方式被彻底批判,基本建设处于一种无序状态。

党的十一届三中全会以来,建设程序又再次得到了重视和肯定,并先后制定一系列法规性文件,如《关于基本建设程序的若干规定》、《关于做好基本建设前期工作的通知》、《技术引进和设备进口工作暂行条例》、《关于建设项目进行可行性研究的试行管理办法》。1984年,根据改进计划管理体制的精神,确定所有项目都实行项目建议书和设计任务书两阶段审批制度,利用外资、改进技术项目以可行性研究报告代替设计任务书。1991年,国家计委又明确将国内投资项目的设计任务书和利用外资项目的可行性研究报告统一称为可行性研究报告,取消设计任务书的名称。1988年我国开始项目后评价试点工作,逐步形成了一套具有中国特色的后评价方法。

近年来,有些法规、文件停止使用,各地报批建设项目的建设程序也有所不同,但基本阶段的划分和主要环节仍符合上述文件精神。

二、建设程序及内容

在我国,一般的大中型和限额以上的建设项目从建设前期工作到建设、投产要经过项目建议书、可行性研究、初步设计、年度计划安排、施工准备、施工图设计、施工招投标、开工报告、施工、初步验收、试运转、竣工验收、交付使用等环节。具体到通信行业基本建设项目和技术改造建设项目,尽管其投资管理、建设规模等有所不同,但建设过程中的主要程序基本相同。下面就以图1-2-1为例,对建设项目的建设程序及内容加以说明。

(一)立项阶段

1. 项目建议书

各部门、各地区、各企业根据国民经济和社会发展的长远规划、行业规划、地区规划等要求,经过调查、预测、分析,提出项目建议书。

项目建议书的审批,视建设规模按国家相关规定执行。

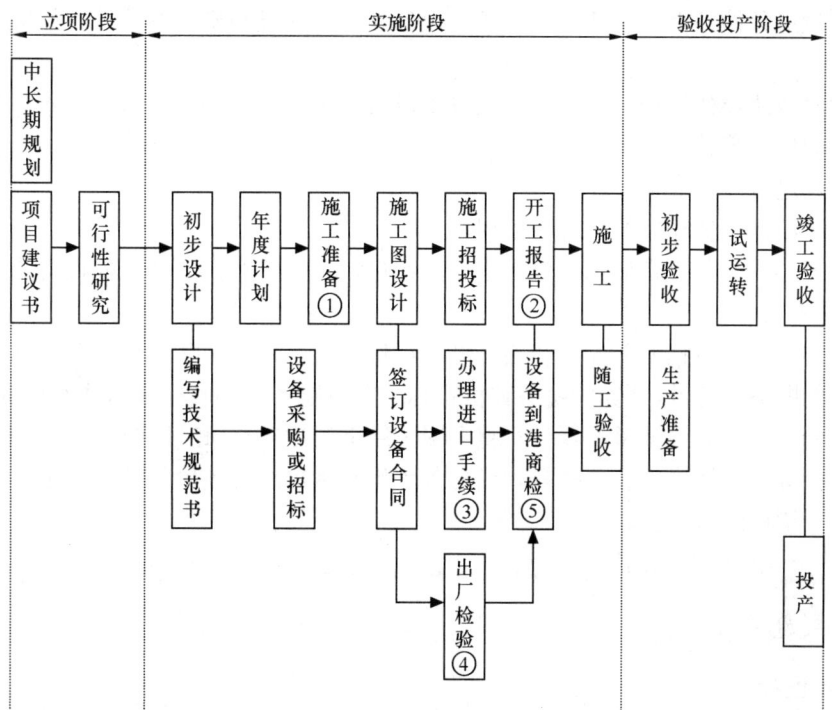

图 1-2-1 通信基本建设程序图

2．可行性研究

建设项目可行性研究是对拟建项目在决策前进行方案比较、技术经济论证的一种科学分析方法，是基本建设前期工作的重要组成部分。根据主管部门的相关规定，凡是达到国家规定的大中型建设规模的项目，以及利用外资的项目、技术引进项目、主要设备引进项目、国际出口局新建项目、重大技术改造项目等，都要进行可行性研究。小型通信建设项目，进行可行性研究时，也要求参照其相关规定进行技术经济论证。

可行性研究报告的内容根据行业的不同而各有所侧重，通信建设工程的可行性研究报告一般应包括以下几项主要内容：

（1）总论。包括项目提出的背景，建设的必要性和投资效益，可行性研究的依据及简要结论等。

（2）需求预测与拟建规模。包括业务流量、流向预测，通信设施现状，国家从战略、边海防等需要出发对通信特殊要求的考虑，拟建项目的构成范围及工程拟建规模容量等。

（3）建设与技术方案论证。包括组网方案，传输线路建设方案，局站建设方案，通路组织方案，设备选型方案，原有设施利用、挖潜和技术改造方案以及主要建设标准的考虑等。

（4）建设可行性条件。包括资金来源，设备供应，建设与安装条件，外部协作条件以及环境保护与节能等。

（5）配套及协调建设项目的建议。如进城通信管道，机房土建，市电引入，空调以及配套工程项目的提出等。

（6）建设进度安排的建议。

（7）维护组织、劳动定员与人员培训。

（8）主要工程量与投资估算。包括主要工程量，投资估算，配套工程投资估算，单位造价指标分析等。

（9）经济评价。包括财务评价和国民经济评价。财务评价是从通信企业或通信行业的角度考察项目的财务可行性，计算的财务评价指标主要有财务内部收益率和静态投资回收期等；国民经济评价是从国家角度考察项目对整个国民经济的净效益，论证建设项目的经济合理性，计算的主要指标是经济内部收益率等。当财务评价和国民经济评价的结论发生矛盾时，项目的取舍取决于国民经济评价。

（10）需要说明的有关问题

（二）实施阶段

1. 初步设计

初步设计是根据批准的可行性研究报告，以及有关的设计标准、规范，并通过现场勘察工作取得可靠的设计基础资料后进行编制的。初步设计的主要任务是确定项目的建设方案、进行设备选型、编制工程项目的总概算。其中，初步设计中的主要设计方案及重大技术措施等应通过技术经济分析，进行多方案比选论证，未采用方案的扼要情况及采用方案的选定理由均应写入设计文件。

每个建设项目都应编制总体设计部分的总体设计文件（即综合册）和各单项工程设计文件，其内容深度要求如下：

（1）总设计文件内容包括设计总说明及附录，各单项设计总图，总概算编制说明及概算总表。设计总说明的具体内容可参考各单项工程设计内容择要编写。总说明的概述一节，应扼要说明设计的依据及其结论意见，叙述本工程设计文件应包括的各单项工程分册及其设计范围分工（引进设备工程要说明与外商的设计分工），建设地点现有通信情况及社会需要概况，设计利用原有设备及局所房屋的鉴定意见，本工程需要配合及注意解决的问题（例如抗震设防、人防、环保等要求，后期发展与影响经济效益的主要因素，本工程的网点布局、网络组织、主要的通信组织等），以表格列出本期各单项工程规模及可提供的新增生产能力并附工程量表、增员人数表、工程总投资及新增固定资产值、新增单位生产能力、综合造价、传输质量指标分析、本期工程的建设工期安排意见，以及其他必要的说明等。

（2）各单项工程设计文件一般由文字说明、图纸和概算三部分组成，具体内容依据各专业的特点而定。概括起来应包括以下内容：概述，设计依据，建设规模，产品方案，原料、燃料、动力的用量和来源，工艺流程，主要设计标准和技术措施，主要设备选型及配置，图纸，主要建筑物、构筑物，公用、辅助设施，主要材料用量，配套建设项目，占地面积和场地利用情况，综合利用、"三废"治理、环境保护设施和评价，生活区建设，抗震和人防要求，生产组织和劳动定员，主要工程量及总概算，主要经济指标及分析，需要说明的有关问题等。

2. 年度计划

包括基本建设拨款计划、设备和主材（采购）储备贷款计划、工期组织配合计划等，是编制保证工程项目总进度要求的重要文件。

建设项目必须具有经过批准的初步设计和总概算，经资金、物资、设计、施工能力等综合平衡后，才能列入年度建设计划。经批准的年度建设计划是进行基本建设拨款或贷款的主要依据，应包括整个工程项目和年度的投资及进度计划。

3. 施工准备

施工准备是基本建设程序中的重要环节，是衔接基本建设和生产的桥梁。建设单位应根据建设项目或单项工程的技术特点，适时组成机构，做好以下几项工作：

（1）制定建设工程管理制度，落实管理人员；
（2）汇总拟采购设备、主材的技术资料；
（3）落实施工和生产物资的供货来源；
（4）落实施工环境的准备工作，如征地、拆迁、"三通一平"（水、电、路通和平整土地）等。

4. 施工图设计

施工图设计文件应根据批准的初步设计文件和主要设备订货合同进行编制，并绘制施工详图，标明房屋、建筑物、设备的结构尺寸，安装设备的配置关系和布线，施工工艺和提供设备、材料明细表，并编制施工图预算。

施工图设计文件一般由文字说明、图纸和预算三部分组成。各单项工程施工图设计说明应简要说明批准的初步设计方案的主要内容并对修改部分进行论述，注明有关批准文件的日期、文号及文件标题，提出详细的工程量表，测绘出完整的线路（建筑安装）施工图纸、设备安装施工图纸，包括建设项目的各部分工程的详图和零部件明细表等。它是初步设计（或技术设计）的完善和补充，是据以施工的依据。施工图设计的深度应满足设备、材料的定货，施工图预算的编制，设备安装工艺及其他施工技术要求等。施工图设计可不编制总体部分的综合文件。

5. 施工招标或委托

施工招标是建设单位将建设工程发包，鼓励施工企业投标竞争，从中评定出技术、管理水平高、信誉可靠且报价合理的中标企业。推行施工招标对于择优选择施工企业，确保工程质量和工期具有重要意义。

施工招标依照《中华人民共和国招标投标法》规定，可采用公开招标和邀请招标两种形式。

6. 开工报告

经施工招标，签订承包合同后，建设单位在落实了年度资金拨款、设备和主材的供货及工程管理组织后，于开工前一个月会同施工单位向主管部门提出开工报告。

在项目开工报批前，应由审计部门对项目的有关费用计取标准及资金渠道进行审计，然后方可正式开工。

7. 施工

通信建设项目的施工应由持有相关资质证书的单位承担。施工单位应按批准的施工图设计进行施工。

在施工过程中，对隐蔽工程在每一道工序完成后由建设单位委派的工地代表随工验收，如是采用监理的工程则由监理工程师履行此项职责。验收合格后才能进行下一道工序。

（三）验收投产阶段

1. 初步验收

初步验收通常是指单项工程完工后，检验单项工程各项技术指标是否达到设计要求。初步验收一般是由施工企业完成施工承包合同工程量后，依据合同条款向建设单位申请项目完工验收，提出交工报告，由建设单位或由其委托监理公司组织相关设计、施工、维护、档案及质量管理等部门参加。

除小型建设项目外，其他所有新建、扩建、改建等基本建设项目以及属于基本建设性质的技术改造项目，都应在完成施工调测之后进行初步验收。初步验收的时间应在原定计划建设工期内进行。初步验收工作包括检查工程质量，审查交工资料，分析投资效益，对发现的问题提出处理意见，并组织相关责任单位落实解决。

2. 试运转

试运转由建设单位负责组织，供货厂商、设计、施工和维护部门参加，对设备、系统的性能、功能和各项技术指标以及设计和施工质量等进行全面考核。经过试运转，如发现有质量问题，由相关责任单位负责免费返修。在试运转期（3个月）内，网路和电路运行正常即可组织竣工验收的准备工作。

3. 竣工验收

竣工验收是工程建设过程的最后一个环节，是全面考核建设成果、检验设计和工程质量是否符合要求，审查投资使用是否合理的重要步骤。竣工验收对保证工程质量、促进建设项目及时投产、发挥投资效益、总结经验教训有重要作用。

竣工项目验收前，建设单位应向主管部门提出竣工验收报告，编制项目工程总决算（小型项目工程在竣工验收后的1个月内将决算报上级主管部门；大中型项目工程在竣工验收后的3个月内将决算报上级主管部门），并系统整理出相关技术资料（包括竣工图纸、测试资料、重大障碍和事故处理记录），清理所有财产和物资等，报上级主管部门审查。竣工项目经验收交接后，应迅速办理固定资产交付使用的转账手续（竣工验收后的3个月内应办理固定资产交付使用的转账手续），技术档案移交维护单位统一保管。

第三节 工程造价

工程造价是指建设一项工程预期开支或实际开支的全部固定资产投资费用。投资者为了获得预期的效益，就要通过项目评估进行决策，然后进行设计招标、工程招标，直至竣工验收等一系列建设管理活动，使投资转化为固定资产和无形资产。

一、工程造价的作用

工程造价涉及国民经济各部门、各行业社会再生产中的各个环节，也直接关系到人民群众的相关利益,所以它的作用范围和影响程度都很大。其作用主要体现在以下几个方面。

(一)建设工程造价是项目决策的工具

建设工程投资大、生产和使用周期长等特点决定了项目决策的重要性。工程造价决定着项目的一次性投资费用。投资者是否有能力并认为值得支付这项费用,是项目决策中要考虑的主要问题。财务能力是一个独立的投资主体必须首先要解决的问题。如果建设工程的投资超过投资者的支付能力,就会迫使他放弃拟建的项目;如果项目投资的效果达不到预期的目标,投资者也会放弃拟建的工程。因此在项目决策阶段,建设工程造价就成为项目财务分析和经济评价的重要依据。

(二)建设工程造价是制定投资计划和控制投资的有效工具

投资计划是按照建设工期、进度和建设工程建造价格等,逐年、分月加以制定的。正确的投资计划有助于合理而有效地使用建设资金。

工程造价在控制投资方面的作用非常显见。工程造价是通过多次性预估,最终通过竣工决算确定下来的。每一次预估的过程就是对造价的控制过程,这种控制是在投资者财务能力的限度内,为取得既定的投资效益所必须的。建设工程造价对投资的控制也表现在利用各类定额、标准和参数,对建设工程造价进行控制。在市场经济利益风险机制的作用下,造价对投资控制作用成为投资的内部约束机制。

(三)建设工程造价是筹集建设资金的依据

投资体制的改革和市场经济的建立,要求项目的投资者必须有很强的筹资能力,以保证工程建设有充足的资金供应。工程造价基本决定了建设资金的需求量,从而为筹集资金提供了比较准确的依据。同时,金融机构也需要依据工程造价来确定给予投资者的贷款数额。

(四)建设工程造价是合理利益分配和调节产业结构的手段

工程造价的高低,涉及到国民经济各部门和企业间的利益分配。在市场经济中,工程造价也无不例外地受供求状况的影响,并在围绕价值的波动中实现对建设规模、产业结构和利益分配的调节。加上政府正确的宏观调控和价格政策导向,工程造价在这方面的作用就会充分发挥出来。

(五)工程造价是评价投资效果的重要指标

建设工程造价是一个包含着多层次工程造价的体系。就一个工程项目来说,它既是建设项目的总造价,又包含单项工程的造价和单位工程的造价,同时也包含单位生产能力的造价。所有这些,使工程造价自身形成了一个指标体系,能够为评价投资效果提供多种评价指标,并能够形成新的价格信息,为今后类似建设工程项目的投资提供可靠的参考。

二、工程造价的计价特征

工程造价的特点,决定了工程造价的计价特征。了解这些特征,对工程造价的确定与控制是非常必要的。

（一）单件性计价特征

产品的差别性决定每项工程都必须依据其差别单独计算造价。这是因为每个建设项目所处的地理位置、地形地貌、地质结构、水文、气候、建筑标准以及运输、材料供应等都有它独特的形式和结构，需要一套单独的设计图纸，并采取不同的施工方法和施工组织，不能像对一般工业产品那样按品种、规格、质量等成批的定价。

（二）多次性计价特征

建设工程周期长、规模大、造价高，因此要按建设程序分阶段实施，在不同的阶段影响工程造价的各种因素逐步被确定，适时地调整工程造价，以保证其控制的科学性。多次性计价就是一个逐步深入、逐步细化和逐步接近实际造价的过程。工程多次性计价的过程如图 1-3-1 所示。

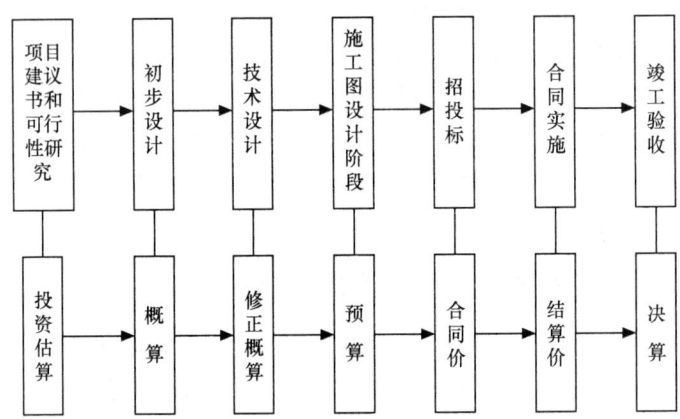

注：联线表示对应关系，箭头表示多次计价流程及逐步深化过程。

图 1-3-1　工程多次性计价过程示意图

1. 投资估算

投资估算是指在项目建议书或可研阶段，对拟建项目通过编制估算文件确定的项目总投资额。投资估算是决策、筹资和控制建设工程造价的主要依据。

2. 概算

指在初步设计阶段，按照概算定额、概算指标或预算定额编制的工程造价。概算造价分为建设项目总概算、单项工程概算和单位工程概算等。

3. 修正概算

指在技术设计阶段按照概算定额、概算指标或预算定额编制的工程造价。它对初步设计概算进行修正调整，比概算更接近项目的实际价格。

4. 预算

指在施工图设计阶段按照预算定额编制的工程造价。建安工程造价是预算造价的重要组成部分。

5. 合同价

指在工程招投标阶段通过签订总承包合同、建筑安装承包合同、设备采购合同，以及技术和咨询服务合同等确定的价格。合同价属于市场价格的性质，它是由承发包双方根据市场行情共同议定和认可的成交价格。按计价方法不同，建设工程合同有固定合同价、可调合同价和工程成本加酬金确定合同价等三种类型。不同类型合同价内涵也有所不同。

6. 结算价

是指在工程结算时，根据不同合同方式进行的调价范围和调价方法，对实际发生的工程量增减、设备和材料价差等进行调整后计算和确定的价格。结算价是该结算工程的实际价格。

以上内容说明，多次性计价是一个由粗到细、由浅入深、由概略到精确的过程，也是一个复杂而重要的管理系统工程。

（三）组合性特征

工程造价的计算是分步组合而成，这一特征和建设项目的组合性有关。一个建设项目是一个工程综合体，这个综合体可以分解为许多有内在联系的独立和不能独立的工程。单位工程的造价可以分解出分部、分项工程的造价。从计价和工程管理的角度，分部、分项工程还可以再分解。由上可以看出，建设项目的这种组合性决定了计价的过程是一个逐步组合的过程。这一特征在计算概算造价和预算造价时尤为明显，所以也反映到了合同价和结算价中。

按照工程项目划分，工程造价的计算过程和计算顺序是：分部、分项工程造价—单位工程造价—单项工程造价—建设项目总造价。

分部、分项工程是编制施工预算和统计实物工程量的依据，也是计算施工产值和投资完成额的基础。

（四）方法的多样性特征

为适应多次性计价以及各阶段对造价的不同精确度要求，计算和确定工程造价的方法有综合指标估算法、单位指标估算法、套用定额法、设备系数法等。不同的方法各有利弊，适应条件也不同，所以计价时要加以选择。

（五）影响工程造价因素分类

依据的复杂性特征，影响工程造价的因素主要可分为以下七类：

（1）计算设备和工程量依据。包括项目建设书、可行性研究报告、设计图纸等。

（2）计算人工、材料、机械等实物消耗量依据。包括投资估算指标、概算定额、预算定额等。

（3）计算工程单价的价格依据。包括人工单价、材料价格、机械和仪表台班价格等。

（4）计算设备单价依据。包括设备原价、设备运杂费、进口设备关税等。

（5）计算措施费、间接费和工程建设其他费用依据，主要是相关的费用定额和指标。

（6）政府规定的税、费。

（7）物价指数和工程造价指数。

依据的复杂性不仅使计算过程复杂，而且要求计价人员熟悉各类依据，并要正确加以利用。

三、工程造价的有效控制

建设工程造价的有效控制是工程建设管理的重要组成部分。所谓建设工程造价控制，就是在投资决策阶段、设计阶段、建设项目发包阶段和建设实施阶段，把建设工程造价的发生控制在批准的造价限额以内，随时纠正发生的偏差，以保证项目管理目标的实现，以求在各个建设项目中能合理使用人力、物力、财力，取得较好的投资效益和社会效益。

（一）建设工程造价控制目标的设置

控制是为确保目标的实现而服务的。一个系统若没有目标，就不需要、也无法进行控制。目标的设置应是很严肃的，应有科学的依据。

工程项目建设过程是一个周期长、数量大的生产消费过程，而建设者的经验知识是有限的。它不但常常受到科学条件和技术条件的限制，而且也受到客观过程的发展及其表现程度的限制，所以不可能在工程项目伊始，就能设置一个科学的、一成不变的造价控制目标，而只能设置一个大致的造价控制目标，这就是投资估算。随着工程建设实践、认识、再实践、再认识，投资控制目标一步步清晰、准确，这就是设计概算、设计预算、承包合同价和工程结算价等。也就是说，建设工程造价控制目标的设置应是随着工程项目建设实践的不断深入而分阶段进行的。具体来讲，投资估算应是设计方案选择和进行初步设计的建设工程造价控制目标；设计概算应是进行技术设计和施工图设计的工程造价控制目标；施工图预算或建安工程承包合同价则应是施工阶段控制建安工程造价的目标。造价控制目标是有机联系的整体，各阶段目标相互制约、相互补充，前者控制后者，后者补充前者，共同组成工程造价控制的目标系统。

（二）以设计阶段为重点的建设全过程造价控制

工程造价控制贯穿于项目建设全过程，这一点是没有疑义的，而且必须重点突出。很显然，工程造价控制的关键在于施工前的投资决策和设计阶段，而在项目作出投资决策后，控制工程造价的关键就在于设计。建设工程全寿命费用包括工程造价和工程交付使用后的经常开支费用（含经营费用、日常维护修理费用、使用期内大修理和局部更新费用）以及该项目使用期满后的报废拆除费用等。

长期以来，我国普遍忽视工程建设项目前期工作阶段的造价控制，而往往把控制工程造价的主要精力放在施工阶段——审核施工图预算，合理结算建安工程价款，算细账。这样做尽管也有效果，但毕竟是"亡羊补牢"，事倍功半。要有效地控制建设工程造价，就要坚决地把控制重点转到建设前期阶段上来，尤其是抓住设计这个关键阶段，未雨绸缪，以取得事半功倍的效果。

（三）主动控制，以取得令人满意的结果

传统决策理论是建立在绝对的逻辑基础上的一种封闭式决策模型。它把人看作具有绝对理性的"理性的人"或"经济人"，决策人在决策时本能地遵循最优化原则（即取影响目标的各种因素的最有利的值）来选择实施方案。而以美国经济学家西蒙首创的现代决策理论的核心则是"令人满意"准则。西蒙认为，由于人的头脑能够思考和解答问题的容量同问题本身规模相比是渺小的，因此在现实世界里，要采取客观合理的举动，哪怕接近客观合理性，也是很困难的。因此，对决策人来说，最优化决策几乎是不可能的。西蒙提出用"令人满意"这个词来代替"最优化"，他认为决策人在决策时可先对各种客观因素、执行人据以采取的可

能行动以及这些行动的可能后果加以综合研究,并确定一套切合实际的衡量准则。如某一可行方案符合这种衡量准则,并能达到预期的目标,则这一方案便是满意的方案,可以采纳;否则应对原衡量准则作适当的修改,继续挑选。

一般说来,项目管理工程师在项目建设时的基本任务是对建设项目的建设工期、工程造价和工程质量进行有效的控制,为此,应根据业主的要求及建设的客观条件进行综合研究,实事求是地确定一套切合实际的衡量准则。只要造价控制的方案符合这套衡量准则,取得令人满意的结果,则应该说造价控制达到了预期的目标。

（四）技术与经济相结合是控制工程造价最有效的手段

要有效地控制工程造价,应从组织、技术、经济、合同与信息管理等多方面采取措施。从组织上采取的措施,包括明确项目组织结构,明确造价控制者及其任务以使造价控制有专人负责,明确管理职能分工;从技术上采取措施,包括重视设计多方案选择,严格审查监督初步设计、技术设计、施工图设计、施工组织设计,深入技术领域研究节约投资的可能;从经济上采取措施,包括动态地比较造价的计划值和实际值,严格审核各项费用支出,采取对节约投资的有力奖励措施等。

第二章　建设工程定额

建设项目在建设过程中需要多次计价。随着建设项目管理的深入和发展，作为这些计价的主要依据——建设工程定额，已被提到一个非常重要的位置。按照经济规律的要求，根据社会主义市场经济的发展形势，在建设项目建设的各个阶段采用科学的计价依据和先进的计价管理手段，是合理确定工程造价和有效控制工程造价的重要保证。本章将介绍建设工程定额的相关基础知识，重点说明通信建设工程概、预算定额及费用定额的结构及水平。

第一节　概　　述

在生产过程中，为了完成某一单位合格产品，就要消耗一定的人工、材料、机具设备和资金。由于这些消耗受技术水平、组织管理水平及其他客观条件的影响，所以其消耗水平是不相同的。因此，为了统一考核其消耗水平，便于经营管理和经济核算，就需要有一个统一的平均消耗标准。所谓定额，就是在一定的生产技术和劳动组织条件下，完成单位合格产品在人力、物力、财力的利用和消耗方面应当遵守的标准。它反映了行业在一定时期内的生产技术和管理水平，是企业搞好经营管理的前提，也是企业组织生产、引入竞争机制的手段，是进行经济核算和贯彻"按劳分配"原则的依据；它是管理科学中的一门重要学科，属于技术经济范畴，是实行科学管理的基础工作之一。

一、定额的产生与发展

劳动定额成为企业管理的一门科学，始于19世纪末至20世纪初。当时，美国的经济正处于上升时期，工业发展很快，但由于依旧采用传统的、旧的管理方法，工人劳动生产率低，远远落后于当时科学技术成就所应当达到的水平，而且劳动强度很高，工人每周劳动时间平均在60小时以上。在这种背景下，美国工程师弗·温·泰罗（1856—1915）开始了对企业管理方法的研究，其目的是解决如何提高工人的劳动效率的问题。他进行了各种试验，努力把当时科学技术的最新成就应用于企业管理。他着重从工人的操作方法上研究工时的科学利用，把工作时间分成若干工序，并利用秒表来记录工人每一动作及其消耗的时间，制订出工时定额作为衡量工人工作效率的尺度。他还十分重视研究工人的操作方法，对工人在劳动中的操作和动作逐一记录分析研究，把各种最经济、最有效的动作集中起来，制订出最节约工作时间的所谓标准操作方法，并据以制订更高的工时定额。为了减少工时消耗，使工人完成这些较高的工时定额，泰罗还对工具和设备进行了研究，使工人使用的工具、设备、材料标准化。

通过研究，泰罗提出了一整套系统的标准的科学管理方法，形成了著名的"泰罗制"。泰罗制的核心可以归纳为：制定科学的工时定额、实行标准的操作方法、强化和协调职能管理及有差别的计件工资。泰罗制给企业管理方法带来了根本性变革，使企业获得了高额利润，被人们尊为"科学管理之父"。

继泰罗制之后，企业管理又有许多新的发展，对于定额的制定也有许多新的研究。20世纪40年代到60年代，出现了所谓"管理科学"。一方面，管理科学从操作方法、作业水平的研究向科学组织的研究上扩展；另一方面，充分利用现代自然科学的最新成就——运筹学、电子计算机等科学技术手段，进行科学管理。20世纪70年代又进入"最新管理阶段"，出现了行为科学和系统管理理论。前者从社会学、心理学的角度研究管理，强调和重视社会环境、人的相互关系对提高工效的影响；后者把管理科学和行为科学结合起来，以企业为一个系统，从事物的整体出发，对企业中人、物和环境等要素进行定性、定量相结合的系统分析研究，选择和确定企业管理最优方案，实现最佳的经济效益。

二、建设工程定额及其发展过程

建设工程定额是根据国家一定时期的管理体制和管理制度，根据不同定额的用途和适用范围，由指定的机构按照一定的程序制定的，并按照规定的程序审批和颁布执行。建设工程定额虽然是主观的产物，但是，它应正确地反映工程建设和各种资源消耗之间的客观规律。

我国建设工程定额管理，经历了一个从无到有，从建立发展到被削弱破坏，又从整顿发展到改革完善的曲折道路。它的发展和整个国家的形势、经济发展状况息息相关。从发展过程来看，大体可以分为五个阶段。

第一阶段，1950年至1957年，是建设工程定额的建立时期。1950年至1952年是国民经济三年恢复时期，从第一个五年计划开始，国家进入大规模经济建设，基本建设规模日益扩大。为合理、节约地使用有限的建设资金和人力、物力，充分发挥投资效果，在总结恢复时期经验的基础上，吸收了前苏联的建设经验和管理方法，迅速地建立了概、预算制度。

国务院和国家建设委员会先后颁发了《基本建设工程设计和预算文件审核批准暂行办法》、《工业与民用建设设计及预算编制暂行办法》、《工业与民用建设预算编制暂行细则》和《关于编制工业与民用建设预算的若干规定》等四个重要文件，为概、预算制度的建立奠定了基础。

第二个阶段，1958年至1966年年初，是工程建设定额的弱化时期。从1958年开始，"左"的错误思想在国家政治和经济生活中占了统治地位。受这一主导思想的影响，概、预算和定额管理权限全部下放，实际形成了国家综合部门撒手不管的状态。下放后的定额又由于受不算经济账，只算政治账的影响，概、预算逐渐失去对投资的控制和约束作用。

第三个阶段，1966年至1976年，是工程建设定额的倒退时期。1996年开始的十年动乱，继续受"左"的思潮影响，除管理机构被撤销，专业骨干被调出下放、改行外，大量的基础资料作为"黑材料"被销毁，定额还被说成是对工人进行管、卡、压的工具，是资本主义复辟的基础。

1967年有关主管部门同意对直属施工企业实行经常费制度，就是国家按施工企业人头给钱，工程中发生的一些费用由建设单位按施工企业编制的用款计划拨款；材料费拨款按基建管理体制和材料供应方式确定，完工后不再办理结算。这就从制度上否定了施工单位的企业性质，把企业变成享受供给制和实报实销的行政事业单位。施工企业内部则是劳动无定额、生产无成本、工效无考核，从根本上取消了定额管理。结果造成基本建设人力、物力、资金的严重浪费，投资效益低下，劳动生产率下降。

第四个阶段，1976年至20世纪90年代初，是工程建设定额整顿和发展时期。十年内乱结束之后，国家立即着手把经济工作的重点转移到以提高经济效益为中心的轨道上来。1978年9月，国家建委、国家计委、财政部联合颁发了《关于加强基本建设概、预、决算管理工作的几项规定》。这一文件的颁发，是整顿、健全和发展概、预算及定额管理制度的重要标志，为以后的工作奠定了一个较好的基础。

1985年至1986年，国家计委陆续颁发了统一组织编制的两册基础定额和十五册《全国统一安装工程预算定额》。在这十五册定额中，第四册《通信设备安装工程》和第五册《通信线路工程》是由原邮电部编制的，适用于通信工程。与此同时，1986年原邮电部发布邮部字〔1986〕629号《通信建筑安装工程间接费定额及概、预算编制办法》，与这两册定额配套使用。

第五个阶段，从20世纪90年代初至今，是工程建设定额管理逐步进行改革的时期。通信建设工程定额的变化就是一个最好的说明。

（1）1990年，原邮电部根据建设部、中国人民建设银行〔89〕建标字第248号《关于改进建筑安装费用项目划分的若干规定》以及中国人民建设银行总行〔1989〕第4号《关于〈建设工程价款建设结算办法〉的通知》，以邮部〔1990〕433号文颁布了《通信工程建设概算预算编制办法及费用定额》和《通信工程价款结算办法》。虽然仍是与《通信设备安装工程》和《通信线路工程》两册预算定额及相应补充定额配套使用，但其费用定额和价款结算办法都较过去有所改进。

（2）1995年，原邮电部根据建设部、中国人民建设银行建标〔1993〕894号《关于印发〈关于调整建筑安装工程费用项目组成的若干规定〉的通知》，以邮部〔1995〕626号文颁发了《通信建设工程概算、预算编制办法及费用定额》、《通信建设工程价款结算办法》和《通信建设工程预算定额》（共三册），贯彻了"量价分离"、"技普分开"的原则，使通信建设工程定额改革前进了一步。

（3）2005年年底，原信息产业部根据财政部、建设部财建〔2004〕369号《关于印发〈建设工程价款结算暂行办法〉的通知》，以信部规〔2005〕418号文颁发了新编的《通信建设工程价款结算暂行办法》。2008年5月，工业和信息化部根据建设部、财政部建标〔2003〕206号《关于印发〈建筑安装工程费用项目组成〉的通知》，以工信部规〔2008〕75号文颁发了新编的《通信建设工程概算、预算编制办法》、《通信建设工程费用定额》、《通信建设工程施工机械、仪表台班费用定额》和《通信建设工程预算定额》（共五册）。

目前，我国整体的技术发展周期逐渐缩短，工程建设定额管理应随技术的不断更新、升级，及时地进行改革与调整，以适应经济发展的需要。

三、建设工程定额的分类

建设工程定额是一个综合概念，是工程建设中各类定额的总称。为了对建设工程定额能有一个全面的了解，可以按照不同的原则和方法对它进行科学的分类。

（一）按建设工程定额反映的物质消耗内容分类

可以把建设工程定额分为劳动消耗定额、机械消耗定额和材料消耗定额三种。

1．劳动消耗定额

简称劳动定额。在施工定额、预算定额、概算定额、概算指标等多种定额中，劳动消耗定额都是其中重要的组成部分。在这里，"劳动消耗"的含义仅仅是指活劳动的消耗，而不是活劳动和物化劳动的全部消耗。劳动消耗定额是完成一定的合格产品（工程实体或劳务）规定活劳动消耗的数量标准。由于劳动定额大多采用工作时间消耗量来计算劳动消耗的数量，所以劳动定额主要表现形式是时间定额，但同时也表现为产量定额。

2．材料消耗定额

简称材料定额，是指完成一定合格产品所需消耗材料的数量标准。材料是指工程建设中使用的原材料、成品、半成品、构配件等。材料作为劳动对象是构成工程的实体物资，需用数量大，种类繁多，所以材料消耗量多少、消耗是否合理，不仅关系到资源的有效利用，影响市场供求状况，而且对建设工程的项目投资、建筑产品的成本控制都起着决定性影响。

3．机械（仪表）消耗定额

简称机械（仪表）定额，是指为完成一定合格产品（工程实体或劳务）所规定的施工机械（仪表）消耗的数量标准。机械（仪表）消耗定额的主要表现形式是时间定额，但同时也可以产量定额表现。

在我国机械（仪表）消耗定额主要是以一台机械（仪表）工作一个工作班（8小时）为计量单位的，所以又称为机械（仪表）台班定额。和劳动消耗定额一样，在施工定额、预算定额、概算定额、概算指标等多种定额中，机械（仪表）消耗定额都是其中的组成部分。

（二）按照定额的编制程序和用途分类

可以把建设工程定额分为施工定额、预算定额、概算定额、投资估算指标和工期定额五种。

1．施工定额

它是施工单位直接用于施工管理的一种定额，是编制施工作业计划、施工预算、计算工料，向班组下达任务书的依据。施工定额主要包括：劳动定额、机械（仪表）台班定额和材料消耗定额等三个部分。

施工定额是按照平均先进性原则编制的。它以同一性质的施工过程为对象、规定劳动消耗量、机械（仪表）工作时间（生产单位合格产品所需的机械、仪表工作时间，单位用台班表示）和材料消耗量。

2．预算定额

它是编制预算时使用的定额，是确定一定计量单位的分部、分项工程或结构构件的人工（工日）、机械（台班）、仪表（台班）和材料的消耗数量标准。

每一项分部、分项工程的定额，都规定有工作内容，以便确定该项定额的适用对象，而定额本身则规定有：人工工日数（分等级表示或以平均等级表示）、各种材料的消耗量（次要材料亦可综合地以价值表示）、机械台班数量和仪表台班数量等几个方面的实物指标。全国统一预算定额里的预算价值，是以某地区的人工、材料和机械台班预算单价为标准计算的，称为预算基价，基价可供设计、预算比较参考。编制预算时，如不能直接套用基价，则应根据各地的预算单价和定额的工料消耗标准，编制地区估价表。

3. 概算定额

它是编制概算时使用的定额,是确定一定计量单位扩大分部、分项工程的工、料、机械台班和仪表台班消耗量的标准,是设计单位在初步设计阶段确定建筑(构筑物)概略价值、编制概算、进行设计方案经济比较的依据。它也可用来概略地计算人工、材料、机械台班、仪表台班的需要数量,作为编制基建工程主要材料申请计划的依据。它的内容和作用与预算定额相似,但项目划分较粗,没有预算定额的准确性高。

4. 投资估算指标

它是在项目建议书可行性研究阶段编制投资估算、计算投资需要量时使用的一种定额,往往以独立的单项工程或完整的工程项目为计算对象。它的概括程度与可行性研究阶段相适应,主要作用是为项目决策和投资控制提供依据。投资估算指标虽然往往根据历史的预、决算资料和价格变动等资料编制,但其编制基础仍然离不开预算定额、概算定额。

5. 工期定额

它是为各类工程规定的施工期限的定额天数,包括建设工期定额和施工工期定额两个层次。

建设工期是指建设项目或独立的单项工程在建设过程中所耗用的时间总量,一般以月数或天数表示。它指从开工建设时起,到全部建成投产或交付使用时为止所经历的时间,但不包括由于计划调整而停缓建所延误的时间。施工工期一般是指单项工程或单位工程从开工到完工所经历的时间。施工工期是建设工期中的一部分,如单位工程施工工期,是指从正式开工起至完成承包工程全部设计内容并达到验收标准的全部有效天数。

(三)按主编单位和适用范围分类

建设工程定额可分为行业定额、地区性定额、企业定额和临时定额四种。

1. 行业定额

它是各行业主管部门根据其行业工程技术特点,以及施工生产和管理水平编制的,在本行业范围内使用的定额,如矿井建设工程定额、通信建设工程定额。

2. 地区性定额(包括省、自治区、直辖市定额)

它是各地区主管部门考虑本地区特点而编制的,在本地区范围内使用的定额。

3. 企业定额

它是指由施工企业考虑本企业具体情况,参照行业或地区性定额的水平编制的定额。企业定额只在本企业内部使用,是企业素质的一个标志。

4. 临时定额

它是指随着设计、施工技术的发展,在现行各种定额不能满足需要的情况下,为了补充缺项由建设单位组织相关单位所编制的定额。设计中编制的临时定额需向有关定额管理部门报备,作为修改、补充定额的基础资料。

(四)现行通信建设工程定额的构成

目前,通信建设工程有预算定额、费用定额。由于现在还没有概算定额,在编制概算时,暂时用预算定额代替。各种定额执行的文本如下。

1. 通信建设工程预算定额

工信部规〔2008〕75号《关于发布〈通信建设工程概算 预算编制办法〉及相关定额的通知》。

2. 通信建设工程费用定额

工信部规〔2008〕75号《关于发布〈通信建设工程概算 预算编制办法〉及相关定额的通知》。

3. 通信建设工程施工机械、仪表台班费用定额

工信部规〔2008〕75号《关于发布〈通信建设工程概算 预算编制办法〉及相关定额的通知》。

4. 工程勘察设计收费标准

国家计委、建设部计价格〔2002〕10号《关于发布〈工程勘察设计收费管理规定〉的通知》。

四、建设工程定额管理

（一）建设工程定额管理的任务

我国工程建设管理的基本任务，是合理组织工程建设的经济技术活动。具体来说，就是根据一定时期国民经济发展的总方针、总任务，正确规划工程建设的规模、速度、投资结构和生产力布局，正确进行项目决策，优化设计和施工，适应经济体制改革的要求，不断改革和完善工程建设管理体制和管理制度、管理方法，在市场经济条件下最大限度地提高工程建设的经济效益、社会效益和环境效益。

与此相适应，目前，建设工程定额管理的主要任务是：

第一，在市场经济条件下，为确切地反映建筑安装工程费用的性质和内容，创造公平竞争的市场环境，依据国家主管部门的有关要求，按照制造成本法对建筑安装工程费用项目划分进行调整，对建筑安装工程成本费用项目进行规范。

第二，按照量价分离和工程实体性消耗与施工措施性消耗相分离的原则，对计价定额进行改革。属于人工、材料、机械、仪表等消耗量标准由国家制订全国统一基础定额及工程量计算规则，实现国家主管部门对定额消耗量的宏观控制；对于人工费单价、材料价格、机械台班费用等区别不同情况，实行调整与放开相结合的办法，从而改变国家对定额管理的方式。

第三，针对当前价格、利率、汇率、税率等不断变动已成为影响工程造价的重要因素这一实际情况，组织各地区、各部门工程造价管理部门定期发布反映市场价格水平的价格信息和调整指数，实行动态管理。

第四，为鼓励企业逐步做到按工程个别成本报价，提高企业的竞争能力，在计价定额的表现形式上，实行工程实体性消耗与施工措施性消耗相分离的方法。

（二）建设工程定额管理的内容

建设工程定额管理的内容主要是科学制订和及时修订各种定额；组织和检查定额的执行情况；分析定额执行情况和存在问题，及时反馈信息。

建设工程定额种类繁多，管理内容受专业特点影响很大。虽然各类建设工程定额管理的内容各自特点，但从共性看，建设工程定额管理内容也不外三个方面，即定额的编制修订、定额的贯彻执行和信息反馈。从管理的全过程看，三者的关系如图2-1-1所示。

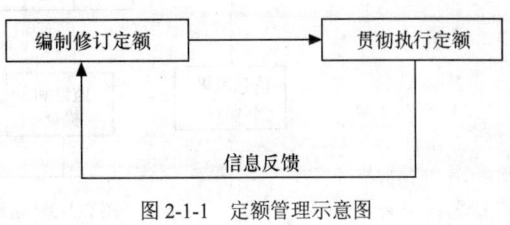

图2-1-1 定额管理示意图

从市场的信息流程来看，定额管理的内容主要是信息的采集、加工和传递、反馈的过程，如图 2-1-2 所示。

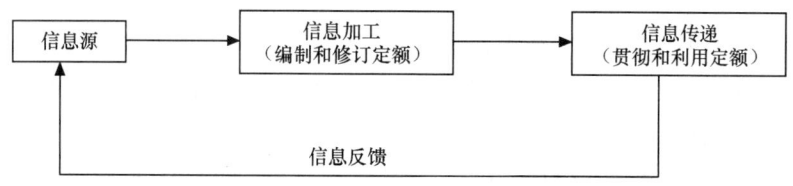

图 2-1-2　信息流程图

定额管理具体包括以下主要工作内容和程序：
（1）制定定额的编制计划和编制方案；
（2）积累、收集和分析、整理基础资料；
（3）编制修订定额；
（4）审批和发行；
（5）组织新编定额的征询意见；
（6）整理和分析意见、建议，诊断新编定额中存在的问题；
（7）对新编定额进行必要的调整和修改；
（8）组织新定额交底和一定范围内的宣传、解释和答疑；
（9）从各方面为新定额的贯彻执行创造条件，积极推行新定额；
（10）监督和检查定额的执行，主持定额纠纷的仲裁；
（11）收集、储存定额执行情况，反馈信息。

上述管理内容之间，既相关联系又相互制约，同时，它们的顺序也大体反映了管理工作的程序，如图 2-1-3 所示。

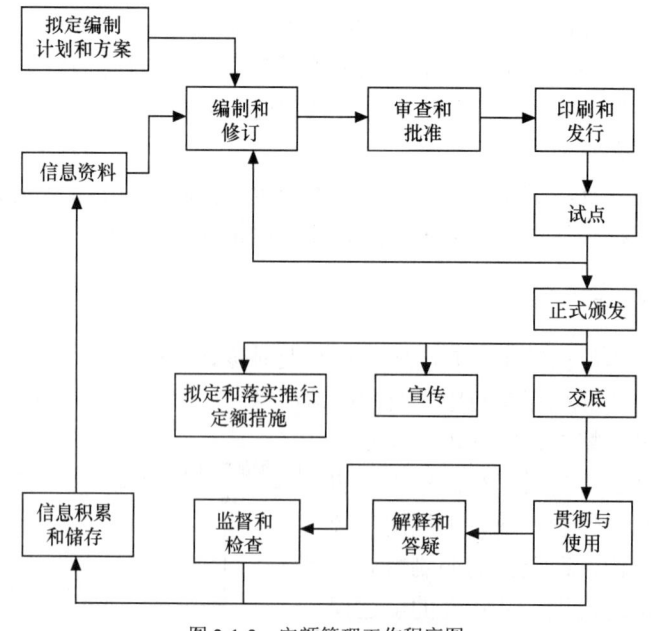

图 2-1-3　定额管理工作程序图

第二节　通信建设工程预算定额

一、预算定额的作用

预算定额的作用主要有以下几个方面：
(1) 预算定额是编制施工图预算，确定和控制建筑安装工程造价的计价基础；
(2) 预算定额是落实和调整年度建设计划，对设计方案进行技术经济比较、分析的依据；
(3) 预算定额是施工企业进行经济活动分析的依据；
(4) 预算定额是编制标底、投标报价的基础；
(5) 预算定额是编制概算定额和概算指标的基础。

二、预算定额的编制程序

预算定额的编制，大致可分为以下五个阶段。

（一）准备工作阶段

1. 拟定编制方案

编制方案应主要考虑以下几项内容：
(1) 编制目的和任务；
(2) 编制范围及编制内容；
(3) 编制原则和水平要求、项目划分和表现形式；
(4) 编制依据；
(5) 编制定额的单位及人员；
(6) 编制地点及经费来源；
(7) 工作的规划及时间安排。

2. 划分编制小组

根据专业需要划分编制小组。

（二）收集资料阶段

1. 收集现行规定、规范和政策法规资料

主要收集以下几方面的资料：
(1) 现行的定额及有关资料；
(2) 现行的建筑安装工程施工及验收规范；
(3) 安全技术操作规程和现行有关劳动保护的政策法规；
(4) 设计标准规范；
(5) 编制定额必须依据的其他有关资料。

2．收集定额管理部门积累的资料

需要收集的资料包括：
（1）日常定额解释资料；
（2）补充定额资料；
（3）新结构、新工艺、新材料、新技术用于工程实践的资料。

3．普遍收集资料

在已确定的编制范围内，用表格的形式收集定额编制基础资料，以统计资料为主，注明所需要的资料内容、填表要求和时间范围。其优点是口径统一，便于资料整理，并具有广泛性。

4．专题座谈

邀请建设单位、设计单位、施工单位及管理单位的有经验的专业人员开座谈会，请他们从不同的角度就以往定额存在的问题提出意见和建议，以便在编制新定额时改进。

5．专项查定及试验

（三）编制阶段

1．确定编制细则

（1）统一编制表格及编制方法；
（2）统一计算口径、计量单位和小数点位数；
（3）统一名称、专业用语、符号代码。

2．确定项目划分和计算规则

确定定额的项目划分和工程量计算规则。

3．对相关定额数据计算、复核和测算

对定额人工、材料、机械台班和仪表台班耗用量进行计算、复核和测算。

（四）审核阶段

1．审核定稿

定额初稿的审核工作是定额编制过程中必要的程序，是保证定额编制质量的措施之一。审稿工作的人选应由经验丰富、责任心强，多年从事定额工作的专业技术人员来承担。审稿时要注意以下几点：
（1）文字表达确切通顺，简明易懂；
（2）定额的数据准确无误；
（3）章节、项目之间没有矛盾。

2．预算定额水平测算

在新定额编制成稿向上级机关报告以前，必须与原定额进行对比测算，分析水平升降原因。测算方法如下：
（1）按工程类别比重测算。首先在定额执行范围内，选择有代表性的各类工程，分别以新旧定额对比测算，并按测算的年限、工程所占比例加权以考察宏观影响。
（2）单项工程比较测算法。以典型工程分别用新旧定额对比测算，以考察定额水平升降及其原因。

（五）定稿报批阶段

1. 征求意见

定额编制初稿完成以后，需要组织征求各有关方面意见。通过对反馈意见分析研究，在统一意见基础上分类整理，制定修改方案。

2. 报批

按修改方案对初稿修改后，整理出一套完整、字体清楚的定额报批稿，在批准后交付印刷。

3. 立档、成卷

（1）定额编制资料是贯彻执行中需查对资料的唯一依据，也为修编定额的历史数据，应作为技术档案永久保存。

（2）立档成卷目录：

① 编制文件资料档；
② 编制依据资料档；
③ 编制计算资料档；
④ 编制方案资料档；
⑤ 编制第一、第二稿原始资料档；
⑥ 讨论意见资料档；
⑦ 修改方案资料档（包括定额印刷底稿全套）；
⑧ 新定额水平测算资料档；
⑨ 工作总结和汇报材料档；
⑩ 简报资料；
⑪ 工作会议记录、记录资料。

三、现行通信建设工程预算定额的编制依据和基础

现行通信建设工程预算定额主要以下文件和资料作为编制依据和基础：

（1）建设部、财政部建标〔2003〕206 号《关于印发〈建筑安装工程费用项目组成〉的通知》；

（2）国家及行业主管部门颁发的有关通信建设工程设计规范、通信建设工程施工及验收技术规范、通用图、标准图；

（3）原邮电部邮部〔1995〕626 号《关于发布〈通信建设工程概算、预算编制办法及费用定额〉等标准的通知》；

（4）建设部建标〔2000〕60 号《关于发布〈全国统一安装工程预算定额〉和〈全国统一安装工程预算工程量计算规则〉的通知》；

（5）有关省、自治区、直辖市的通信设计、施工企业及建设单位的专家提供的意见和资料。

四、现行通信建设工程预算定额的编制的原则

现行通信建设工程预算定额的编制主要遵照以下几个原则。

1. 贯彻相关政策精神

贯彻国家和行业主管部门关于修订通信建设工程预算定额相关政策精神，结合通信行业的特点进行认真调查研究、细算粗编，坚持实事求是，做到科学、合理、便于操作和维护。

2. 贯彻执行"控制量"、"量价分离"、"技普分开"的原则

（1）控制量：指预算定额中的人工、主材、机械和仪表台班消耗量是法定的，任何单位和个人不得随意调整。

（2）量价分离：指预算定额中只反映人工、主材、机械和仪表台班的消耗量，而不反映其单价。单价由主管部门或造价管理归口单位另行发布。

（3）技普分开：为适应社会主义市场经济和通信建设工程的实际需要取消综合工。凡是由技工操作的工序内容均按技工计取工日，凡是由非技工操作的工序内容均按普工计取工日。

通信设备安装工程均按技工计取工日（即普工为零）。

通信线路和通信管道工程分别计取技工工日、普工工日。

3. 预算定额子目编号规则

定额子目编号由三部分组成：第一部分为册名代号，表示通信建设工程的各个专业，由汉语拼音（首字母）缩写组成；第二部分为定额子目所在的章号，由一位阿拉伯数字表示；第三部分为定额子目所在章内的序号，由三位阿拉伯数字表示，具体表示方法参见图 2-2-1。

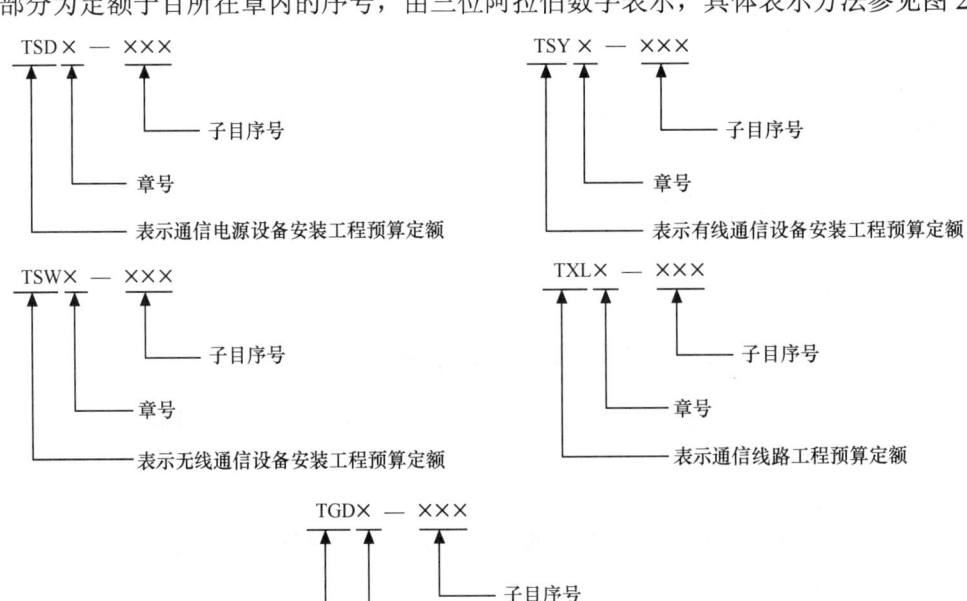

图 2-2-1 子目编号说明图

4. 关于预算定额子目的人工工日及消耗量的确定

预算定额中人工消耗量是指完成定额规定计量单位所需要的全部工序用工量，一般应包括基本用工、辅助用工和其他用工。

（1）基本用工

由于预算定额是综合性的定额，每个分部、分项定额都综合了数个工序内容，各种工序

用工工效应根据施工定额逐项计算,因此,完成定额单位产品的基本用工量包括该分项工程中主体工程的用工量和附属于主体工程中各项工程的用工量。它是构成预算定额人工消耗指标的主要组成部分。

通信工程预算定额项目基本用工的确定有以下三种方法:

① 对于有劳动定额依据的项目,基本用工一般应按劳动定额的时间定额乘以该工序的工程量计算确定,即

$$L_{基} = \sum(I \times t)$$

式中,$L_{基}$——定额项目基本用工;

  I——工序工程量;

  t——时间定额。

② 对于无劳动定额可依据的项目,基本用工量的确定应参照现行其他劳动定额,通过细算粗编,在广泛征求设计、施工、建设等部门的意见,必要时亲临施工现场调查研究的基础上确定。

③ 对于新增加的,且无劳动定额可供参考的定额项目,一般可参考相近的定额项目,结合新增施工项目的特点和技术要求,先确定施工劳动组织和基本用工过程,根据客观条件和工人实际操作水平确定日进度,然后根据该工序的工程量计算确定基本用工。

(2)辅助用工的确定

辅助用工是劳动定额未包括工序的用工量。包括施工现场某些材料临时加工用工和排除一般障碍、维持必要的现场安全用工等。它是施工生产不可缺少的用工,应以辅助用工的形式列入预算定额。

施工现场临时材料加工用工量计算,一般是按加工材料的数量乘以相应时间定额确定。

(3)其他用工

是指劳动定额中未包括而在正常施工条件下必然发生的零星用工量,是预算定额的必要组成部分,编制预算定额时必须计算。其内容包括:

① 在正常施工条件下各工序间的搭接和工种间的交叉配合所需的停歇时间;

② 施工机械在单位工程之间转移及临时水电线路在施工过程中移动所发生的不可避免的工作停歇;

③ 因工程质量检查与隐蔽工程验收而影响工人操作的时间;

④ 因场内单位工程之间操作地点的转移,影响工人操作的时间以及施工过程中工种之间交叉作业的时间;

⑤ 施工中细小的难以测定的不可避免的工序和零星用工所需的时间等,一般按预算定额的基本用工量和辅助用工量之和的10%计算。

5. 关于预算定额子目中的主要材料及消耗量的确定

预算定额中只反映主要材料,其辅助材料可按费用定额的规定另行处理。

主要材料指在建安工程中或产品构成中形成产品实体的各种材料,通常是根据编制预算定额时选定的有关图纸、测定的综合工程量数据、主要材料消耗定额、有关理论计算公式等逐项综合计算。先算出净用量加损耗量后,以实用量列入预算定额。计算公式为

$$Q = W + \sum r$$

式中，Q——完成某工程量的主要材料消耗定额（实用量）；

W——完成某工程量实体所需主要材料净用量；

$\sum r$——完成某工程量最低损耗情况下各种损耗量之和。

（1）主要材料净用量

指不包括施工现场运输和操作损耗，完成每一定额计量单位产品所需某种材料的用量。

（2）主要材料损耗量

① 周转性材料摊销量

施工过程中多次周转使用的材料，每次施工完成之后还可以再次使用，但在每次用过之后必然发生一定的损耗，经过若干次使用之后，此种材料报废或仅剩残值，这种材料就要以一定的摊销量分摊到分部、分项工程预算定额中，通常称作周转性材料摊销量。

例如：水底电缆敷设船只组装，顶钢管、管道沟挡土板所用木材等，一般按周转 10 次摊销。在预算定额编制过程中，对周转性材料应严格控制周转次数，以促进施工企业合理使用材料，充分发挥周转性材料的潜力，减少材料损耗，降低工程成本。

预算定额的一次摊销材料量的计算公式为

$$R = \frac{Q(1+P)}{N}$$

式中，R——周转性材料的定额摊销量；

Q——周转性材料分项工程一次施工需用量；

P——材料损耗率；

N——规定材料在施工中所需周转次数。

② 主要材料损耗率

主要材料损耗量是指材料在施工现场运输和生产操作过程中不可避免的合理消耗量，要根据材料净用量和相应的材料损耗率计算。

通信工程预算定额的主要材料损耗率的确定是按合格的原材料，在正常施工条件下，以合理的施工方法，结合现行定额水平综合取定的。材料损耗率见预算定额第四册附录二或第五册附录三。

6. 关于预算定额子目中施工机械、仪表及消耗量的确定

通信工程施工中凡是单位价值在 2000 元以上，构成固定资产的机械、仪表，定额子目中均给定了台班消耗量。

预算定额中施工机械、仪表台班消耗量标准，是指以一台施工机械或仪表一天（8 小时）所完成合格产品数量作为台班产量定额，再以一定的机械幅度差来确定单位产品所需要的机械台班量。其计算公式为

$$预算定额中施工机械台班消耗量 = \frac{1}{每台班产量}$$

例如：用一辆 5t 汽车起重吊车，立 9m 水泥杆，每台班产量为 25 根，则每根所需台班消耗量应为

$$\frac{1}{25} = 0.04 台班$$

机械幅度差，是指按上述方法计算施工机械台班消耗量时，尚有一些因素未包括在台班消耗量内，需增加一定幅度，一般以百分率表示。造成幅度差的主要因素有：

① 初期施工条件限制所造成的工效差；
② 工程结尾时工程量不饱满，利用率不高；
③ 施工作业区内移动机械所需要的时间；
④ 工程质量检查所需要的时间；
⑤ 机械配套之间相互影响的时间。

五、现行通信建设工程预算定额的构成

（一）预算定额的册构成

现行通信建设预算定额按专业分为《通信电源设备安装工程》、《有线通信设备安装工程》、《无线通信设备安装工程》、《通信线路工程》和《通信管道工程》共五册，每册包含的工程内容见表 2-2-1～表 2-2-5。

表 2-2-1　　　　第一册　通信电源设备安装工程预算定额构成表

序号	项目名称	内容构成
1	安装与调试高、低压供电设备	安装与调试高压配电设备
		安装与调试变压器
		安装与调试低压配电设备
		安装与调试直流操作电源屏
		安装与调试控制设备
		安装端子箱、端子板及外部接线
2	安装与调试发电机设备	安装发电机组
		安装发电机组体外配套设施
		发电机输油管道敷设、连接及保护
		发电机系统调试
		安装与调试风力发电机
3	安装交直流电源设备、不间断电源设备及配套装置	安装电池组及附属设备
		安装太阳能电池
		安装与调试交流不间断电源
		安装开关电源设备
		安装配电、换流设备
		无人值守供电系统联测
4	敷设电源母线、电力电缆及终端制作	制作、安装铜电源母线
		安装低压封闭式插接母线槽
		布放电力电缆
		制作、安装电力电缆端头
		布放控制电缆
		挖填电缆沟、开挖路面、铺砂盖砖（板）
5	接地装置	制作安装接地极、板
		敷设接地母线及测试接地网电阻
6	安装附属设施及其他	安装电缆桥架
		安装电源支撑架、吊挂
		安装附属设施

表 2-2-2　　　　　第二册　有线通信设备安装工程预算定额构成表

序　号	项　目　名　称	内　容　构　成
1	安装机架、缆线及辅助设备	安装电缆槽道、走线架、机架、列柜
		安装列架照明、机台照明、机房信号灯盘
		安装保安配线箱
		安装配线架
		布放设备缆线、软光纤
		安装防护、加固设备及辅助终端设备
2	安装、调测光纤数字传输设备	安装测试数字传输设备（PDH）
		安装测试数字传输设备（SDH、DXC）
		安装测试波分复用设备（WDM）
		安装测试再生中继及远供电源设备
		安装调测网络管理系统设备
		调测系统通道
		安装测试同步网设备
3	安装、调测程控交换设备	安装程控交换设备
		调测程控交换设备
		安装、调测交换附属设备
		调测用户交换机（PAB）
		调测智能网设备
		安装、调测信令网设备
4	安装、调测数据通信设备	安装、调测数据通信网网络设备
		安装、调测服务器、调制解调器
		安装、调试网络安全设备
		安装、调试数据存储设备

表 2-2-3　　　　　第三册　无线通信设备安装工程预算定额构成表

序　号	项　目　名　称	内　容　构　成
1	安装机架、缆线及辅助设备	安装室内外缆线走道
		安装机架（柜）、配线架（箱）、附属设备
		布放设备缆线
		安装防护及加固设施
2	安装移动通信设备	安装、调测移动通信天线、馈线
		安装、调测基站设备
		联网调测
3	安装微波通信设备	安装、调测微波天馈线
		安装、调测数字微波设备
		微波系统调测
		安装、调测一点多址数字微波设备
		安装、调测视频传输设备
4	安装卫星地球站设备	安装、调测卫星地球站天、馈线系统
		安装、调测地球站设备
		地球站设备系统调测
		安装、调测 VSAT 卫星地球站设备

表2-2-4　　　　　　　　第四册　通信线路工程预算定额构成表

序号	项目名称	内容构成
1	施工测量与开挖路面	施工测量
		开挖路面
2	敷设埋式光（电）缆	挖、填光（电）缆沟及接头坑
		敷设埋式光（电）缆
		专用塑料管道内敷设光缆
		埋式光（电）缆保护与防护
		敷设水底光缆
3	敷设架空光（电）缆	立杆
		安装拉线
		架设吊线
		架设光（电）缆
4	敷设管道及其他光（电）缆	敷设管道光（电）缆
		打墙洞、安装支撑物、引上管及保护设施
		引上光（电）缆
		墙壁光（电）缆
		敷设室内通道光缆
		槽道（地槽）、顶棚内布放光（电）缆
		布放成端电缆
5	光（电）缆接续与测试	光缆接续与测试
		电缆接续与测试
6	安装线路设备	安装光（电）缆进线室设备
		安装分线设备
		安装充气设备
7	建筑与建筑群综合布线系统	安装综合布线设备
		布放缆线
		缆线终接
		综合布线系统测试

表2-2-5　　　　　　　　第五册　通信管道工程预算定额构成表

序号	工程项目名称	内容构成
1	施工测量与挖、填管道沟及人孔坑	施工测量与开挖路面
		开挖与回填管道沟及人（手）孔坑
		挡土板及抽水
2	铺设通信管道	混凝土管道基础
		铺设水泥管道
		敷设塑料管道（包括硬管、波纹管、栅格管、蜂窝管）
		敷设镀锌钢管管道
		管道填充水泥砂浆、混凝土包封
		砌筑通信光（电）缆通道

续表

序号	工程项目名称	内容构成
3	砌筑人（手）孔	砖砌人（手）孔（现场浇筑上覆）
		砖砌人（手）孔（现场吊装上覆）
		砌筑混凝土砌块人孔（现场吊装上覆）
		砖砌配线手孔
4	管道防护工程及其他	防水
		拆除及其他

（二）每册预算定额的构成

每册通信建设工程预算定额由总说明、册说明、章节说明、定额项目表和附录构成。

1. 总说明

总说明不仅阐述定额的编制原则、指导思想、编制依据和适用范围，同时还说明编制定额时已经考虑和没有考虑的各种因素以及有关规定和使用方法等。在使用定额时应首先了解和掌握这部分内容，以便正确地使用定额。总说明具体内容为：

一、通信建设工程预算定额（以下简称本定额）系通信行业标准。

二、本定额按通信专业工程分册，包括：

第一册　通信电源设备安装工程（册名代号 TSD）

第二册　有线通信设备安装工程（册名代号 TSY）

第三册　无线通信设备安装工程（册名代号 TSW）

第四册　通信线路工程（册名代号 TXL）

第五册　通信管道工程（册名代号 TGD）

三、本定额是编制通信建设项目投资估算、概算、预算和工程量清单的基础，也可作为通信建设项目招标、投标报价的基础。

四、本定额适用于新建、扩建工程，改建工程可参照使用。本定额用于扩建工程时，其扩建施工降效部分的人工工日按乘以系数 1.1 计取，拆除工程的人工工日计取办法见各册的相关内容。

五、本定额以现行通信工程建设标准、质量评定标准、安全操作规程为编制依据；在 1995 年 9 月 1 日原邮电部发布的《通信建设工程预算定额》及补充定额的基础上（不含邮政设备安装工程），经过对分项工程实体消耗量再次分析、核定后编制；并增补了部分与新业务、新技术有关的工程项目的定额内容。

六、本定额是按符合质量标准的施工工艺、机械（仪表）装备、合理工期及劳动组织的条件制订。

七、本定额的编制条件：

1. 设备、材料、成品、半成品、构件符合质量标准和设计要求。
2. 通信各专业工程之间、与土建工程之间的交叉作业正常。
3. 施工安装地点、建筑物、设备基础、预留孔洞均符合安装要求。
4. 气候条件、水电供应等应满足正常施工要求。

八、本定额根据量价分离的原则，只反映人工工日、主要材料、机械（仪表）台班的消耗量。

九、关于人工:

1. 本定额人工的分类为技术工和普通工。

2. 本定额的人工消耗量包括基本用工、辅助用工和其他用工:

基本用工——完成分项工程和附属工程实体单位的加工量。

辅助用工——定额中未说明的工序用工。包括施工现场某些材料临时加工、排除故障、维持安全生产的用工量。

其他用工——定额中未说明的而在正常施工条件下必然发生的零星用工量。包括工序间搭接、工种间交叉配合、设备与器材施工现场转移、施工现场机械(仪表)转移、质量检查配合以及不可避免的零星用工量。

十、关于材料:

1. 本定额中的材料长度,凡未注明计量单位者均为毫米(mm)。

2. 本定额中的材料消耗量包括直接用于安装工程中的主要材料使用量和规定的损耗量。规定的损耗量指施工运输、现场堆放和生产过程中不可避免的合理损耗量。

3. 施工措施性消耗部分和周转性材料按不同施工方法、不同材质分别列出一次使用量和一次摊销量。

4. 本定额仅计列直接构成工程实体的主要材料,辅助材料的计算方法按《通信建设工程费用定额》的相关规定计列。定额子目中注明由设计计列的材料,设计时应按实计列。

5. 本定额不含施工用水、电、蒸汽消耗量,此类费用在设计概算、预算中根据工程实际情况在建筑安装工程费中按实计列。

十一、关于施工机械:

1. 本定额的机械台班消耗量是按正常合理的机械配备综合取定的。

2. 施工机械单位价值在2000元以上,构成固定资产的列入本定额的机械台班。

3. 施工机械台班单价参照有关部门动态发布的《通信建设工程施工机械、仪表台班定额》。

十二、关于施工仪表:

1. 本定额的施工仪表台班消耗量是按通信建设标准规定的测试项目及指标要求综合取定的。

2. 施工仪器仪表单位价值在2000元以上,构成固定资产的列入本定额的仪表台班。

3. 施工仪器仪表台班单价参照有关部门动态发布的《通信建设工程施工机械、仪表台班定额》。

十三、定额子目编号原则:

定额子目编号由三部分组成:第一部分为册名代号,表示通信建设工程的各个专业,由汉语拼音(首字母)缩写组成;第二部分为定额子目所在的章号,由一位阿拉伯数字表示;第三部分为定额子目所在章内的序号,由三位阿拉伯数字表示。

十四、本定额适用于海拔高程2000m以下,地震烈度为7度以下地区,超过上述情况时,按有关规定处理。

十五、在以下的地区施工时,定额按下列规则调整:

1. 高原地区施工时,本定额人工工日、机械台班消耗量乘以下表列出的系数。

高原地区调整系数表

海拔高程(m)		2000以上	3000以上	4000以上
调整系数	人工	1.13	1.30	1.37
	机械	1.29	1.54	1.84

2. 原始森林地区（室外）及沼泽地区施工时人工工日、机械台班消耗量乘以系数1.30。
3. 非固定沙漠地带，进行室外施工时，人工工日乘以系数1.10。
4. 其他类型的特殊地区按相关部门规定处理。

以上四类特殊地区若在施工中同时存在两种以上情况时，只能参照较高标准计取一次，不应重复计列。

十六、本定额中注有"××以内"或"××以下"者均包括"××"本身；"××以外"或"××以上"者则不包括"××"本身。

十七、本说明未尽事宜，详见各专业册章节和附注说明。

2. 册说明

册说明阐述该册的内容，编制基础和使用该册应注意的问题及有关规定等。特列举《第四册 通信线路工程》说明如下：

一、《通信线路工程》预算定额适用于通信光（电）缆的直埋、架空、管道、海底等线路的新建工程。

二、通信线路工程，当工程规模较小时，人工工日以总工日为基数按下列规定系数进行调整：

1. 工程总工日在100工日以下时，增加15%；
2. 工程总工日在100~250工日时，增加10%。

三、本定额中带有括号和以分数表示的消耗量，系供设计选用；"*"表示由设计确定其用量。

四、本定额拆除工程，不单立子目，发生时按下表规定执行：

序号	拆除工程内容	占新建工程定额的百分比（%）	
		人工工日	机械台班
1	光（电）缆（不需清理入库）	40	40
2	埋式光（电）缆（清理入库）	100	100
3	管道光（电）缆（清理入库）	90	90
4	成端电缆（清理入库）	40	40
4	架空、墙壁、室内、通道、槽道、引上光（电）缆（清理入库）	70	70
5	线路工程各种设备以及除光（电）缆外的其他材料（清理入库）	60	60
6	线路工程各种设备以及除光（电）缆外的其他材料（不需清理入库）	30	30

五、敷设光（电）缆工程量计算时，应考虑敷设的长度和设计中规定的各种预留长度。

六、敷设光缆定额中，仪表台班量是按单窗口测试取定的，当需双窗口测试时，其仪表台班量应乘以1.8。

3. 章说明

章说明主要说明分部、分项工程的工作内容，工程量计算方法和本章节有关规定、计量单位、起迄范围、应扣除和应增加的部分等。这部分是工程量计算的基本规则，必须全面掌握。特列举《第二册 有线通信设备安装工程》中第一章章说明如下：

一、本章定额子目中未列出主材消耗量的，由设计按实计列；与设备成套供应的材料不再单独计列主材。

二、安装电缆槽道、走线架：

1. 安装电缆槽道定额包括主、过桥、汇流槽道、垂直槽道、对墙槽道等内容。
2. 安装电缆走线架定额按成套供应、单层结构考虑，如为双层，按本定额乘以系数2.0计算；若为非成套供应，施工时需要现场加工制作，则按本定额人工乘以系数3.0计算。

三、本章布放电缆定额适用于通信设备之间的电缆（不含设备内部布线）。

四、布放电缆和导线定额只适用于在电缆走道、槽道及机房内地槽中。

五、中间配线架塑料跳线长度计算如下表：

项目	单位	架数									
中间配线架	架	1	2	3	4	5	6	7	8	9	10
平均跳线长度	米/百条	190	220	250	280	310	340	370	400	430	460

4. 定额项目表

定额项目表是预算定额的主要内容，项目表不仅给出了详细的工作内容，还列出了在此工作内容下的分部分项工程所需的人工、主要材料、机械台班、仪表台班的消耗量。特列举《第四册 通信线路工程》中《第二章 敷设埋式光（电）缆》的《第三节 专用塑料管道内敷设光缆》内的一个定额项目为例说明，如图2-2-2所示。

图2-2-2 定额项目表主要内容举例

5. 附录

预算定额的最后列有附录，供使用预算定额时参考。其中各册附录情况如下：

（1）第一册、第二册、第三册没有附录。

（2）第四册有三个附录，名称分别为：

《附录一 土壤及岩石分类表》、《附录二 主要材料损耗率及参考容重表》、《附录三 光（电）缆工程成品预制件材料用量表》、

（3）第五册有十一个附录，名称分别为：

《附录一 土壤及岩石分类表》、《附录二 开挖土（石）方工程量计算》、《附录三 主要材料损耗率及参考容重表》、《附录四 水泥管管道每百米管群体积参考表》、《附录五 通信管道水泥管块组合图》、《附录六 100m 长管道基础混凝土体积一览表》、《附录七 定型人孔体积参考表》、《附录八 开挖管道沟土方体积一览表》、《附录九 开挖 100m 长管道沟上口路面面积》、《附录十 开挖定型人孔土方及坑上口路面面积》、《附录十一 水泥管通信管道包封用混凝土体积一览表》。

第三节 通信建设工程费用定额

费用定额是指工程建设过程中各项费用的计取标准。通信建设工程费用定额依据通信建设工程的特点，对其费用构成、定额及计算规则进行了相应的规定。

一、通信建设工程费用的构成

通信建设工程项目总费用由各单项工程总费用构成，如图 2-3-1 所示。

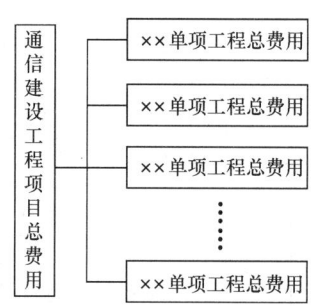

图 2-3-1 通信建设工程项目总费用构成

通信建设单项工程总费用具体内容如图 2-3-2 所示。

二、建筑安装工程费费用内容、相关定额及计算规则

建筑安装工程费由直接费、间接费、利润和税金组成，其中直接费又由直接工程费和措施费构成。

（一）直接工程费

指施工过程中耗用的构成工程实体和有助于工程实体形成的各项费用，包括人工费、材料费、机械使用费、仪表使用费。

1. **人工费**

指直接从事建筑安装工程施工的生产人员开支的各项费用，内容包括：

（1）基本工资：指发放给生产人员的岗位工资和技能工资。

（2）工资性补贴：指规定标准的物价补贴，煤、燃气补贴，交通费补贴，住房补贴，流动施工津贴等。

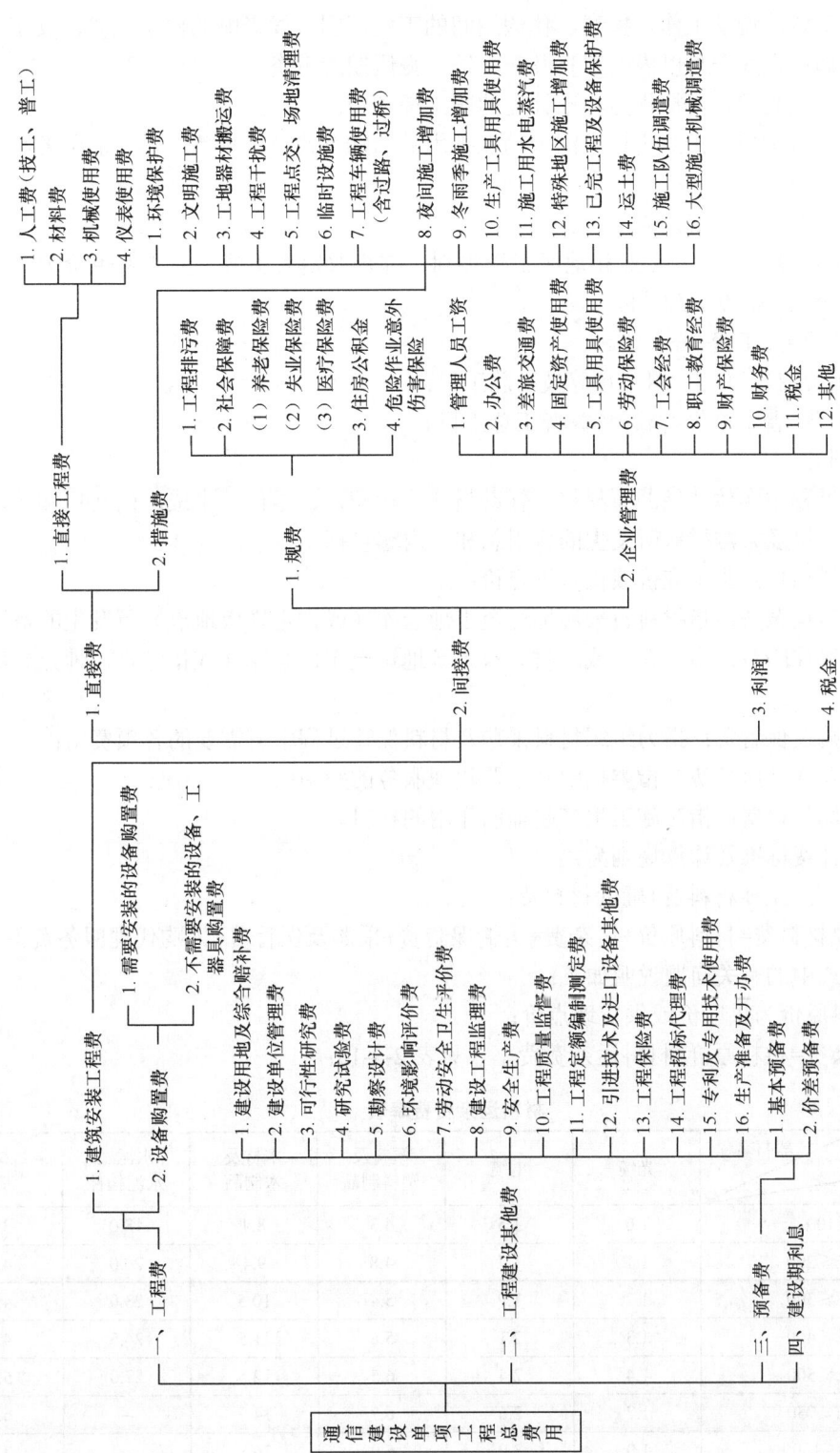

图 2-3-2 通信建设单项工程总费用具体内容

(3) 辅助工资：指生产人员年平均有效施工天数以外非作业天数的工资，包括职工学习、培训期间的工资，调动工作、探亲、休假期间的工资，因气候影响的停工工资，女工哺乳期间的工资，病假在6个月以内的工资及产、婚、丧假期的工资。

(4) 职工福利费：指按规定标准计提的职工福利费。

(5) 劳动保护费：指规定标准的劳动保护用品的购置费及修理费、徒工服装补贴、防暑降温等保健费用。

人工费标准及计算规则为：

① 通信建设工程不分专业和地区工资类别，综合取定人工费。人工费单价为：技工为48元/工日；普工为19元/工日。

② 人工费=技工费+普工费。

③ 技工费=技工单价×概、预算技工总工日；

  普工费=普工单价×概、预算普工总工日。

2．材料费

指施工过程中实体消耗的原材料、辅助材料、构配件、零件、半成品的费用和周转使用材料的摊销，以及采购材料所发生的费用总和，内容包括

(1) 材料原价：指供应价或供货地点价；

(2) 材料运杂费：指材料自来源地运至工地仓库（或指定堆放地点）所发生的费用；

(3) 运输保险费：指材料（或器材）自来源地运至工地仓库（或指定堆放地点）所发生的保险费用；

(4) 采购及保管费：指为组织材料采购及材料保管过程中所需要的各项费用；

(5) 采购代理服务费：指委托中介采购代理服务的费用；

(6) 辅助材料费：指对施工生产起辅助作用的材料。

材料费计费标准及计算规则为：

① 材料费=主要材料费+辅助材料费；

② 主要材料费=材料原价+运杂费+运输保险费+采购及保管费+采购代理服务费。

关于上式中的有关问题说明如下：

① 材料原价为供应价或供货地点价；

② 运杂费=材料原价×材料运杂费费率（见表2-3-1）；

表 2-3-1　　　　　　　　　材料运杂费费率表

费率（%）\运距 L (km)	光缆	电缆	塑料及塑料制品	木材及木制品	水泥及水泥构件	其他
$L \leq 100$	1.0	1.5	4.3	8.4	18.0	3.6
$100 < L \leq 200$	1.1	1.7	4.8	9.4	20.0	4.0
$200 < L \leq 300$	1.2	1.9	5.4	10.5	23.0	4.5
$300 < L \leq 400$	1.3	2.1	5.8	11.5	24.5	4.8
$400 < L \leq 500$	1.4	2.4	6.5	12.5	27.0	5.4
$500 < L \leq 750$	1.7	2.6	6.7	14.7	—	6.3
$750 < L \leq 1000$	1.9	3.0	6.9	16.8	—	7.2
$1000 < L \leq 1250$	2.2	3.4	7.2	18.9	—	8.1

续表

费率（%）\运距 L（km） 器材名称	光缆	电缆	塑料及塑料制品	木材及木制品	水泥及水泥构件	其他
1250<L≤1500	2.4	3.8	7.5	21.0	—	9.0
1500<L≤1750	2.6	4.0	—	22.4	—	9.6
1750<L≤2000	2.8	4.3	—	23.8	—	10.2
L>2000 时，每增 250km 增加	0.2	0.3	—	1.5	—	0.6

注：编制概算时，除水泥及水泥制品的运输距离按 500km 计算，其他类型的材料运输距离按 1500km 计算。
编制预算时，按主要器材的实际平均运距计算（工程中所需器材品种很多，在编制预算时不可能知道所有器材实际运距，运距只能按其中占比例较大的、价值较高的器材运距计算）。

③ 运输保险费=材料原价×保险费率 0.1%；
④ 采购及保管费=材料原价×采购及保管费费率（见表 2-3-2）；

表 2-3-2　　　　　　　　　　材料采购及保管费费率表

工程名称	计算基础	费率（%）
通信设备安装工程	材料原价	1.0
通信线路工程		1.1
通信管道工程		3.0

⑤ 采购代理服务费按实计列；
⑥ 凡由建设单位提供的利旧材料，其材料费不计入工程成本；
⑦ 辅助材料费=主要材料费×辅助材料费费率（见表 2-3-3）。

表 2-3-3　　　　　　　　　　辅助材料费费率表

工程名称	计算基础	费率（%）
有线（无线）通信设备安装工程	主要材料费	3.0
电源设备安装工程		5.0
通信线路工程		0.3
通信管道工程		0.5

3. 机械使用费

指施工机械作业所发生的机械使用费以及机械安拆费，内容包括
（1）折旧费：指施工机械在规定的使用年限内，陆续收回其原值及购置资金的时间价值；
（2）大修理费：指施工机械按规定的大修理间隔台班进行必要的大修理，以恢复其正常功能所需的费用；
（3）经常修理费：指施工机械除大修理以外的各级保养和临时故障排除所需的费用，包括为保障机械正常运转所需替换设备与随机配备工具及附具的摊销、维护费用，机械运转中日常保养所需润滑与擦拭的材料费用及机械停滞期间的维护和保养费用等；
（4）安拆费：指施工机械在现场进行安装与拆卸所需的人工、材料、机械和试运转费用以及机械辅助设施的折旧、搭设、拆除等费用；
（5）人工费：指机上操作人员和其他操作人员在工作台班定额内的人工费；

(6)燃料动力费：指施工机械在运转作业中所消耗的固体燃料（煤、木柴）、液体燃料（汽油、柴油）及水、电等；

(7)养路费及车船使用税：指施工机械按照国家规定和有关部门规定应缴纳的养路费、车船使用税、保险费及年检费等。

机械使用费计算标准及计算规则为：

① 机械使用费=机械台班单价×概算、预算机械台班量；

② 概算、预算机械台班量=机械定额台班量×工程量。

4．仪表使用费

指施工作业所发生的属于固定资产的仪表使用费，内容包括

(1)折旧费：指施工仪表在规定的年限内，陆续收回其原值及购置资金的时间价值；

(2)经常修理费：指施工仪表的各级保养和临时故障排除所需的费用，包括为保证仪表正常使用所需备件（备品）的摊销和维护费用；

(3)年检费：指施工仪表在使用寿命期间定期标定与年检费用；

(4)人工费：指施工仪表操作人员在工作台班定额内的人工费。

仪表使用费计算标准及计算规则为：

① 仪表使用费=仪表台班单价×概算、预算仪表台班量；

② 概算、预算仪表台班量=仪表定额台班量×工程量。

（二）措施费

指为完成工程项目施工，发生于该工程前和施工过程中非工程实体项目的费用，内容包括以下几项。

1．环境保护费

指施工现场为达到环保部门要求所需要的各项费用。

计费标准和计算规则为：

环境保护费=人工费×环境保护费费率（见表2-3-4）。

表2-3-4　　　　　　　　　　　　环境保护费费率表

工 程 名 称	计 算 基 础	费率（%）
无线通信设备安装工程	人工费	1.20
通信线路工程、通信管道工程		1.50

2．文明施工费

指施工现场文明施工所需要的各项费用。

计费标准和计算规则为：

文明施工费=人工费×费率1.0%。

3．工地器材搬运费

指由工地仓库（或指定地点）至施工现场转运器材而发生的费用。

计费标准和计算规则为：

工地器材搬运费=人工费×工地器材搬运费费率（见表2-3-5）。

表 2-3-5　　　　　　　　　　　　工地器材搬运费费率表

工 程 名 称	计 算 基 础	费率（%）
通信设备安装工程	人工费	1.3
通信线路工程		5.0
通信管道工程		1.6

4．工程干扰费

指通信线路工程、通信管道工程，由于受市政管理、交通管制、人流密集、输配电设施等影响工效的补偿费用。

计费标准和计算规则为：

工程干扰费=人工费×工程干扰费费率（见表2-3-6）。

表 2-3-6　　　　　　　　　　　　工程干扰费费率表

工 程 名 称	计 算 基 础	费率（%）
通信线路工程、通信管道工程（干扰地区）	人工费	6.0
移动通信基站设备安装工程		4.0

注：① 干扰地区指城区、高速公路隔离带、铁路路基边缘等施工地带；
② 综合布线工程不计取。

5．工程点交、场地清理费

指按规定编制竣工图及资料、工程点交、施工场地清理等发生的费用。

计费标准和计算规则为：

工程点交、场地清理费=人工费×工程点交、场地清理费费率（见表2-3-7）。

表 2-3-7　　　　　　　　　　　　工程点交、场地清理费费率表

工 程 名 称	计 算 基 础	费率（%）
通信设备安装工程	人工费	3.5
通信线路工程		5.0
通信管道工程		2.0

6．临时设施费

指施工企业为进行工程施工所必须设置的生活和生产用的临时建筑物、构筑物和其他临时设施费用等，内容包括临时设施的租用或搭设、维修、拆除费或摊销费。

计费标准和计算规则为：

① 临时设施费按施工现场与企业的距离划分为35km以内、35km以外两挡；

② 临时设施费=人工费×临时设施费费率（见表2-3-8）。

表 2-3-8　　　　　　　　　　　　临时设施费费率表

工 程 名 称	计 算 基 础	费率（%）	
		距离≤35km	距离>35km
通信设备安装工程	人工费	6.0	12.0
通信线路工程		5.0	10.0
通信管道工程		12.0	15.0

注：如果建设单位无偿提供临时设施则不计此项费用。

7. 工程车辆使用费

指工程施工中接送施工人员、生活用车等（含过路、过桥）费用，包括生活用车、接送工人用车和其他零星用车，不含直接生产用车。直接生产用车包括在机械使用费和工地器材搬运费中。

计费标准和计算规则为：

工程车辆使用费=人工费×工程车辆使用费费率（见表2-3-9）。

表2-3-9　　　　　　　　　　工程车辆使用费费率表

工　程　名　称	计　算　基　础	费率（%）
无线通信设备安装工程、通信线路工程	人工费	6.0
有线通信设备安装工程、通信电源设备安装工程、通信管道工程		2.6

8. 夜间施工增加费

指因夜间施工所发生的夜间补助费、夜间施工降效、夜间施工照明设备摊销及照明用电等费用。

计费标准和计算规则为：

夜间施工增加费=人工费×夜间施工增加费费率（见表2-3-10）。

表2-3-10　　　　　　　　　　夜间施工增加费费率表

工　程　名　称	计　算　基　础	费率（%）
通信设备安装工程	人工费	2.0
通信线路工程（城区部分）、通信管道工程		3.0

注：此项费用不考虑施工时段均按相应费率计取。

9. 冬雨季施工增加费

指在冬雨季施工时所采取的防冻、保温、防雨等安全措施及工效降低所增加的费用。

计费标准和计算规则为：

冬雨季施工增加费=人工费×冬雨季施工增加费费率（见表2-3-11）。

表2-3-11　　　　　　　　　　冬雨季施工增加费费率表

工　程　名　称	计　算　基　础	费率（%）
通信设备安装工程（室外天线、馈线部分）通信线路工程、通信管道工程	人工费	2.0

注：① 此项费用不分施工所处季节均按相应费率计取；
　　② 综合布线工程不计取。

10. 生产工具用具使用费

指施工所需的不属于固定资产的工具用具等的购置、摊销、维修费。

计费标准和计算规则为：

生产工具用具使用费=人工费×生产工具用具使用费费率（见表2-3-12）。

表2-3-12　　　　　　　　　　生产工具用具使用费费率表

工　程　名　称	计　算　基　础	费率（%）
通信设备安装工程	人工费	2.0
通信线路工程、通信管道工程		3.0

11. 施工用水电蒸汽费

指施工生产过程中使用水、电、蒸汽所发生的费用。

计费标准和计算规则为：

① 通信建设工程依照施工工艺要求按实计列施工用水电蒸汽费；

② 在编制概、预算时，有规定的按规定计算，无规定的根据工程具体情况计算，如果建设单位无偿提供水电蒸汽的则不应计列此项费用。

12. 特殊地区施工增加费

指在原始森林地区、海拔 2000m 以上高原地区、化工区、核污染区、沙漠地区、山区无人值守站等特殊地区施工所需增加的费用。

计费标准和计算规则为：

① 特殊地区施工增加费=概算、预算总工日×3.20 元；

② 施工地点同时存在两种及以上情况时，只能计算一次，不得重复计列，例如既是高原地区，又是化工区时，也只计列一次。

13. 已完工程及设备保护费

指竣工验收前，对已完工程及设备进行保护所需的费用。

计费标准和计算规则为：

承包人依据工程发包的内容范围报价，经业主确认计取已完工程及设备保护费。

14. 运土费

指直埋光（电）缆工程、管道工程施工，需从远离施工地点取土及必须向外倒运出土方所发生的费用。

计费标准和计算规则为：

① 运土费=工程量（吨·千米）×运费单价（元/吨·千米）；

② 工程量由设计单位按实际发生计列，运费单价按工程所在地运价计取。

15. 施工队伍调遣费

指因建设工程的需要，应支付施工队伍的调遣费用，内容包括调遣人员的差旅费、调遣期间的工资、施工工具与用具等的运费。

计费标准和计算规则为：

① 施工队伍调遣费按调遣费定额计算；

② 施工现场与企业的距离在 35km 以内时，不计取此项费用；

③ 施工队伍调遣费=2×单程调遣费定额（见表 2-3-13）×调遣人数（见表 2-3-14）。

表 2-3-13　　　　　　　　　　施工队伍单程调遣费定额表

调遣里程（L）（km）	调遣费（元）	调遣里程（L）（km）	调遣费（元）
35<L≤200	106	2400<L≤2600	724
200<L≤400	151	2600<L≤2800	757
400<L≤600	227	2800<L≤3000	784
600<L≤800	275	3000<L≤3200	868
800<L≤1000	376	3200<L≤3400	903
1000<L≤1200	416	3400<L≤3600	928

续表

调遣里程（L）(km)	调遣费（元）	调遣里程（L）(km)	调遣费（元）
1200<L≤1400	455	3600<L≤3800	964
1400<L≤1600	496	3800<L≤4000	1042
1600<L≤1800	534	4000<L≤4200	1071
1800<L≤2000	568	4200<L≤4400	1095
2000<L≤2200	601	L>4400km 时，每增加 200km 增加	73
2200<L≤2400	688		

表 2-3-14　　　　　　　　施工队伍调遣人数定额表

通信设备安装工程			
概（预）算技工总工日	调遣人数（人）	概（预）算技工总工日	调遣人数（人）
500 工日以下	5	4000 工日以下	30
1000 工日以下	10	5000 工日以下	35
2000 工日以下	17	5000 工日以上，每增加 1000 工日增加调遣人数	3
3000 工日以下	24		

通信线路、通信管道工程			
概（预）算技工总工日	调遣人数（人）	概（预）算技工总工日	调遣人数（人）
500 工日以下	5	9000 工日以下	55
1000 工日以下	10	10000 工日以下	60
2000 工日以下	17	15000 工日以下	80
3000 工日以下	24	20000 工日以下	95
4000 工日以下	30	25000 工日以下	105
5000 工日以下	35	30000 工日以下	120
6000 工日以下	40	30000 工日以上，每增加 5000 工日增加调遣人数	3
7000 工日以下	45		
8000 工日以下	50		

16．大型施工机械调遣费

指大型施工机械调遣所发生的运输费用。

计费标准和计算规则为：

① 大型施工机械调遣费=2×单程运价×调遣运距×总吨位（见表 2-3-15）；

② 大型施工机械调遣费单程运价为 0.62 元/吨·单程千米。

表 2-3-15　　　　　　　　大型施工机械调遣吨位表

机械名称	吨位	机械名称	吨位
光缆接续车	4t	水下光（电）缆沟挖冲机	6t
光（电）缆拖车	5t	液压顶管机	5t
微管微缆气吹设备	6t	微控钻孔敷管设备	25t 以下
气流敷设吹缆设备	8t	微控钻孔敷管设备	25t 以上

（三）间接费

间接费由规费、企业管理费构成。

1. 规费

指政府和有关部门规定必须缴纳的费用，包括

（1）工程排污费：指施工现场按规定缴纳的工程排污费。

（2）社会保障费，包括

① 养老保险费：指企业按规定标准为职工缴纳的基本养老保险费；

② 失业保险费：指企业按照国家规定标准为职工缴纳的失业保险费；

③ 医疗保险费：指企业按照规定标准为职工缴纳的基本医疗保险费。

（3）住房公积金：指企业按照规定标准为职工缴纳的住房公积金。

（4）危险作业意外伤害保险：指企业为从事危险作业的建筑安装施工人员支付的意外伤害保险费。

计费标准和计算规则为：

规费=工程排污费+社会保障费+住房公积金+危险作业意外伤害保险费。

上式中：

① 工程排污费：根据施工所在地政府部门相关规定；

② 社会保障费=人工费×26.81%；

③ 住房公积金=人工费×4.19%；

④ 危险作业意外伤害保险费=人工费×1.00%。

2. 企业管理费

指施工企业组织施工生产和经营管理所需费用，包括

（1）管理人员工资：指管理人员的基本工资、工资性补贴、职工福利费、劳动保护费等。

（2）办公费：指企业管理办公用的文具、纸张、账表、印刷、邮电、书报、会议、水电、烧水和集体取暖（包括现场临时宿舍取暖）用煤等费用。

（3）差旅交通费：指职工因公出差、调动工作的差旅费，住勤补助费，市内交通费和误餐补助费，职工探亲路费，劳动力招募费，职工离退休、退职一次性路费，工伤人员就医路费，工地转移费以及管理部门使用的交通工具的油料、燃料、养路费及牌照费。

（4）固定资产使用费：指管理和试验部门及附属生产单位使用的属于固定资产的房屋、设备仪器等的折旧、大修、维修或租赁费。

（5）工具用具使用费：指管理使用的不属于固定资产的生产工具、器具、家具、交通工具和检验、测绘、消防用具等的购置、维修和摊销费。

（6）劳动保险费：指由企业支付离退休职工的异地安家补助费、职工退职金，6个月以上的病假人员工资，职工死亡丧葬补助费、抚恤金，按规定支付给离退休干部的各项经费。

（7）工会经费：指企业按职工工资总额计提的工会经费。

（8）职工教育经费：指企业为职工学习先进技术和提高文化水平，按职工工资总额计提的费用。

（9）财产保险费：指施工管理用财产、车辆保险费用。

（10）财务费：指企业为筹集资金而发生的各种费用。

（11）税金：指企业按规定缴纳的房产税、车船使用税、土地使用税、印花税等。

（12）其他：包括技术转让费、技术开发费、业务招待费、绿化费、广告费、公证费、法律顾问费、审计费、咨询费等。

计费标准和计算规则为：

企业管理费=人工费×企业管理费费率（见表2-3-16）。

表 2-3-16　　　　　　　　　　企业管理费费率表

工 程 名 称	计 算 基 础	费率（%）
通信线路工程、通信设备安装工程	人工费	30.0
通信管道工程		25.0

（四）利润

指施工企业完成所承包工程获得的盈利。

计费标准和计算规则为：

利润=人工费×利润率（见表2-3-17）。

表 2-3-17　　　　　　　　　　利润率表

工 程 名 称	计 算 基 础	费率（%）
通信线路、通信设备安装工程	人工费	30.0
通信管道工程		25.0

（五）税金

指按国家税法规定应计入建筑安装工程造价内的营业税、城市维护建设税及教育费附加。

计费标准和计算规则为：

税金=（直接费+间接费+利润）×税率（见表2-3-18）。

表 2-3-18　　　　　　　　　　税率表

工 程 名 称	计 算 基 础	税率（%）
各类通信工程	直接费+间接费+利润	3.41

注：通信线路工程计取税金时将光缆、电缆的预算价从直接工程费中核减。

税率的取定方法：

依据税法的相关规定，营业税税率为 3%，城市维护建设税、教育费附加分别为营业税的 7%和 3%，税金的计取基数为建筑安装工程费（包括直接费、间接费、利润、税金），因此，税金的计算公式为：

税金 =(直接费 + 间接费 + 利润 + 税金)×3%（1 + 7% + 3%）。

即，税金 =(直接费 + 间接费 + 利润)× 3.41%，所以税率为 3.41%。

三、设备、工器具购置费费用内容、相关定额及计算规则

设备、工器具购置费指根据设计提出的设备（包括必须的备品备件）、仪表、工器具清单，按设备原价、运杂费、采购及保管费、运输保险费和采购代理服务费计算的费用。

设备、工器具购置费用是由需要安装设备购置费和不需要安装设备、工器具、维护用工器具仪表购置费组成。

计费标准和计算规则为：

设备、工器具购置费＝设备原价＋运杂费＋运输保险费＋采购及保管费＋采购代理服务费

上式中：

① 设备原价指供应价或供货地点价［设备、工器具原价指国产设备制造厂的供货地点价，进口设备的到岸价（包括货价、国际运费、运输保险费）］；

② 运杂费＝设备原价×设备运杂费费率（见表2-3-19）；

表 2-3-19　　　　　　　　设备运杂费费率表

运输里程 L（km）	取费基础	费率（%）	运输里程 L（km）	取费基础	费率（%）
$L \leq 100$	设备原价	0.8	$1000 < L \leq 1250$	设备原价	2.0
$100 < L \leq 200$	设备原价	0.9	$1250 < L \leq 1500$	设备原价	2.2
$200 < L \leq 300$	设备原价	1.0	$1500 < L \leq 1750$	设备原价	2.4
$300 < L \leq 400$	设备原价	1.1	$1750 < L \leq 2000$	设备原价	2.6
$400 < L \leq 500$	设备原价	1.2	$L>2000$km 时，每增 250km 增加	设备原价	0.1
$500 < L \leq 750$	设备原价	1.5			
$750 < L \leq 1000$	设备原价	1.7	—	—	—

③ 运输保险费＝设备原价×保险费费率0.4%；

④ 采购及保管费＝设备原价×采购及保管费费率（见表2-3-20）；

表 2-3-20　　　　　　　　采购及保管费费率表

项目名称	计算基础	费率（%）
需要安装的设备	设备原价	0.82
不需要安装的设备（仪表、工器具）		0.41

⑤ 采购代理服务费按实计列。

引进设备（材料）的关税、增值税、外贸手续费、银行财务费、引进设备（材料）国内检验费、海关监管手续费等按引进设备的到岸价计算后计入相应的设备材料费中。

四、工程建设其他费费用内容、相关定额及计算规则

工程建设其他费指应在建设项目的建设投资中开支的固定资产其他费用、无形资产费用和其他资产费用，内容如下。

1. 建设用地及综合赔补费

指按照《中华人民共和国土地管理法》等规定，建设项目征用土地或租用土地应支付的费用包括

（1）土地征用及迁移补偿费：经营性建设项目通过出让方式购置的土地使用权（或建设项目通过划拨方式取得无限期的土地使用权）而支付的土地补偿费、安置补偿费、地上附着物和青苗补偿费、余物迁建补偿费、土地登记管理费等；行政事业单位的建设项目通过出让方式取得土地使用权而支付的出让金；建设单位在建设过程中发生的土地复垦费用和土地损失补偿费用；建设期间临时占地补偿费。

（2）征用耕地按规定一次性缴纳的耕地占用税；征用城镇土地在建设期间按规定每年缴纳的城镇土地使用税；征用城市郊区菜地按规定缴纳的新菜地开发建设基金。

（3）建设单位租用建设项目土地使用权而支付的租地费用。

（4）建设单位因建设项目期间租用建筑设施、场地费用；以及因项目施工造成所在地企事业单位或居民的生产、生活干扰而支付的补偿费用。

计费标准和计算规则为：

① 根据应征建设用地面积、临时用地面积，按建设项目所在省、市、自治区人民政府制定颁发的土地征用补偿费、安置补助费标准和耕地占用税、城镇土地使用税标准计算。

② 建设用地上的建（构）筑物如需迁建，其迁建补偿费应按迁建补偿协议计列或按新建同类工程造价计算。

2．建设单位管理费

指建设单位发生的管理性质的开支，包括差旅交通费、工具用具使用费、固定资产使用费、必要的办公及生活用品购置费、必要的通信设备及交通工具购置费、零星固定资产购置费、招募生产工人费、技术图书资料费、业务招待费、设计审查费、合同契约公证费、法律顾问费、咨询费、完工清理费、竣工验收费、印花税和其他管理性质开支。

如果成立筹建机构，建设单位管理费还应包括筹建人员工资类开支。

计费标准和计算规则为：

参照财政部财建〔2002〕394号《基建财务管理规定》执行，其计算方法见表2-3-21。

表2-3-21　　　　　　　建设单位管理费费率及算例表　　　　　　单位：万元

工程总概算	费率（%）	算例	
		工程总概算	建设单位管理费
1000以下	1.5	1000	1000×1.5%=15
1001～5000	1.2	5000	15+(5000−1000)×1.2%=63
5001～10000	1.0	10000	63+(10000−5000)×1.0%=113
10001～50000	0.8	50000	113+(50000−10000)×0.8%=433
50001～100000	0.5	100000	433+(100000−50000)×0.5%=683
100001～200000	0.2	200000	683+(200000−100000)×0.2%=883
200000以上	0.1	280000	883+(280000−200000)×0.1%=963

注：① 如建设项目采用工程总承包方式，其总包管理费由建设单位与总包单位根据总包工作范围在合同中商定、从建设单位管理费中列支；
② 在编制概算时，表中的"工程总概算"按可行性研究批复的总估算计算。

3．可行性研究费

指在建设项目前期工作中，编制和评估项目建议书（或预可行性研究报告）、可行性研究报告所需的费用。

计费标准和计算规则为：

参照国家计委计投资〔1999〕1283号《关于印发〈建设项目前期工作咨询收费暂行规定〉的通知》的规定。

4．研究试验费

指为本建设项目提供或验证设计数据、资料等进行必要的研究试验及按照设计规定在建设过程中必须进行试验、验证所需的费用。

计费标准和计算规则为：
① 根据建设项目研究试验内容和要求进行编制。
② 研究试验费不包括以下项目：

  a．应由科技三项费用（即新产品试制费、中间试验费和重要科学研究补助费）开支的项目；

  b．应由建筑安装费用中列支的施工企业对材料、构件进行一般鉴定、检查所发生的费用及技术革新的研究试验费；

  c．应由勘察设计费或工程费中开支的项目。

5．勘察设计费

指委托勘察设计单位进行工程水文地质勘察、工程设计所发生的各项费用，包括工程勘察费、初步设计费、施工图设计费。

计费标准和计算规则为：

参照国家计委、建设部计价格〔2002〕10号《关于发布〈工程勘察设计收费管理规定〉的通知》规定。

6．环境影响评价费

指按照《中华人民共和国环境保护法》、《中华人民共和国环境影响评价法》等规定，为全面、详细评价本建设项目对环境可能产生的污染或造成的重大影响所需的费用，包括编制环境影响报告书（含大纲）、环境影响报告表和评估环境影响报告书（含大纲）、评估环境影响报告表等所需的费用。

计费标准和计算规则为：

参照国家计委、国家环境保护总局计价格〔2002〕125号文《关于规范环境影响咨询收费有关问题的通知》规定。

7．劳动安全卫生评价费

指按照劳动部10号令（1998年2月5日发布）《建设项目（工程）劳动安全卫生预评价管理办法》的规定，为预测和分析建设项目存在的职业危险、危害因素的种类和危险危害程度，并提出先进、科学、合理可行的劳动安全卫生技术和管理对策所需的费用，包括编制建设项目劳动安全卫生预评价大纲和劳动安全卫生预评价报告书，以及为编制上述文件所进行的工程分析和环境现状调查等所需费用。

计费标准和计算规则为：

参照建设项目所在省（市、自治区）劳动行政部门规定的标准计算。

8．建设工程监理费

指建设单位委托工程监理单位实施工程监理的费用。

计费标准和计算规则为：

参照国家发改委、建设部〔2007〕670号《关于建设工程监理与相关服务收费管理规定》的通知进行计算。

9．安全生产费

指施工企业按照国家有关规定和建筑施工安全标准，购置施工防护用具、落实安全施工措施以及改善安全生产条件所需要的各项费用。

计费标准和计算规则为：

参照财政部、国家安全生产监督管理总局财企〔2006〕478 号《高危行业企业安全生产费用财务管理暂行办法》的规定。

安全生产费按建筑安装工程费的 1.0%计取。

10．工程质量监督费

指工程质量监督机构对通信工程进行质量监督所发生的费用。

计费标准和计算规则为：

参照国家发改委、财政部计价格〔2001〕585 号《关于全面整顿住房建设收费取消部分收费项目的通知》的相关规定。

11．工程定额测定费

指建设单位发包工程按规定上缴工程造价（定额）管理部门的费用。

计费标准和计算规则为：

参照国家发改委、财政部计价格〔2001〕585 号文《关于全面整顿住房建设收费取消部分收费项目的通知》的相关规定。

收费标准按建安费的 0.14%计取。

12．引进技术和引进设备其他费

引进技术和引进设备其他费的内容包括：

（1）引进项目图纸资料翻译复制费、备品备件测绘费。

（2）出国人员费用：包括买方人员出国设计联络、出国考察、联合设计、监造、培训等所发生的差旅费、生活费、制装费等。

（3）来华人员费用：包括卖方来华工程技术人员的现场办公费用、往返现场交通费用、工资、食宿费用、接待费用等。

（4）银行担保及承诺费：指引进项目由国内外金融机构出面承担风险和责任担保所发生的费用，以及支付贷款机构的承诺费用。

计费标准和计算规则为：

① 引进项目图纸资料翻译复制费：根据引进项目的具体情况计列或按引进设备到岸价的比例估列。

② 出国人员费用：依据合同规定的出国人次、期限和费用标准计算。生活费及制装费按照财政部、外交部规定的现行标准计算，旅费按中国民航公布的国际航线票价计算。

③ 来华人员费用：应依据引进合同有关条款规定计算。引进合同价款中已包括的费用内容不得重复计算。来华人员接待费用可按每人次费用指标计算。

④ 银行担保及承诺费：应按担保或承诺协议计取。

13．工程保险费

指建设项目在建设期间根据需要对建筑工程、安装工程及机器设备进行投保而发生的保险费用。包括建筑安装工程一切险、引进设备财产和人身意外伤害险等。

计费标准和计算规则为：

① 不投保的工程不计取此项费用；

② 不同的建设项目可根据工程特点选择投保险种，根据投保合同计列保险费用。

14．工程招标代理费

指招标人委托代理机构编制招标文件、编制标底、审查投标人资格、组织投标人踏勘现场并答疑,组织开标、评标、定标,以及提供招标前期咨询、协调合同的签订等业务所收取的费用。

计费标准和计算规则为:

参照国家计委计价格〔2002〕1980号《招标代理服务费管理暂行办法》的规定。

15. 专利及专用技术使用费

专利及专用技术使用费的内容包括:

(1) 国外设计及技术资料费、引进有效专利、专有技术使用费和技术保密费;

(2) 国内有效专利、专有技术使用费用;

(3) 商标使用费、特许经营权费等。

计费标准和计算规则为:

① 按专利使用许可协议和专有技术使用合同的规定计列;

② 专有技术的界定应以省、部级鉴定机构的批准为依据;

③ 项目投资中只计取需要在建设期支付的专利及专有技术使用费,协议或合同规定在生产期支付的使用费应在成本中核算。

16. 生产准备及开办费

指建设项目为保证正常生产(或营业、使用)而发生的人员培训费、提前进场费以及投产使用初期必备的生产生活用具、工器具等购置费用,包括

(1) 人员培训费及提前进场费:自行组织培训或委托其他单位培训的人员工资、工资性补贴、职工福利费、差旅交通费、劳动保护费、学习资料费等。

(2) 为保证初期正常生产、生活(或营业、使用)所必需的生产办公、生活家具用具购置费。

(3) 为保证初期正常生产(或营业、使用)必需的第一套不够固定资产标准的生产工具、器具、用具购置费(不包括备品备件费)。

计费标准和计算规则为:

① 新建项目按设计定员为基数计算,改扩建项目按新增设计定员为基数计算;

② 生产准备及开办费=设计定员×生产准备费指标(元/人);

③ 生产准备及开办费指标由投资企业自行测算。

五、预备费费用内容、相关定额及计算规则

预备费是指在初步设计及概算内难以预料的工程费用,包括基本预备费和价差预备费。

1. 基本预备费

(1) 进行技术设计、施工图设计和施工过程中,在批准的初步设计和概算范围内所增加的工程费用。

(2) 由一般自然灾害所造成的损失和预防自然灾害所采取的措施费用。

(3) 竣工验收为鉴定工程质量,必须开挖和修复隐蔽工程的费用。

2. 价差预备费

价差预备费指设备、材料的价差。

计费标准和计算规则为:

预备费=(工程费+工程建设其他费)×预备费费率(见表2-3-22)。

表 2-3-22　　　　　　　　　　预备费费率表

工 程 名 称	计 算 基 础	费率（%）
通信设备安装工程	工程费+工程建设其他费	3.0
通信线路工程		4.0
通信管道工程		5.0

六、建设期利息的相关定额及计算规则

指建设项目贷款在建设期内发生并应计入固定资产的贷款利息等财务费用。

计费标准和计算规则为：

按银行当期利率计算。

第三章 通信建设工程概算、预算的编制

通信建设工程设计概算、预算是初步设计概算和施工图设计预算的统称。设计概算、预算实质上是工程造价的预期价格。如何控制和管理好工程项目设计概算、预算，是建设项目投资控制过程中的一个重要环节。设计概算、预算是以初步设计和施工图设计为基础编制的，设计人员在整个设计过程中，应强化工程造价意识，充分考虑技术与经济的统一，编制出技术上满足设计任务书要求，造价又受控于决策阶段的投资估算额度的概算、预算文件。

第一节 通信建设工程概算、预算的概念

一、概算、预算的含义

通信建设工程概算、预算是设计文件的重要组成部分，它是根据各个不同设计阶段的深度和建设内容，按照设计图纸和说明以及相关专业的预算定额、费用定额、费用标准、器材价格、编制方法等有关资料，对通信建设工程预先计算和确定从筹建至竣工交付使用所需全部费用的文件。

通信建设工程概算、预算的应按不同的设计阶段进行编制：

（1）工程采用三阶段设计时，初步设计阶段编制设计概算，技术设计阶段编制修正概算，施工图设计阶段编制施工图预算；

（2）工程采用二阶段设计时，初步设计阶段编制设计概算，施工图设计阶段编制施工图预算；

（3）工程采用一阶段设计时，编制施工图预算，但施工图预算应反映全部费用内容，即除工程费和工程建设其他费之外，还应计列预备费、建设期利息等费用。

二、概算、预算的作用

（一）设计概算的作用

设计概算是用货币形式综合反映和确定建设项目从筹建至竣工验收的全部建设费用。其主要作用有以下几点。

1. 设计概算是编制和安排投资计划、确定和控制建设项目投资、控制施工图预算的主要依据

建设项目需要多少人力、物力和财力，是通过项目的设计概算来确定的，所以设计概算是确定建设项目所需建设费用的文件，即项目的投资总额及其构成是按设计概算的有关数据

确定的。因此，设计概算也是确定年度建设投资计划的基础，其编制质量将影响年度建设投资计划的编制质量。只有依据正确的设计概算编制出的年度建设投资计划，才能既保证建设项目投资的需要，又能节约建设资金。

经批准的设计概算是确定建设项目或单项工程所需投资的计划额度，是该工程建设投资的最高限额。在工程建设过程中应该严格按照批准的初步设计中的总概算进行施工图设计及其预算的编制，未经按规定的程序批准，施工图预算不应突破设计概算，以确保建设项目投资的有效控制。

实行三阶段设计的工程项目，在技术设计阶段应编制修正概算。修正概算所确定的投资额不应突破相应的设计总概算，如确需突破总概算时，应调整和修改总概算，并按规定程序报经审批。

2．设计概算是核定贷款额度的主要依据

建设单位根据批准的设计概算总投资额办理建设贷款、安排投资计划、控制贷款。如果建设投资额突破设计概算时，应在查明原因后由建设单位报请上级主管部门调整或追加设计概算总投资额。

3．设计概算是考核工程设计技术经济合理性和工程造价的主要依据

设计概算是建设项目设计方案经济合理性的综合反映，可以用来对不同的设计方案进行技术和经济合理性比较，以便选择最佳的设计方案。

一个能够达到某种生产能力或经济效益水平的建设项目，由于设计方案的不同而需要的投资额度会有很大的差异。设计方案是编制概算的基础，设计方案的经济合理性在概算中是以货币指标反映的。对于不同的设计方案，可利用概算中所反映出的技术经济指标进行分析比较，便于优选最经济合理的设计方案。

4．设计概算是筹备设备、材料和签订订货合同的主要依据

设计概算一经批准，就作为对工程造价管理的各环节严格控制的重要依据。建设单位开始按设计提供的设备、材料清单，进行设备和主要材料的招标，按照设计要求和造价控制额对设备性能、价格及技术服务等进行分析比较，选择最优惠的厂家生产的设备，签订订货合同，进行建设准备工作。

5．设计概算在工程招标承包中是确定标底的主要依据

建设单位在以设计概算进行工程招标发包时，应以设计概算为基础编制标底，并以此作为评标的依据之一。而施工承包企业为了在投标竞争中中标，须对初步设计进行详细的了解，才能编制出合适的投标报价。

（二）施工图预算的作用

施工图预算是设计概算的进一步具体化，其主要作用如下。

1．施工图预算是考核工程成本，确定工程造价的主要依据

在施工图设计阶段，根据工程的施工图纸计算出实物工程量，然后按现行工程预算定额、费用定额以及材料价格等资料，计算出工程的施工生产费用，即工程预算造价。这是设计阶段控制工程造价的重要环节，是考核施工图设计不突破设计概算的重要措施。

工程预算文件所确定的工程预算造价，只是建筑安装产品的预计价格，所以施工企业可以此为依据进行经济核算，以消耗最少的人力、物力和财力来完成施工任务，降低工程成本。

2．施工图预算是签订工程承、发包合同的依据

建设单位与施工企业的经济费用往来，可以依据施工图预算和双方签订的合同。

对于实行施工招标的工程，施工图预算是建设单位确定标底的主要依据之一。

对于不实行施工招标的工程，可以采用施工图预算加系数包干的承包方式签订工程承包合同。即建设单位和施工单位双方经过协商，以施工图预算为基础，再按照一定的系数进行调整，以此作为确定合同价款的依据。

3．预算是工程价款结算的主要依据

项目竣工验收点交之后，除按概算、预算加系数包干的工程外，都要编制项目结算，以结清工程价款。结算工程价款是以施工图预算为基础进行的，即以施工图预算中的工程量和单价，再根据施工中设计变更后的实际施工情况，以及实际完成的工程量情况编制项目结算。

4．预算是考核施工图设计技术经济合理性的主要依据

施工图预算要根据设计文件的编制程序编制，它对确定单项工程造价具有特别重要的作用。施工图预算的工料统计表列出的对各类人工和材料及施工机械的需要量等，是施工企业编制施工计划、做施工准备和进行统计、核算等不可缺少的依据。

三、概算、预算的构成

（一）初步设计概算的构成

建设项目在初步设计阶段编制设计概算。设计概算的组成，是根据建设规模的大小而确定的，一般由建设项目总概算、单项工程概算组成。

单项工程概算由工程费、工程建设其他费、预备费、建设期利息四部分组成。建设项目总概算等于各单项工程概算之和，它是一个建设项目从筹建到竣工验收的全部投资，其构成如图3-1-1所示。

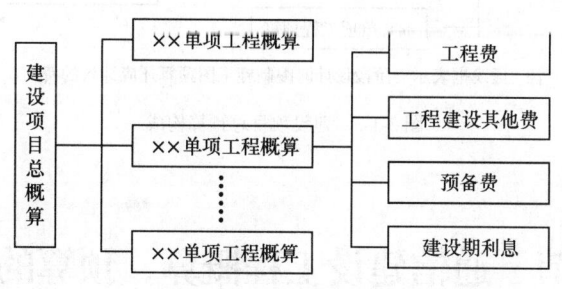

图 3-1-1　建设项目总概算构成

（二）施工图设计预算的构成

建设项目在施工图设计阶段编制预算。施工图预算一般有单位工程预算、单项工程预算、建设项目总预算的结构层次。

单位工程施工图预算应包括建筑安装工程费和设备、工器具购置费。

单项工程施工图预算应包括工程费、工程建设其他费和建设期利息。单项工程预算可以是一个独立的预算也可以由该单项工程中包含的所有单位工程预算汇总而成，其构成如图3-1-2所示。

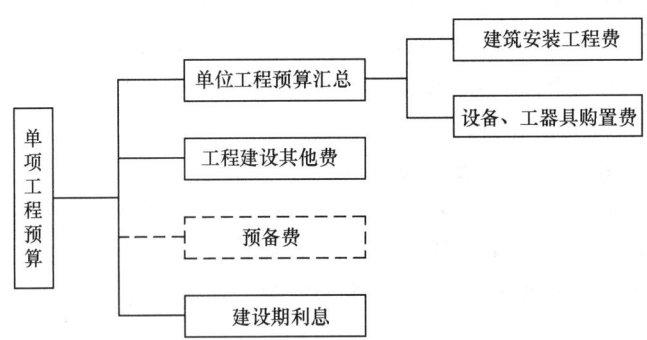

注：虚线框表示一阶段设计时编制施工图预算还应计入的费用。

图 3-1-2　单项工程施工图预算构成

图 3-1-2 中"工程建设其他费"是以单项工程作为计取单位的。若因为投资或固定资产核算等原因需要分摊到各单位工程中，亦可分别摊入单位工程预算中，但工程建设其他费的各项费用计算时不能以单位工程中的费用额度作为计算基数。

建设项目总预算则是汇总所有单项工程预算而成，其构成如图3-1-3所示。

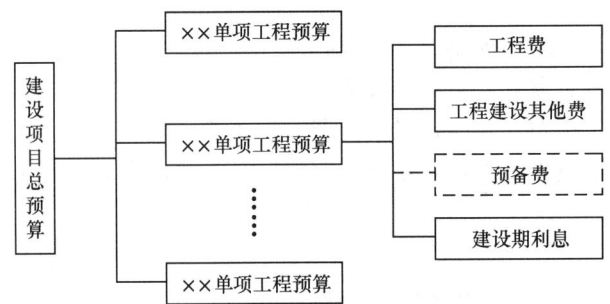

注：虚线框表示一阶段设计时编制施工图预算还应计入的费用。

图 3-1-3　建设项目总预算构成

第二节　通信建设工程概算、预算的编制

一、概算、预算编制原则

（1）通信建设工程概算、预算应按工信部规〔2008〕75号文颁布的《通信建设工程概算、预算编制办法》及相关定额等标准进行编制。

（2）通信建设工程概算、预算应由具有通信建设相关资质的单位编制。概算、预算的编

制和审核以及从事通信工程造价相关工作的人员必须持有《通信建设工程概预算人员资格证书》。

（3）设计概算是初步设计文件的重要组成部分，编制设计概算应在投资估算的范围内进行。

施工图预算是施工图设计文件的重要组成部分，编制施工图预算应在批准的设计概算范围内进行。对于一阶段设计所编制的施工图预算，应在投资估算的范围内进行。

（4）当一个通信建设项目如果有几个设计单位共同设计时，总体设计单位应负责统一概算、预算的编制原则，并汇总建设项目的总概算。分设计单位负责本设计单位所承担的单项工程概算、预算的编制。

（5）工程概算、预算是一项重要的技术经济工作，应按照规定的设计标准和设计图纸计算工程量，正确地使用各项计价标准，完整、准确地反映设计内容、施工条件和实际价格。

二、概算、预算的编制依据

（一）设计概算的编制依据

设计概算的编制的主要依据以下资料：
（1）批准可行性研究报告；
（2）初步设计图纸及有关资料；
（3）国家相关部门发布的有关法律、法规、标准规范；
（4）《通信建设工程预算定额》、《通信建设工程费用定额》、《通信建设工程施工机械、仪表台班费用定额》及有关文件；
（5）建设项目所在地政府发布的有关土地征用和赔补费用等有关规定；
（6）有关合同、协议等。

（二）施工图预算的编制依据

施工图预算编制的主要依据以下资料：
（1）批准的初步设计概算及有关文件；
（2）施工图、通用图、标准图及说明；
（3）国家相关部门发布的有关法律、法规、标准规范；
（4）《通信建设工程预算定额》、《通信建设工程费用定额》、《通信建设工程施工机械、仪表台班费用定额》及有关文件；
（5）建设项目所在地政府发布的有关土地征用和赔补费用等有关规定；
（6）有关合同、协议等。

三、引进通信设备安装工程概算、预算的编制

（一）引进设备安装工程概算、预算编制依据

引进设备安装工程概算、预算的编制依据，除参照上条所列依据外，还应依据国家和相关部门批准的引进设备工程项目订货合同、细目及价格，以及国外有关技术经济资料和相关

文件等。

（二）引进设备购置费的计算

引进设备购置费用的计算，除按订货合同所规定的计价货币计算引进设备价款外，还应以引进设备到岸价折成人民币的价格，计算入关各项手续费和国内运输及保管等费用，具体计算公式为

引进设备购置费 = 到岸价 + 入关各项手续费 + 国内运输及保管等费用

其中，到岸价 = 货价 + 国际运费 + 国际运输保险费；

入关各项手续费 = 关税 + 增值税 + 工商统一费 + 海关监管费 + 外贸手续费 + 银行手续费；

国内运输及保管等费用 = 国内运杂费 + 国内运输保险费 + 采购保管费 + 采购代理服务费。

（三）货币表示

编制引进设备安装工程的概算、预算，在计算设备安装费和费用定额所规定的相关费用时，与国产设备安装工程的概算、预算编制方法相同，但引进设备安装工程的概算和预算应用外币和人民币两种货币形式表现，其外币表现形式可用美元或订货合同标注的计价货币。

四、概算、预算文件的组成

概算、预算文件由编制说明和概算、预算表组成。

（一）编制说明

编制说明主要包括以下内容。

1. 工程概况

说明项目规模、用途、概（预）算总价值、生产能力、公用工程及项目外工程的主要情况等。

2. 编制依据

主要说明编制时所依据的技术、经济文件、各种定额、材料设备价格、地方政府的有关规定和主管部门未作统一规定的费用计算依据和说明。

3. 投资分析

主要说明各项投资的比例及与类似工程投资额的比较、分析投资额高低的原因、工程设计的经济合理性、技术的先进性及其适宜性等。

4. 其他需要说明的问题

如建设项目的特殊条件和特殊问题，需要上级主管部门和有关部门帮助解决的其他有关问题等。

（二）概算、预算表格

1. 概算、预算表格的组成

通信建设工程概算、预算表格是按照费用结构的划分，由建筑安装工程费用系列表格、设备购置费用表格（包括需要安装和不需要安装的设备）、工程建设其他费用表格以及概算、预算总表组成，各表格格式如下（全套共十类表）。

(1)《建设项目总___算表（汇总表）》，供建设项目总概算（预算）使用，具体如下：

建设项目名称：　　　　　　　　建设单位名称：　　　　　　　　表格编号：　　　　　　　　第　　页

建设项目总___算表（汇总表）

序号	表格编号	工程名称	小型建筑工程费	需要安装的设备费	不需安装的设备、工器具费	建筑安装工程费	其他费用	预备费	总价值		生产准备及开办费
					（元）				人民币（元）	其中外币（ ）	（元）
Ⅰ	Ⅱ	Ⅲ	Ⅳ	Ⅴ	Ⅵ	Ⅶ	Ⅷ	Ⅸ	Ⅹ	Ⅺ	Ⅻ

设计负责人：　　　　　　　　审核：　　　　　　　　编制：　　　　　　　　编制日期：　　年　　月

(2)《工程__算总表(表一)》,供编制单项(单位)工程总费用使用,具体如下:

工程__算总表(表一)

建设项目名称:

建设单位名称: 表格编号: 第 页

序号	表格编号	费用名称	小型建筑工程费	需要安装的设备费	不需要安装的设备、工器具费	建筑安装工程费	其他费用	预备费	总价值	
					(元)				人民币(元)	其中外币( )
I	II	III	IV	V	VI	VII	VIII	IX	X	XI

设计负责人: 审核: 编制: 编制日期: 年 月

(3)《建筑安装工程费用__算表（表二）》，供编制建筑安装工程费使用，具体如下：

建筑安装工程费用__算表（表二）

工程名称：　　　　　　　　　　建设单位名称：　　　　　　　　　　表格编号：　　　　　　　　　　第　　页

序号	费用名称	依据和计算方法	合计（元）	序号	费用名称	依据和计算方法	合计（元）
Ⅰ	Ⅱ	Ⅲ	Ⅳ	Ⅰ	Ⅱ	Ⅲ	Ⅳ
	建筑安装工程费			8	夜间施工增加费		
一	直接费			9	冬雨季施工增加费		
（一）	直接工程费			10	生产工具用具使用费		
1	人工费			11	施工用水电蒸汽费		
(1)	技工费			12	特殊地区施工增加费		
(2)	普工费			13	已完工程及设备保护费		
2	材料费			14	运土费		
(1)	主要材料费			15	施工队伍调遣费		
(2)	辅助材料费			16	大型施工机械调遣费		
3	机械使用费			二	间接费		
4	仪表使用费			（一）	规费		
（二）	措施费			1	工程排污费		
1	环境保护费			2	社会保障费		
2	文明施工费			3	住房公积金		
3	工地器材搬运费			4	危险作业意外伤害保险费		
4	工程干扰费			（二）	企业管理费		
5	工程点交、场地清理费			三	利润		
6	临时设施费			四	税金		
7	工程车辆使用费						

设计负责人：　　　　　　　　　　审核：　　　　　　　　　　编制：　　　　　　　　　　编制日期：　　年　　月

(4)《建筑安装工程量__算表（表三）甲》，供编制建筑安装工程量、计算技工工日和普工工日使用，具体如下：

建筑安装工程量__算表（表三）甲

工程名称： 建设单位名称： 表格编号： 第 页

序号	定额编号	项目名称	单位	数量	单位定额值（工日）		合计值（工日）	
					技工	普工	技工	普工
Ⅰ	Ⅱ	Ⅲ	Ⅳ	Ⅴ	Ⅵ	Ⅶ	Ⅷ	Ⅸ

设计负责人： 审核： 编制： 编制日期： 年 月

(5)《建筑安装工程机械使用费概算表（表三）乙》，供编制建筑安装工程机械使用费使用，具体如下：

建筑安装工程机械使用费___算表（表三）乙

工程名称：　　　　　　　建设单位名称：　　　　　　　表格编号：　　　　　　　第　页

序号	定额编号	项目名称	单位	数量	机械名称	单位定额值		合计值	
						数量 （台班）	单价 （元）	数量 （台班）	合价 （元）
Ⅰ	Ⅱ	Ⅲ	Ⅳ	Ⅴ	Ⅵ	Ⅶ	Ⅷ	Ⅸ	Ⅹ

设计负责人：　　　　　审核：　　　　　编制：　　　　　编制日期：　年　月

(6)《建筑安装工程仪器仪表使用费__算表（表三）丙》，供编制建筑安装工程仪表使用费使用，具体如下：

建筑安装工程仪器仪表使用费__算表（表三）丙

工程名称： 建设单位名称： 表格编号： 第 页

序号	定额编号	项目名称	单位	数量	仪表名称	单位定额值		合计值	
						数量（台班）	单价（元）	数量（台班）	合价（元）
I	II	III	IV	V	VI	VII	VIII	IX	X

设计负责人： 审核： 编制： 编制日期： 年 月

(7)《国内器材__算表(表四)甲》,供编制国内器材(需安装设备、不需要安装设备、主要材料)的购置费使用,具体如下:

国内器材 __ 算表(表四)甲

工程名称:　　　　　　　　　　　　　　　建设单位名称:　　　　　　　　　　表格编号:　　　　　　　　第　页

(　　)表

序号	名称	规格程式	单位	数量	单价(元)	合计(元)	备注
Ⅰ	Ⅱ	Ⅲ	Ⅳ	Ⅴ	Ⅵ	Ⅶ	Ⅷ

设计负责人:　　　　　　审核:　　　　　　编制:　　　　　　编制日期:　　年　月

(8)《引进器材概预算表（表四）乙》，供编制引进国外器材（需安装设备、不需要安装设备、主要材料）的购置费使用，具体如下：

引进器材____算表（表四）乙表

工程名称：　　　　　　　　　　　　　　　　　　　建设单位名称：　　　　　　　　　　　　　　　　表格编号：　　　　　　　　　　　　　第　页

序号	中文名称	外文名称	单位	数量	单价		合价	
					外币（　）	折合人民币（元）	外币（　）	折合人民币（元）
Ⅰ	Ⅱ	Ⅲ	Ⅳ	Ⅴ	Ⅵ	Ⅶ	Ⅷ	Ⅸ

设计负责人：　　　　　　　　　　审核：　　　　　　　　　　编制：　　　　　　　　　　编制日期：　年　月

(9)《工程建设其他费__算表(表五)甲》,供编制工程建设其他费使用,具体如下:

工程建设其他费__算表(表五)甲

工程名称:　　　　　　　　　　　建设单位名称:　　　　　　　　　　　表格编号:　　　　　　　　　　　第　页

序号	费用名称	计算依据及方法	金额(元)	备注
Ⅰ	Ⅱ	Ⅲ	Ⅳ	Ⅴ
1	建设用地及综合赔补费			
2	建设单位管理费			
3	可行性研究费			
4	研究试验费			
5	勘察设计费			
6	环境影响评价费			
7	劳动安全卫生评价费			
8	建设工程监理费			
9	安全生产费			
10	工程质量监督费			
11	工程定额测定费			
12	引进技术及引进设备其他费			
13	工程保险费			
14	工程招标代理费			
15	专利及专利技术使用费			
	总计			
16	生产准备及开办费(运营费)			

设计负责人:　　　　　　　　　　　审核:　　　　　　　　　　　编制:　　　　　　　　　　　编制日期:　　年　月

(10)《引进设备工程建设其他费用___算表(表五)乙》,供编制引进设备工程建设其他费用使用,具体如下:

引进设备工程建设其他费用___算表(表五)乙

工程名称:　　　　　　　　　　　建设单位名称:　　　　　　　　　　　表格编号:　　　　　　　　　　　第　　页

序号	费用名称	计算依据及方法	金额		备注
			外币( )	折合人民币(元)	
Ⅰ	Ⅱ	Ⅲ	Ⅳ	Ⅴ	Ⅵ

设计负责人:　　　　　　　审核:　　　　　　　编制:　　　　　　　编制日期:　　年　　月

2. 概算、预算表格填写说明

本套表格供编制工程项目概算或预算使用，各类表格标题中带下划线的空格"＿＿＿"处应根据编制阶段明确填写"概"或"预"，表格的表首填写具体工程的相关内容。

1）汇总表填写说明

（1）本表供编制建设项目总概算（预算）使用，建设项目的全部费用在本表中汇总。

（2）第Ⅱ栏根据各工程相应总表（表一）编号填写。

（3）第Ⅲ栏根据建设项目的各工程名称依次填写。

（4）第Ⅳ～Ⅸ栏根据工程项目的概算或预算（表一）相应各栏的费用合计填写。

（5）第Ⅹ栏为第Ⅳ～Ⅸ栏的各项费用之和。

（6）第Ⅺ栏填写以上各列费用中以外币支付的合计。

（7）第Ⅻ栏填写各工程项目需单列的"生产准备及开办费"金额。

（8）当工程有回收金额时，应在费用项目总计下列出"其中回收费用"，其金额填入第Ⅷ栏，此费用不冲减总费用。

2）表一填写说明

（1）本表供编制单项（单位）工程概算（预算）总费用使用。

（2）表首"建设项目名称"填写立项工程项目全称。

（3）第Ⅱ栏根据本工程各类费用概算（预算）表格编号填写。

（4）第Ⅲ栏根据本工程概算（预算）各类费用名称填写。

（5）第Ⅳ～Ⅸ栏根据相应各类费用合计填写。

（6）第Ⅹ栏为第Ⅳ～Ⅸ栏之和。

（7）第Ⅺ栏填写本工程引进技术和设备所支付的外币总额。

（8）当工程有回收金额时，应在费用项目总计下列出"其中回收费用"，其金额填入第Ⅷ栏。此费用不冲减总费用。

3）表二填写说明

（1）本表供编制建筑安装工程费使用。

（2）第Ⅲ栏根据《通信建设工程费用定额》相关规定，填写第Ⅱ栏各项费用的计算依据和方法。

（3）第Ⅳ栏填写第Ⅱ栏各项费用的计算结果。

4）表三填写说明

（1）（表三）甲填写说明：

① 本表供编制工程量，并计算技工和普工总工日数量使用。

② 第Ⅱ栏根据《通信建设工程预算定额》，填写所套用预算定额子目的编号，若需临时估列工作内容子目，在本栏中标注"估列"两字；两项以上"估列"条目，应编列序号。

③ 第Ⅲ、Ⅳ栏根据《通信建设工程预算定额》分别填写所套定额子目的名称、单位。

④ 第Ⅴ栏填写根据定额子目的工作内容所计算出的工程量数值。

⑤ 第Ⅵ、Ⅶ栏填写所套定额子目的单位工日定额值。

⑥ 第Ⅷ栏为第Ⅴ栏与第Ⅵ栏的乘积。

⑦ 第Ⅸ栏为第Ⅴ栏与第Ⅶ栏的乘积。

（2）（表三）乙填表说明：

① 本表供编制本工程所列的机械费用使用。

② 第Ⅱ、Ⅲ、Ⅳ和Ⅴ栏分别填写所套用定额子目的编号、名称、单位，以及该子目工程量数值。

③ 第Ⅵ、Ⅶ栏分别填写定额子目所涉及的机械名称及机械台班的单位定额值。

④ 第Ⅷ栏填写根据《通信建设工程施工机械、仪表台班费用定额》查找到的相应机械台班单价值。

⑤ 第Ⅸ栏填写第Ⅶ栏与第Ⅴ栏的乘积。

⑥ 第Ⅹ栏填写第Ⅷ栏与第Ⅸ栏的乘积。

（3）（表三）丙填写说明：

① 本表供编制本工程所列的仪表费用使用。

② 第Ⅱ、Ⅲ、Ⅳ和Ⅴ栏分别填写所套用定额子目的编号、名称、单位，以及该子目工程量数值。

③ 第Ⅵ、Ⅶ栏分别填写定额子目所涉及的仪表名称及仪表台班的单位定额值。

④ 第Ⅷ栏填写根据《通信建设工程施工机械、仪表台班费用定额》查找到的相应仪表台班单价值。

⑤ 第Ⅸ栏填写第Ⅶ栏与第Ⅴ栏的乘积。

⑥ 第Ⅹ栏填写第Ⅷ栏与第Ⅸ栏的乘积。

5）表四填写说明

（1）（表四）甲填表说明：

① 本表供编制本工程的主要材料、设备和工器具的数量和费用使用。

② 表格标题下面括号内根据需要填写主要材料或需要安装的设备或不需要安装的设备、工器具、仪表。

③ 第Ⅱ、Ⅲ、Ⅳ、Ⅴ、Ⅵ栏分别填写主要材料或需要安装的设备或不需要安装的设备、工器具、仪表的名称、规格程式、单位、数量、单价。

④ 第Ⅶ栏填写第Ⅵ栏与第Ⅴ栏的乘积。

⑤ 第Ⅷ栏填写主要材料或需要安装的设备或不需要安装的设备、工器具、仪表需要说明的有关问题。

⑥ 依次填写需要安装的设备或不需要安装的设备、工器具、仪表之后，还需进行汇总计算出原价小计，再以小计为基数计取各种采购、运输及保险等手续费，格式如下：

a．小计（原价之和）。

b．运杂费（小计×运杂费费率）。

c．运输保险费（小计×运输保险费费率）。

d．采购及保管费（小计×采购保管费费率）。

e．采购代理服务费（按实计列）。

f．合计（以上5项之和）。

⑦ 用于主要材料表时，应将主要材料分类后按上述第⑥点计取相关费用，然后进行总计。

（2）（表四）乙填表说明：

① 本表供编制引进工程的主要材料、设备和工器具的数量和费用使用。

② 表格标题下面括号内根据需要填写引进主要材料或引进需要安装的设备或引进不需

要安装的设备、工器具、仪表。

③ 第Ⅵ、Ⅶ、Ⅷ和Ⅸ栏分别填写外币金额及折算人民币的金额,并按引进工程的有关规定填写相应费用。其他填写方法与(表四)甲基本相同。

6)表五填写说明

(1)(表五)甲填写说明:

① 本表供编制工程建设其他费使用。

② 第Ⅲ栏根据《通信建设工程费用定额》相关费用的计算规则填写。

③ 第Ⅴ栏根据需要填写补充说明的内容事项。

(2)(表五)乙填写说明:

① 本表供编制引进设备工程的工程建设其他费。

② 第Ⅲ栏根据国家及主管部门的相关规定填写。

③ 第Ⅳ、Ⅴ栏分别填写各项费用所需计列的外币与人民币数值。

④ 第Ⅵ栏根据需要填写补充说明的内容事项。

⑤ 该表的总计折合人民币数值应填入(表五)甲第12项第Ⅳ栏。

五、概算、预算的编制方法

通信建设工程概算、预算采用实物法编制。实物法是首先根据工程设计图纸分别计算出分项工程量,然后套用相应的人工、材料、机械台班、仪表台班的定额用量,再以工程所在地或所处时段的实际单价计算出人工费、材料费、机械使用费和仪表使用费,进而计算出直接工程费;根据通信建设工程费用定额给出的各项取费的计费原则和计算方法,计算其他各项,最后汇总单项或单位工程总费用。

实物法编制工程概算、预算的步骤如图3-2-1所示。

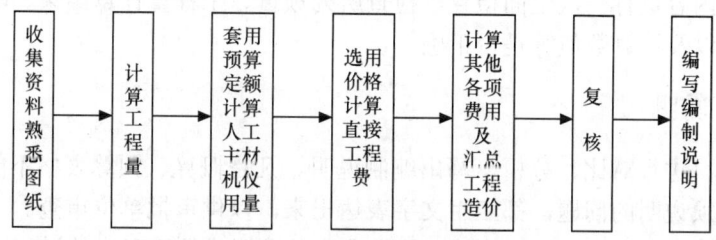

图3-2-1 实物法编制概算、预算步骤

(一)收集资料、熟悉图纸

在编制概算、预算前,针对工程具体情况和所编概算、预算内容收集有关资料,包括概算、预算定额、费用定额以及材料、设备价格等,并对施工图进行一次全面详细的检查,查看图纸是否完整,明确设计意图,检查各部分尺寸是否有误,以及有无施工说明。

(二)计算工程量

工程量计算是一项繁重而又十分细致的工作。工程量是编制概算、预算的基本数据,计算的准确与否直接影响到工程造价的准确度。计算工程量时要注意以下几点:

(1) 首先要熟悉图纸的内容和相互关系，注意搞清有关标注和说明；
(2) 计算单位应与所要依据的定额单位相一致；
(3) 计算过程一般可依照施工图顺序由下而上，由内而外，由左而右依次进行；
(4) 要防止误算、漏算和重复计算；
(5) 最后将同类项加以合并，并编制工程量汇总表。

（三）套用定额，计算人工、材料、机械台班、仪表台班用量

工程量经核对无误方可套用定额。套用相应定额时，由工程量分别乘以各子目人工、主要材料、机械台班、仪表台班的消耗量，计算出各分项工程的人工、主要材料、机械台班、仪表台班的用量，然后汇总得出整个工程各类实物的消耗量。套用定额时应核对工程内容与定额内容是否一致，以防误套。

（四）选用价格计算直接工程费

用当时、当地或行业标准的实际单价乘以相应的人工、材料、机械台班、仪表台班的消耗量，计算出人工费、材料费、机械使用费、仪表使用费，并汇总得出直接工程费。

（五）计算其他各项费用及汇总工程造价

按照工程项目的费用构成和通信建设工程费用定额规定的费率及计费基础，分别计算各项费用，然后汇总出工程总造价，并以通信建设工程概算、预算编制办法所规定的表格形式，编制出全套概算或预算表格。

（六）复核

对上述表格内容进行一次全面检查，检查所列项目、工程量计算结果、套用定额、选用单价、取费标准以及计算数值等是否正确。

（七）编写说明

复核无误后，进行对比、分析，写出编制说明。凡是概算、预算表格不能反映的一些事项以及编制中必须说明的问题，都应用文字表达出来，以供审批单位审查。

在上述步骤中，（三）、（四）、（五）是形成全套概算或预算表格的过程，根据单项工程费用的构成，各项费用与表格之间的嵌套关系如图 3-2-2 所示。

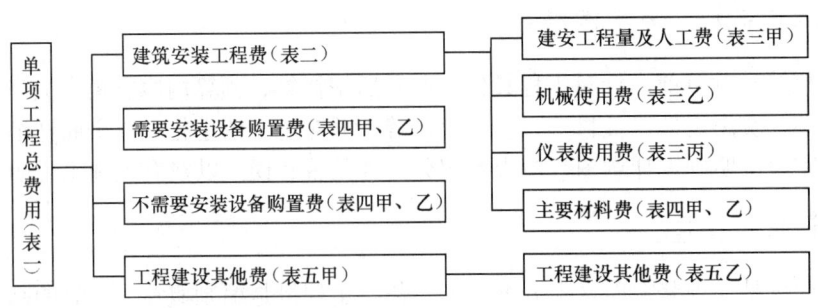

图 3-2-2 单项工程概算、预算表格间的关系

根据图 3-2-2 的结构层次，在编制全套表格的过程中应按图 3-2-3 的顺序进行。

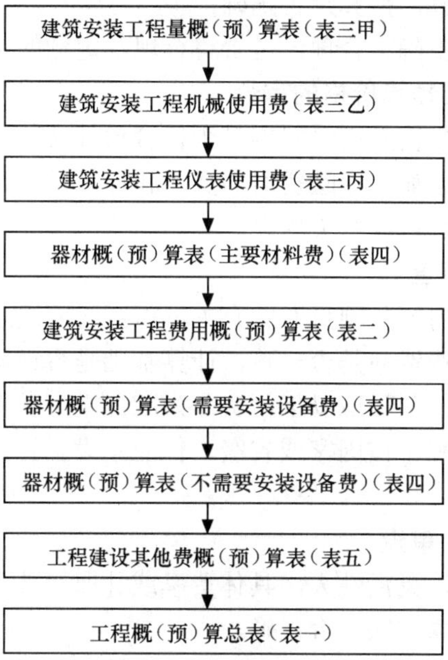

```
建筑安装工程量概（预）算表（表三甲）
          ↓
建筑安装工程机械使用费（表三乙）
          ↓
建筑安装工程仪表使用费（表三丙）
          ↓
器材概（预）算表（主要材料费）（表四）
          ↓
建筑安装工程费用概（预）算表（表二）
          ↓
器材概（预）算表（需要安装设备费）（表四）
          ↓
器材概（预）算表（不需要安装设备费）（表四）
          ↓
工程建设其他费概（预）算表（表五）
          ↓
工程概（预）算总表（表一）
```

图 3-2-3 概（预）算表格填写顺序

六、概算、预算的审查

（一）概算、预算的审查内容

1. 概算、预算编制依据的审查

审查设计概算、施工图预算的编制是否符合各阶段设计所规定的技术经济条件及其有关说明；采用的各种编制依据如定额、指标、价格、取费标准、编制办法等，是否符合国家和行业的有关规定；若使用临时补充定额，则要求补充定额的项目设置、内容组成、消耗量的确定均应符合现行定额的编制原则；同时注意审查编制依据的适用范围和时效性。

2. 工程量的审查

工程量是计算直接工程费的重要依据。直接工程费在建筑安装工程造价中起相当重要的作用，因此，审查工程量，纠正其差错，对提高概算、预算的编制质量具有重要意义。审查时的主要依据是设计图纸、预算定额、工程量计算规则等。审查工程量时必须注意以下几点：

（1）计算工程量所采用的各个工程及其组成部分的数据，是否与设计图纸上标注的数据及说明相符；

（2）工程量计算方法是否符合工程量计算规则；

（3）有无漏算、重算和错算。

3. 套用预算定额的审查

（1）预算定额的套用是否正确，包括分项工程的名称、规格、计量单位与预算定额所列

的内容是否一致;

(2) 定额对项目可否换算,换算是否正确;

(3) 临时补充定额是否正确、合理,是否符合现行定额的编制依据和原则。

4. 设备、材料的用量及预算价格的审查

主要审查设备、材料的规格及用量数据是否符合设计文件要求;设备、材料的原价是否与价格清单相一致;采购、运输、保险费用的费率和计算是否正确;引进设备、材料的各项费用的组成及其计算方法是否符合有关规定。

5. 建筑安装工程费的审查

建筑安装工程费包括的内容与项目专业有关,审查时应注意以下几点:

(1) 工程所属专业与取费费率是否一致,计算基础是否正确;

(2) 建筑安装工程费中的项目应以工程实际为准,没有发生的就不必计算;

(3) 规费和税金应在工程中按国家或省级、行业建设主管部门的规定计算,不能作为竞争性费用。

6. 工程建设其他费用的审查

这部分费用涉及内容多,灵活性大,具体费率或计取标准多为国家相关统一规定,审查时应按各项规定逐项审查计算方法是否正确。

7. 项目总费用的审查

审查项目总费用的组成是否完整,是否包括了全部设计内容;投资总额是否符合包括了项目从筹建至竣工投产所需的全部费用;是否有预算超出概算、概算超出投资估算的情况;工程项目的单位造价与类似工程的造价是否相符或接近,如不符且差异过大时,应分析原因,并研究纠正方案。

(二) 概算、预算的审查步骤

1. 备齐有关资料、熟悉图纸

首先要做好审查概算或预算所依据的有关资料的准备工作,如备齐设计图纸、有关标准、预算定额、费用标准、图纸会审记录等。同时要熟悉图纸,因为图纸是审查概算、预算各项工程量的依据。

2. 了解概算、预算所包括的范围

根据概算、预算的编制说明,了解概算或预算包括的工程内容(如配套设施,室外管线,道路及图纸会审后的设计变更等)。

3. 了解概算、预算所采用的定额

因为任何预算定额都有其一定的适用范围,都与工程专业、性质相联系,所以要了解编制本概算或预算所采用的是什么预算定额,是否与工程的专业、性质相符合。

4. 选定审查方法对概算、预算进行审查

因为工程规模大小、繁简程度不同,所以概算、预算的繁简程度和编制要求也不同,因而需根据概算、预算编制的实际情况,来选定合适的审查方法进行审查。

5. 审查结果的处理

综合整理审查资料,建立完整的审查档案,做好审查的原始记录。对审查中发现的差错,应与编制单位协商,需要进行增加或核减处理的,统一意见后,进行相应的调整。

（三）通信工程概算、预算的审查方法

采用适当的方法审查工程项目的概算、预算，是确保审查质量、提高审查效率的关键。因此，对项目概算、预算应进行全面分析之后确定审查方法。常用的审查方法主要有以下几种。

1．全面审查法

全面审查法是指按全部设计图纸的要求，结合相关专业的预算定额、取费标准，对概算、预算的工程量计算、定额的套用、费用的计算等，逐项全部进行审查。其具体的计算方法和审查过程与编制概算、预算时的计算方法和编制过程基本相同。

全面审查法由于审查的全面、细致，所以审查中容易发现问题并便于纠正，经过审查的工程概算、预算质量较高，差错较少。但此审查法的工作量太大，费工、费时。

2．重点审查法

重点审查法是指抓住工程概算、预算中的重点事项进行审查，具有省时省力，使用较广的优点。所谓重点事项通常是指：

（1）工程量大、造价高，对工程概算、预算造价有较大影响的部分。如电信设备安装工程应重点审查设备价格及相关的采购、运输、保险等费用；省际埋式光缆工程应重点审查土石方量及光缆长度和单价；室外管道工程应重点审查各种管道的长度和土方工程量。对单价高的工程，因其计算的费用额较大，也应重点审查。

（2）补充定额。在做工程概算、预算时，遇到定额缺项，需根据有关规定编制补充定额。概预算审核人员应对补充定额进行重点审查，主要审查补充定额的编制依据和方法是否符合规定，人工工日、主要材料、机械台班、仪表台班的用量和组成是否齐全、准确、合理等。凡相关定额项目可以套用的工作内容，不应编制补充定额。

（3）各项费用计取。由于工程性质和专业以及施工地点等不同，费用项目、费用标准以及费用计算方法也有不同的规定。在编制工程概算、预算时，有时会在费用标准、计算基础、计算方法等发生差错。因此，应根据本工程的特点，依据对应的费用标准、有关文件规定等对各项计取费用进行认真审查，看其是否符合国家、地方、行业的各项规定，有无遗漏，有无规定以外的取费。

3．分解对比审查法

将一个较为全面、标准的单项或单位工程进行全面审查，然后作为某种定型标准工程概算或预算，把它分解为直接费与间接费（包括所有应取费用）两部分，再把直接费分解为各工种工程和分部工程概算或预算，分别计算出它们的每基本单位价格，作为审核其他类似工程概算、预算的对比标准。将拟审的同类工程的概算、预算造价，与同类型定型标准工程的基本单位价格进行对比，如果出入不大，便可认可；如果出入较大，应按分部、分项工程进一步分解，边分解边对比，发现哪里出入较大，就重点审查哪部分工程的概算、预算造价。

4．标准指标审查法

此法是利用各类不同性质、不同专业的工程造价指标和有关技术经济指标，审查同类工程的概算、预算造价。只要被审工程概算、预算文件中的技术经济指标和造价与同类工程基本相符，即可认为本工程概算、预算编制质量合格。如果出入较大，则需进行全面审查或通

过分析对比找准重点进行审查。

此法审查速度快，适于规模小、结构简单的工程，尤其适用于采用标准图纸的工程。事前可细编这种标准图纸的概算、预算造价指标等作为标准。凡是采用标准图纸的工程，其工程量就以标准概算、预算为准，进行对照审查，有局部设计变更的部分再单独审查。

第三节　通信建设工程识图

一、工程识图

通信工程图纸是通过图形符号、文字符号、文字说明及标注表达的。要读懂图纸就必须了解和掌握图纸中各种图形符号、文字符号等所代表的含义。

将图形符号、文字符号等按不同专业的要求画在一个平面上就组成了一张通信工程图纸。专业人员可通过图纸了解工程规模、工程内容，统计出工程量，编制出工程概算、预算。阅读图纸、统计工程量的过程就称为识图。

二、通信工程制图的要求

（1）工程制图应根据表述对象的性质、论述的目的与内容，选取适宜的图纸及表达手段，以便完整地表述主题内容。

（2）图面应布局合理，排列均匀，轮廓清晰且便于识别。

（3）图纸中应选用合适的图线宽度，避免图中线条过粗或过细。

（4）应正确使用国家标准和行业标准规定的图形符号。派生新的符号时，应符合国家标准符号的派生规律，并在合适的地方加以说明。

（5）在保证图面布局紧凑和使用方便的前提下，应选择合适的图纸幅面，使原图大小适中。

（6）应准确地按规定标注各种必要的技术数据和注释，并按规定进行书写或打印。

（7）工程图纸应按规定设置图衔，并按规定的责任范围签字，各种图纸应按规定顺序编号。

三、通信工程制图的统一规定

1. 图幅尺寸

（1）工程图纸幅面和图框大小应符合国家标准 GB/T 6988.1—2008《电气技术用文件的编制　第 1 部分：规则》的规定，应采用 A0、A1、A2、A3、A4 及其 A3、A4 加长的图纸幅面。

（2）应根据表述对象的规模大小、复杂程度、所要表达的详细程度、有无图衔及注释的数量来选择较小的合适幅面。

2. 图线型式及应用

（1）线型分类及用途应符合表 3-3-1 的规定。

表 3-3-1　　　　　　　　　　　　线型分类及用途表

图线名称	图线型式	一般用途
实线	———	基本线条：图纸主要内容用线，可见轮廓线
虚线	------	辅助线条：屏蔽线、机械连接线、不可见轮廓线、计划扩展内容用线
点划线	—·—·—	图框线：表示分界线、结构图框线、功能图框线、分级图框线
双点划线	—··—··—	辅助图框线：表示更多的功能组合或从某种图框中区分不属于它的功能部件

（2）图线宽度一般从以下系列中选用：

0.25mm，0.35mm，0.5mm，0.7mm，1.0mm，1.4mm。

（3）通常宜选用两种宽度的图线。粗线的宽度为细线宽度的两倍，主要图线采用粗线，次要图线采用细线。对于复杂的图纸也可采用粗、中、细三种线宽，线的宽度按 2 的倍数依次递增，但线宽种类不宜过多。

（4）使用图线绘图时，应使图形的比例和配线协调恰当，重点突出，主次分明。在同一张图纸上，按不同比例绘制的图样及同类图形的图线粗细应保持一致。

（5）应使用细实线作为最常用的线条。在以细实线为主的图纸上，粗实线应主要用于图纸的图框及需要突出的部分。指引线、尺寸标注线应使用细实线。

（6）当需要区分新安装的设备时，宜用粗线表示新建，细线表示原有设施，虚线表示规划预留部分。

（7）平行线之间的最小间距不宜小于粗线宽度的两倍，且不得小于 0.7mm。

3．比例

（1）对于平面布置图、管道及光（电）缆线路图、设备加固图及零件加工图等图纸，应按比例绘制；方案示意图、系统图、原理图等可不按比例绘制，但应按工作顺序、线路走向、信息流向排列。

（2）对于平面布置图、线路图和区域规划性质的图纸，宜采用以下比例：

1∶10，1∶20，1∶50，1∶100，1∶200，1∶500，1∶1000，1∶2000，1∶5000，1∶10000，1∶50000 等。

（3）对于设备加固图及零件加工图等图纸宜采用的比例为 1∶2、1∶4 等。

（4）应根据图纸表达的内容深度和选用的图幅，选择合适的比例。

对于通信线路及管道类的图纸，为了更方便地表达周围环境情况，可采用沿线路方向按一种比例，而周围环境的横向距离宜采用另外的比例，或示意性绘制。

4．尺寸标注

（1）一个完整的尺寸标注应由尺寸数字、尺寸界线、尺寸线及其终端等组成。

（2）图中的尺寸数字，应注写在尺寸线的上方或左侧，也可注写在尺寸线的中断处，但同一张图样上注法应一致。具体标注应符合以下要求：

① 尺寸数字应顺着尺寸线方向书写并符合视图方向，数字高度方向和尺寸线垂直，并不得被任何图线通过。当无法避免时，应将图线断开，在断开处填写数字。在不致引起误解时，对非水平方向的尺寸，其数字可水平地注写在尺寸线的中断处。角度的数字应注写成水平方向，且应注写在尺寸线的中断处。

② 尺寸数字的单位除标高、总平面图和管线长度应以米（m）为单位外，其他尺寸均应

以毫米（mm）为单位。按此原则标注尺寸可为不加单位的文字符号。若采用其他单位时，应在尺寸数字后加注计量单位的文字符号。

（3）尺寸界线应用细实线绘制，且宜由图形的轮廓线、轴线或对称中心线引出，也可利用轮廓线、轴线或对称中心线作尺寸界线。尺寸界线应与尺寸线垂直。

（4）尺寸线的终端，可采用箭头或斜线两种形式，但同一张图中只能采用一种尺寸线终端形式，不得混用。具体标注应符合以下要求：

① 采用箭头形式时，两端应画出尺寸箭头，指到尺寸界线上，表示尺寸的起止。尺寸箭头宜用实心箭头，箭头的大小应按可见轮廓线选定，且其大小在图中应保持一致。

② 采用斜线形式时，尺寸线与尺寸界线必须相互垂直。斜线应用细实线，且方向及长短应保持一致。斜线方向应采用以尺寸线为准，逆时针方向旋转45°，斜线长短约等于尺寸数字的高度。

（5）有关建筑用尺寸标注，可按GB/T 50104—2001《建筑制图标准》的要求执行。

5．字体及写法

（1）图中书写的文字（包括汉字、字母、数字、代号等）均应字体工整、笔划清晰、排列整齐、间隔均匀。其书写位置应根据图面妥善安排，文字多时宜放在图的下面或右侧。

文字书写应自左向右水平方向书写，标点符号占一个汉字的位置。中文书写时，应采用国家正式颁布的汉字，字体宜采用宋体或仿宋体。

（2）图中的"技术要求"、"说明"或"注"等字样，应写在具体文字的左上方，并使用比文字内容大一号的字体书写。具体内容多于一项时，应按下列顺序号排列：

1、2、3、……
（1）、（2）、（3）……
①、②、③……

（3）图中所涉及数量的数字，均应用阿拉伯数字表示；计量单位应使用国家颁布的法定计量单位。

6．图衔

（1）电信工程图纸应有图衔，图衔的位置应在图面的右下角。

（2）电信工程常用标准图衔为长方形，大小宜为30mm×180mm（高×长）。图衔应包括图名、图号、设计单位名称、单位主管、部门主管、总负责人、单项负责人、设计人、审校核人等内容。

（3）设计图纸编号的编排应尽量简洁，应符合以下要求：

① 设计图纸编号的组成应按以下规则执行：

$$\boxed{\text{工程计划号}} \rightarrow \boxed{\text{设计阶段代号}} \rightarrow \boxed{\text{专业代号}} \rightarrow \boxed{\text{图纸编号}}$$

同计划号、同设计阶段、同专业而多册出版时，为避免编号重复可按以下规则执行：

$$\boxed{\text{工程计划号}}(A) \rightarrow \boxed{\text{设计阶段代号}} \rightarrow \boxed{\text{专业代号}}(B) \rightarrow \boxed{\text{图纸编号}}$$

② 工程计划号应由设计单位根据工程建设方的任务委托和工程设计管理办法统一给定。

③ 设计阶段代号应符合表3-3-2的要求。

表 3-3-2　　　　　　　　　　　设计阶段代号表

设计阶段	代号	设计阶段	代号	设计阶段	代号
可行性研究	Y	初步设计	C	技术设计	J
规划设计	G	方案设计	F	设计投标书	T
勘察报告	K	初设阶段的技术规范书	CJ	修改设计	在原代号后加 X
咨询	ZX	施工图设计一阶段设计	S		

④ 常用专业代号，应符合表 3-3-3 的要求。

表 3-3-3　　　　　　　　　　　常用专业代号表

名　称	代　号	名　称	代　号
光缆线路	GL	电缆线路	DL
海底光缆	HGL	通信管道	GD
光传输设备	GS	移动通信	YD
无线接入	WJ	交换	JH
数据通信	SC	计费系统	JF
网管系统	WG	微波通信	WB
卫星通信	WD	铁塔	TT
同步网	TBW	信令网	XLW
通信电源	DY	电源监控	DJK

注：① 用于大型工程中分省、分业务区编制时的区分标识，可采用数字 1、2、3 或拼音字母的字头等。
② 用于区分同一单项工程中不同的设计分册（如不同的站册），宜采用数字（分册号）、站名拼音字头或相应汉字表示。
图纸编号：为工程计划号、设计阶段代号、专业代号相同的图纸间的区分号，应采用阿拉伯数字简单顺序编制（同一图号的系列图纸用括号内加分数表示）。

7．注释、标志和技术数据

（1）当含义不便于用图示方法表达时，可采用注释。当图中出现多个注释或大段说明性注释时，应把注释按顺序放在边框附近。注释可放在需要说明的对象附近；当注释不再需要说明的对象附近时，应使用指引线（细实线）指向说明对象。

（2）标志和技术数据应该放在图形符号的旁边；当数据很少时，技术数据也可放在图形符号的方框内（如继电器的电阻值）；数据多时可采用分式表示，也可用表格形式列出。

当使用分式表示时，可采用以下模式：

$$N\frac{A-B}{G-D}F$$

其中，N 为设备编号，应靠前或靠上放；

A、B、C、D 为不同的标注内容，可增减；

F 为敷设方式，应靠后放。

当设计中需要表示本工程前后有变化时，可采用斜杠方式：（原有数）/（设计数）；当设计中需要表示本工程前后有增加时，可采用加号方式：（原有数）+（增加数）。

常用的标注方式见表 3-3-4，插图中的文字代号应以工程中的实际数据代替。

表 3-3-4　　　　　　　　　　　　　　常用标注方式

序号	标注方式	说明
01	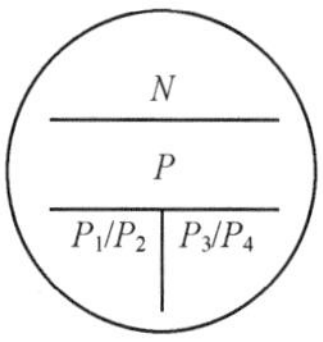 (圆形标注：N / P / P_1/P_2 | P_3/P_4)	对直接配线区的标注方式 注：图中的文字符号应以工程数据代替（下同） 其中： 　N——主干电缆编号，例如：0101 表示 01 电缆上第一个直接配线区； 　P——主干电缆容量（初设为对数；施设为线序）； 　P_1——现有局号用户数； 　P_2——现有专线用户数，当有不需要局号的专线用户时，再用+(对数)表示； 　P_3——设计局号用户数； 　P_4——设计专线用户数
02	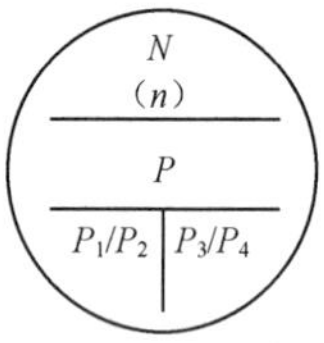 (圆形标注：N / (n) / P / P_1/P_2 | P_3/P_4)	对交接配线区的标注方式 注：图中的文字符号应以工程数据代替（下同）。 其中： 　N——交接配线区编号，例如：J22001 表示 22 局第一个交接配线区； 　n——交接箱容量，例如：2400（对）； 　P、P_1、P_2、P_3、P_4——含义同 01 注
03	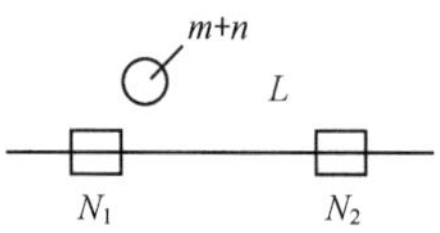 $\overset{m+n}{\circ}\ \ L$ $N_1\ \square\ \ \ \ \square\ N_2$	对管道扩容的标注 其中： 　m——原有管孔数，可附加管孔材料符号； 　n——新增管孔数，可附加管孔材料符号； 　L——管道长度； 　N_1、N_2——人孔编号
04	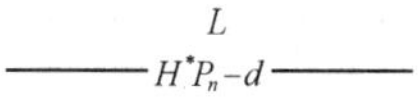 ——— L ——— 　　H^*P_n-d	对市话电缆的标注 其中： 　L——电缆长度；H^*——电缆型号； 　P_n——电缆百对数；d——电缆芯线线径
05	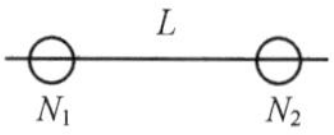 $\bigcirc$———L———$\bigcirc$ N_1　　　　　N_2	对架空杆路的标注 其中： 　L——杆路长度； 　N_1、N_2——起止电杆的编号，（可加注杆材类别的代号）
06	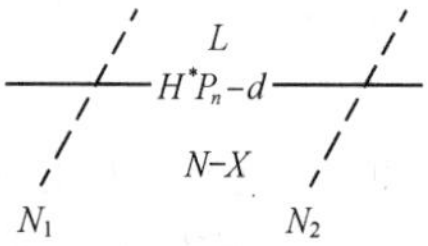 L H^*P_n-d $N-X$ $N_1\ \ \ \ \ \ N_2$	对管道电缆的简化标注 其中： 　L——电缆长度；H^*——电缆型号； 　P_n——电缆百对数；d——电缆芯线线径； 　X——线序； 　斜向虚线——人孔的简化画法； 　N_1、N_2——表示起止人孔号； 　N——主杆电缆编号
07	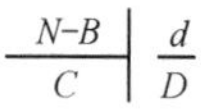 $\dfrac{N-B}{C}\bigg\|\dfrac{d}{D}$	分线盒标注方式 其中： 　N——编号；B——容量； 　C——线序；d——现有用户数； 　D——设计用户数
08	 $\dfrac{N-B}{C}\bigg\|\dfrac{d}{D}$	分线箱标注方式 注：字母含义同 07
09	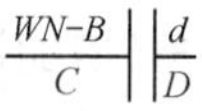 $\dfrac{WN-B}{C}\bigg\|\dfrac{d}{D}$	壁龛式分线箱标注方式 注：字母含义同 07

（3）在电信工程设计中，由于文件名称和图纸编号多已明确，在项目代号和文字标注方面可适当简化，推荐如下：

① 平面布置图中可主要使用位置代号或用顺序号加表格说明；

② 系统方框图中可使用图形符号或用方框加文字符号来表示，必要时也可二者兼用；

③ 接线图应符合 GB/T 6988.1—2008《电气技术用文件的编制 第1部分：规则》的规定；

（4）对安装方式的标注应符合表 3-3-5 的要求；

表 3-3-5　　　　　　　　　　安装方式标注表

序 号	代 号	安 装 方 式	英 文 说 明
1	W	壁装式	Wall mounted type
2	C	吸顶式	Ceiling mounted type
3	R	嵌入式	Recessed type
4	DS	管吊式	Conduit Suspension type

（5）敷设部位的标注应符合表 3-3-6 的要求。

表 3-3-6　　　　　　　　　　敷设部位标注表

序 号	代 号	安 装 方 式	英 文 说 明
1	M	钢索敷设	supported by Messenger wire
2	AB	沿梁或跨梁敷设	Along or across Beam
3	AC	沿柱或跨柱敷设	Along or across Column
4	WS	沿墙面敷设	on Wall Surface
5	CE	沿天棚面顶板面敷设	along Ceiling or slab
6	SC	吊顶内敷设	in hollow Spaces of Ceiling
7	BC	暗敷设在梁内	Concealed in Beam
8	CLC	暗敷设在柱内	Concealed in Column
9	BW	墙内埋设	Burial in Wall
10	F	地板或地板下敷设	in Floor
11	CC	暗敷设在屋面或顶板内	in Ceiling or slab

第四节　通信建设工程量计算规则

一、概述

（1）工程量计算规则是指对分项项目工程量的计算规定。工程量项目的划分、计量单位的取定、有关系数的调整换算等，都应按相关专业的计算规则要求来确定。

（2）工程量的计量单位有物理计量单位和自然计量单位。物理计量单位应按国家法定计量单位表示，工程量的计量单位必须与预算定额项目的计量单位相一致。

① 以长度计算的项目计量单位："m"、"km"；
② 以重量计算的项目计量单位："g"、"kg"、"t"；
③ 以体积计算的项目计量单位："m³"；
④ 以面积计算的项目计量单位："m²"；
⑤ 以自然计量单位计算的项目计量单位：台、套、盘、部、架、个、组、处等；
⑥ 以技术配置为项目计量单位：端、端口、系统、方向、载频、中继段、数字段、再生段、站等；
⑦ 各专业还有一些专用的特殊计量单位。

（3）工程量计算应以设计图纸以及设计规定的所属范围和设计分界线为准，缆线布放和部件设置以施工验收技术规范为准。

（4）分项项目工程量应以完成后的实体安装工程量净值为准，而在施工过程中实际消耗的材料用量不能作为安装工程量。因为在施工过程中所用材料的实际消耗数量是在工程量的基础上又包括了材料的各种损耗量。

二、通信设备安装工程量计算规则

（一）通信设备安装工程

通信设备安装工程共分为三个大类：通信电源设备安装工程、有线通信设备安装工程和无线通信设备安装工程。

这三大类工程的工程量计算规则主要从以下几个方面考虑。

1．设备机柜、机箱的安装工程量计算

所有设备机柜、机箱的安装可分为三种情况计算工程量：

（1）以设备机柜、机箱整架（台）的自然实体为一个计量单位，即机柜（箱）架体、架内组件、盘柜内部的配线、对外连接的接线端子以及设备本身的加电检测与调试等均作为一个整体来计算工程量。本系列的多数设备安装属于这种情况。

（2）设备机柜、机箱按照不同的组件分别计算工程量，即机柜架体与内部的组件或附件不作为一个整体的自然单位进行计量，而是将设备结构划分为若干组合部分，分别计算安装的工程量。这种情况一般常见于机柜架体与内部组件的配置成非线性关系的设备，例如定额项目"TSD1-049 安装蓄电池屏"所描述的内容是：屏柜安装不包括屏内蓄电池组的安装，也不包括蓄电池组的充放电过程。整个设备安装过程需要分三个部分分别计算工程量，即安装蓄电池屏（空屏）、安装屏内蓄电池组（根据设计要求选择电池容量和组件数量）、屏内蓄电池组充放电（按电池组数量计算）。

（3）设备机柜、机箱主体和附件的扩装，即在原已安装设备的基础上进行增装内部盘、线。这种情况主要用于扩容工程，例如定额项目"TSD3-060、061 安装高频开关整流模块"，就是为了满足在已有开关电源架的基础上进行扩充生产能力的需要，所以是以模块个数作为计量单位统计工程量。与前面将设备划分为若干组合部分分别计算工程的概念所不同的是，已安装设备主体和扩容增装部件的项目是不能在同一期工程中同时列项的，否则属于重复计算。

以上设备的三种工程量计算方法需要认真了解定额项目的相关说明和工作内容，避免工程量漏算、重算、错算。

（4）几个需要特别说明的设备安装工程量计算规则。

① 安装测试 PCM 设备工程量：单位为"端"，由复用侧一个 2Mbit/s 口、支路侧 32 个 64kbit/s 口为一端，如图 3-4-1 所示。

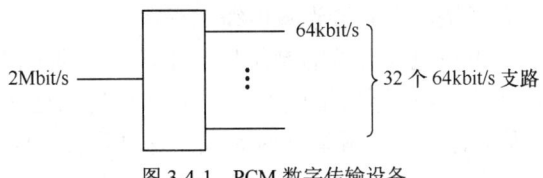

图 3-4-1 PCM 数字传输设备

② 安装测试光纤数字传输设备（PDH、SDH）工程量：分为基本子架公共单元盘和接口单元盘两个部分。基本子架包括交叉、网管、公务、时钟、电源等除群路、支路、光放盘以外的所有内容的机盘，以"套"为单位；接口单元盘包括群路侧、支路侧接口盘的安装和本机测试，以"端口"为单位。例如 SDH 终端复用器 TM 有各种速率的端口配置，如图 3-4-2 所示，计算工程量时按不同的速率分别统计端口数量，一收一发为 1 个端口。

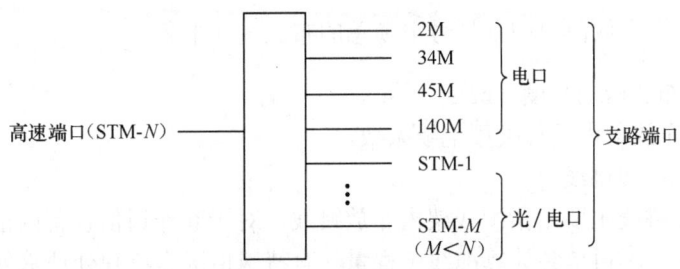

图 3-4-2 终端复用设备 TM

安装分插复用器 ADM、数字交叉连接设备 DXC 均依此类推。

③ WDM 波分复用设备的安装测试分为基本配置和增装配置。基本配置含相应波数的合波器、分波器、功放、预放；增装配置是在基本配置的基础上增加相应波数的合波器、分波器并进行本机测试。

2．设备缆线布放工程量计算

缆线的布放包括两种情况：设备机柜与外部的连线、设备机架内部跳线。

（1）设备机柜与外部的连线

设备机柜与外部的连线也分为两种计算方法：

① 布放缆线计算工程量时需分为两步：先放绑后成端。这种计算方法用于通信设备连线中需要使用芯数较多的电缆，其成端工作量因电缆芯数的不同，会有很大差异。计算步骤如下：

第一步：计算放绑设备电缆工程量。

按布放长度计算工程量，单位为"百米条"，数量为

$$N = \sum_{1}^{k} \frac{L_i n_i}{100}。$$

其中，$\sum_{1}^{k} L_i n_i$ ——k 个放线段内同种型号设备电缆的总放线量（米条）；

L_i——第 i 个放线段的长度（m）；

n_i——第 i 个放绑段内同种电缆的条数。

应按电缆类别（局用音频电缆、局用高频对称电缆、音频隔离线、SYV 类射频同轴电缆、数据电缆）分别计算工程量。

第二步：计算编扎、焊（绕、卡）接设备电缆工程量。

按长度放绑电缆之后，再按电缆终端的制作数量计算成端的工程量，每条电缆终端制作工程量主要与电缆的芯数有关，不同类别的电缆要分别统计终端处理的工程量。

② 布放缆线计算工程量时放绑、成端同时完成。这种计算方法用于通信设备中使用电缆芯数较少或单芯的情况，其成端工程量比较固定，布放缆线的工程内容包含了终端头处理的工作。

布放缆线工程量：单位为"十米条"，数量为

$$N = \sum_1^k \frac{L_i n_i}{10}。$$

其中：

$\sum_1^k L_i n_i$ ——k 个布放段内同种型号电缆总的布放量（米条）；

L_i ——第 i 个布放段的长度（m）；

n_i ——第 i 个布放段内同种类型电缆条数。

（2）设备机架内部跳线

设备机架内部跳线主要是指配线架内布放跳线，对于其他通信设备内部配线均已包括在设备安装工程量中，不再单独计算缆线工程量（有特殊情况需单独处理除外）。

配线架内布放跳线的特点是长度短、条数多，统计工程量时以处理端头的数量为主，放线内容包含在其中应按照不同类别线型、芯数分别计算工程量。

3. 安装附属设施的工程量计算

安装设备机柜、机箱定额子目除已说明包含附属设施内容的，均应按工程技术规范书的要求安装相应的防震、加固、支撑、保护等设施，各种构件分为成品安装和材料加工并安装两类，计算工程量时应按定额项目的说明区别对待。

4. 系统调测

通信设备安装后大部分需要进行本机测试和系统调测。除了设备安装定额项目注明了已包括设备测试工作的，其他需要测试的设备均需统计各自的测试工程量，并且对于所有完成的系统都需要进行系统性能的调测。系统调测的工程量计算规则按不同的专业确定。

（1）所有的供电系统（高压供电系统、低压供电系统、发电机供电系统、供油系统、直流供电系统、UPS 供电系统）都需要进行系统调试。调试多以"系统"为单位，"系统"的定义和组成按相关专业的规定，例如发电机组供油系统调测是以每台机组为一个系统计算工程量。

（2）光纤传输系统性能调测包括两部分。

① 线路段光端对测：工程量计量单位为"方向·系统"。所谓"系统"是指一发一收的两根光纤为一个"系统"；"方向"是指某一个站和相邻站之间的传输段关系，有几个相邻的站就有几个方向，如图 3-4-3 所示。

终端站 TM1 只有一个与之相邻的站，因此只对应一个传输方向，终端站 TM2 也是如此。再生中继站 REG 有两个与之相邻的站，它完成的是与两个方向之间的传输。

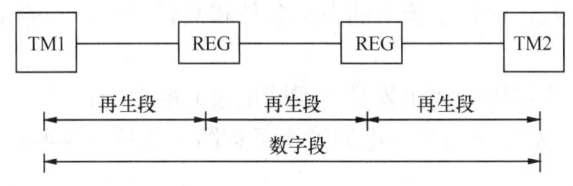

图 3-4-3　光缆传输系统构成示意图

② 复用设备系统调测：工程量计量单位为"端口"。所谓"端口"即各种数字比特率的"一收一发"为"一个端口"。统计工程量时应包括所有支路端口。

(3) 移动通信基站系统调测分为 GSM 和 CDMA 两种站型。

① GSM 基站系统调测工程量：按"载频"的数量分别统计工程量，例如："8 个载频的基站"可分解成"6 载频以下"及 2 个"每增加一个载频"的工程量。

② CDMA 基站系统调测工程量：按"扇·载"为计量单位（即扇区数量乘以载频数量）计算工程量。

(4) 微波系统调测分为中继段调测和数字段调测，这两种调测是按"段"的两端共同参与调测考虑的，在计算工程量时可以按站分摊计算。

① 微波中继段调测工程量：单位为"中继段"。每个站分摊的"中继段调测"工程量分别为 1/2 中继段；中继站是两个中继段的连接点，所以同时分摊的两个"中继段调测"工程量，即 1/2 段×2=1 段。

② 微波数字段调测工程量：单位为"数字段"。各站分摊的"数字段调测"工程量分别为 1/2 "数字段"。

(5) 卫星地球站系统调测。

① 地球站内环测、地球站系统调测工程量：单位为"站"，应按卫星天线直径大小统计工程量。

② VSAT 中心站站内环测工程量：单位为"站"；网内系统对测工程量：单位为"系统"，"系统"的范围包括网内所有的端站。

三、通信线路工程工程量计算规则

(一) 通信线路工程

(1) 施工测量长度计算：

光（电）缆工程施工测量长度＝室外路由长度。

(2) 光（电）缆接头坑个数取定：

① 埋式光缆接头坑个数：初步设计按 2km 标准盘长或每 1.7~1.85km 取一个接头坑；施工图设计按实际取定。

② 埋式电缆接头坑个数：初步设计按 5 个/km 取定；施工图设计按实际取定。

(3) 挖、填光（电）缆沟长度计算：

挖、填光（电）缆沟长度 = 图末长度 − 图始长度 −(截流长度+过路顶管长度)。

(4) 敷设光（电）缆工程量的取定：

敷设光（电）缆工程量 = [施工丈量长度 × (1 + k‰) + 各种设计预留长度] ÷1000。

其中，k 为自然弯曲系数，取决于施工的自然条件和敷设方式，一般由设计人员根据设计规范要求取定。

（5）光（电）缆沟土石方开挖工程量（或回填量）的取定：

① 石质光（电）缆沟和土质光（电）缆沟示意图分别见图 3-4-4、图 3-4-5。

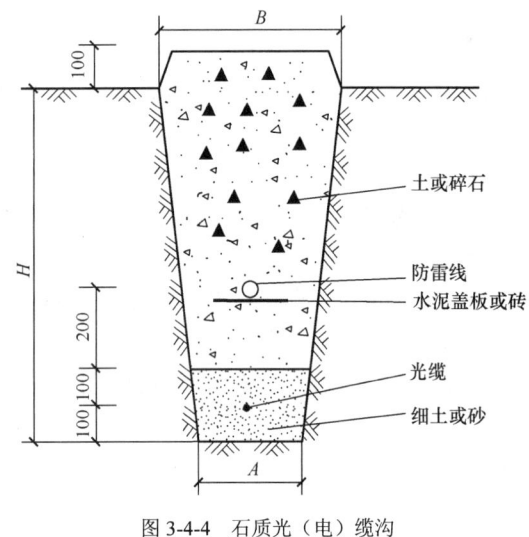

图 3-4-4　石质光（电）缆沟

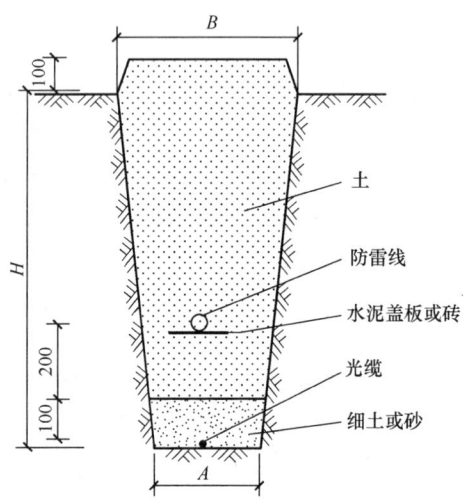

图 3-4-5　土质光（电）缆沟

② 工程量计算公式：

$$光（电）缆沟土石方开挖工程量 = \frac{A+B}{200}HL。$$

其中，B——缆沟上口宽度（m）；

　　　A——缆沟下底宽度（m，人工挖沟一般取 0.4m）；

　　　H——电缆沟深度（m）；

　　　L——电缆沟长度（m）。

③ 埋式光（电）缆沟土（石）方回填量等于开挖量，光（电）缆体积忽略不计。

（6）护坎体积的计算

① 护坎示意图见图 3-4-6。

② 护坎体积计算方法一（近似公式）：

$$V = HAB。$$

其中，V——护坎体积（m³）；

　　　H——护坎总高（m，地面以上坎高+光缆沟深）；

　　　A——护坎平均厚度（m）；

　　　B——护坎平均宽度（m）。

③ 护坎体积计算方法二（精确公式）：

$$V = \frac{H}{6}[a_1b_1 + a_2b_2 + (a_1+a_2)(b_1+b_2)]。$$

其中，V——护坎体积（m³）；

　　　a_1——护坎上宽（m）；

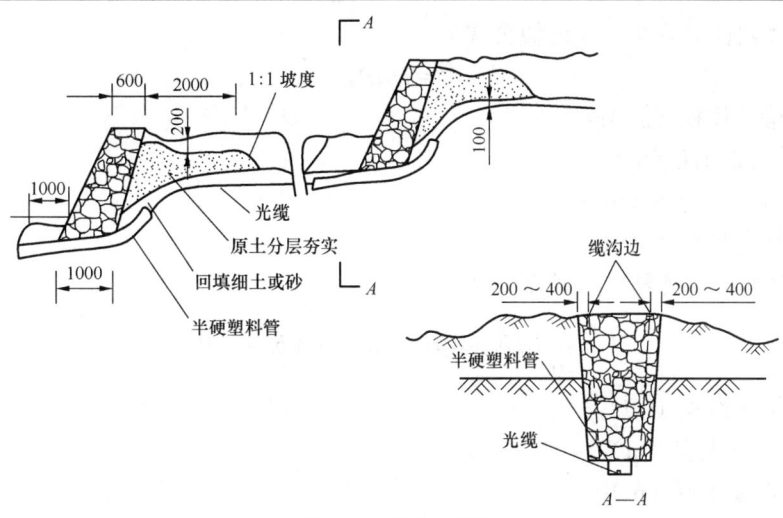

图 3-4-6 护坎示意图

b_1——护坎上厚（m）；
a_2——护坎下宽（m）；
b_2——护坎下厚（m）；
H——护坎总高（m）。

④ 护坎的工程量计算要按"石砌"、"三七土"分别计算。

（7）护坡体积的计算：

$$V = HLB。$$

其中，V——护坡体积（m³）；
H——护坡高度（m）；
L——护坡宽度（m）；
B——平均厚度（m）。

（8）堵塞体积的计算：

① 堵塞示意图见图 3-4-7。

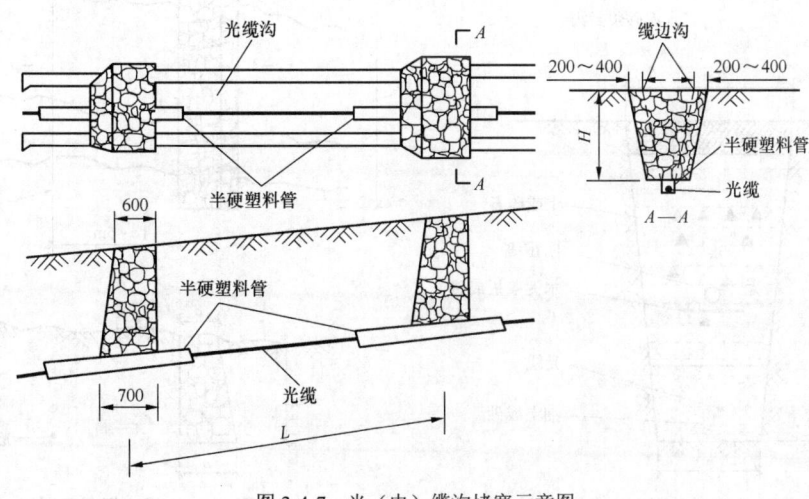

图 3-4-7 光（电）缆沟堵塞示意图

② 堵塞体积计算方法一（近似公式）：
$$V = HAB。$$

其中，V——堵塞体积（m^3）；
   H——光缆沟深（m）；
   A——堵塞平均厚（m）；
   B——堵塞平均宽（m）。

③ 堵塞体积计算方法二（精确公式）：
$$V = \frac{H}{6}[a_1b_1 + a_2b_2 + (a_1 + a_2)(b_1 + b_2)]。$$

其中，V——堵塞体积（m^3）；
   a_1——堵塞上宽（m）；
   b_1——堵塞上厚（m）；
   a_2——堵塞下宽（m）；
   b_2——堵塞下厚（m）；
   H——堵塞高（m，相当于光缆埋深）。

（9）水泥砂浆封石沟体积的计算

① 水泥砂浆封石沟的示意图见图 3-4-8。

② 水泥砂浆封石沟的体积：
$$V = haL。$$

其中，V——水泥砂浆封石沟体积（m^3）；
   h——水泥砂浆厚度（m）；
   a——封石沟宽度（m）；
   L——封石沟长度（m）。

（10）漫水坝体积的计算：

① 漫水坝的示意图见图 3-4-9。

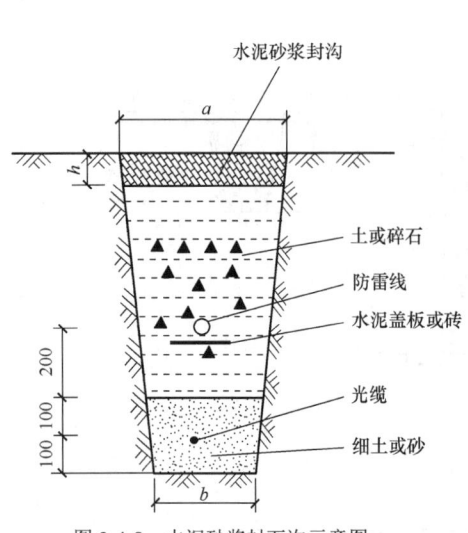

图 3-4-8　水泥砂浆封石沟示意图

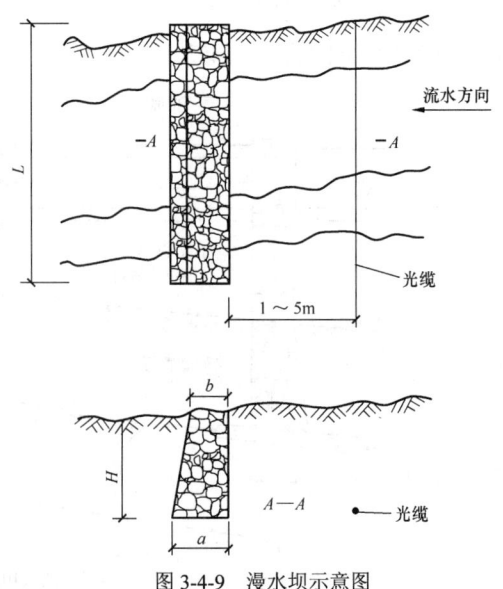

图 3-4-9　漫水坝示意图

② 漫水坝的体积：

$$V = \frac{a+b}{2}HL$$

其中，V——漫水坝体积（m^3）；
　　　H——漫水坝坝高度（m）；
　　　a——漫水坝脚厚度（m）；
　　　b——漫水坝顶厚度（m）；
　　　L——漫水坝长度（m）。

（二）通信管道工程

（1）施工测量长度计算：

管道工程施工测量长度=路由长度。

（2）人孔坑挖深的计算：

① 通信人孔设计示意图见图 3-4-10。

② 人孔坑挖深：

$$H = h_1 - h_2 + g - d。$$

其中，H——人孔坑挖深（m）；
　　　h_1——人孔口圈顶部高程（m）；
　　　h_2——人孔基础顶部高程（m）；
　　　g——人孔基础厚度（m）；
　　　d——路面厚度（m）。

（3）管道沟深的计算：

① 管道沟挖深示意图和通信管道设计示意图分别见图 3-4-11、图 3-4-12。

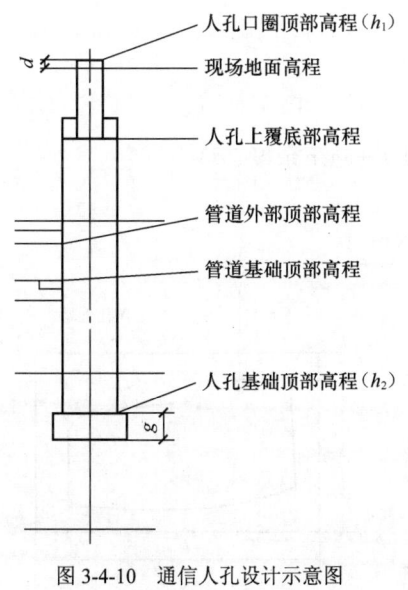

图 3-4-10　通信人孔设计示意图

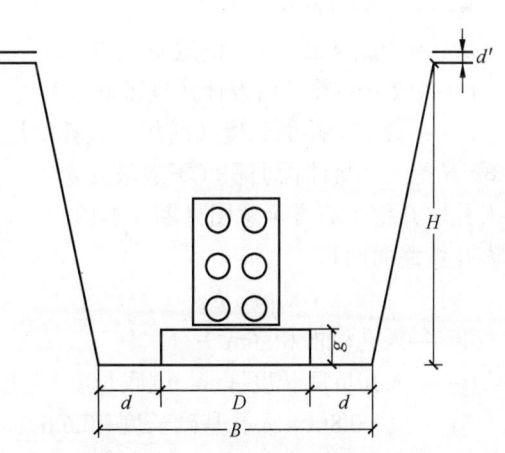

图 3-4-11　管道沟挖深示意图

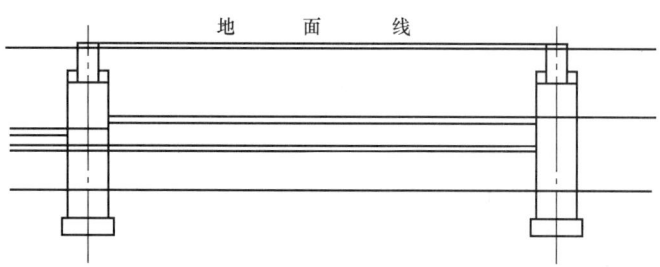

图 3-4-12 通信管道设计示意图

② 管道沟深：

$$H = \frac{1}{2}[(h_1 - h_2 + g)_{人孔1} + (h_1 - h_2 + g)_{人孔2}] - d'。$$

其中，H——管道沟深（m，平均埋深，不含路面厚度）；

h_1——人孔口圈顶部高程（m）；

h_2——管道基础顶部高程（m）；

g——管道基础厚（m）；

d'——路面厚度（m）。

注：应在沟的两端分别计算后，求平均沟深，再减去路面厚度。

（4）开挖路面面积的计算：

① 开挖管道沟路面面积（不放坡）：

$$A = BL。$$

其中，A——路面面积（m^2）；

B——沟底宽度（m，沟底宽度 B=管道基础宽度 D + 施工余度 $2d$）；

L——管道沟路面长度（m，两相邻人孔坑边间距）；

② 开挖管道沟路面面积（放坡）：

$$A = (2Hi + B)L。$$

其中，A——路面面积（m^2）；

H——沟深（m）；

B——沟底宽度（m，沟底宽度 B=管道基础宽度 D+施工余度 $2d$）；

i——放坡系数（由设计按规范确定）；

L——管道沟路面长度（两相邻人孔坑边间距）（m）。

③ 开挖人孔坑路面面积（不放坡）：

人孔坑开挖土石方示意图见图 3-4-13。

人孔坑路面面积：

$$A = ab。$$

其中，A——人孔坑面积（m^2）；

a——人孔坑底长度（m，坑底长度=人孔外墙长度+ 0.8m = 人孔基础长度+ 0.6m）；

b——人孔坑底宽度（m，坑底宽度=人孔外墙宽度+ 0.8m = 人孔基础宽度+ 0.6m）。

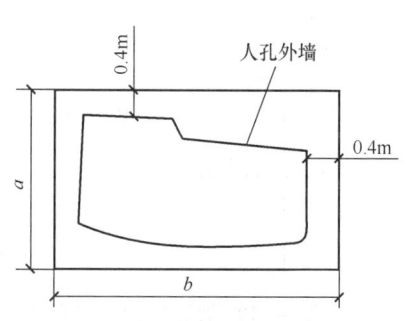

图 3-4-13 人孔坑开挖土石方示意图

④ 开挖人孔坑路面面积（放坡）：
$$A = (2Hi + a)(2Hi + b)。$$
其中，A——人孔坑路面面积（m²）；
H——坑深（m，不含路面厚度）；
i——放坡系数（由设计按规范确定）；
a——人孔坑底长度（m）；
b——人孔坑底宽度（m）。

⑤ 开挖路面总面积：
总面积 = 各人孔开挖路面总和 + 各管道沟开挖路面面积总和。

（5）开挖土方体积的计算：
① 挖管道沟土方体积（不放坡）：
$$V = BHL。$$
其中，V——挖管道沟体积（m³）；
B——沟底宽度（m）；
H——沟深度（m，不包含路面厚度）；
L——沟长度（m，两相邻人孔坑坑口边间距）。

② 挖管道沟土方体积（放坡）：
$$V = (Hi + B)HL。$$
其中，V——挖管道沟体积（m³）；
H——平均沟深度（m，不含路面厚度）；
i——放坡系数（m，由设计按规范确定）；
B——沟底宽度（m）；
L——沟长度（m，两相邻人孔坑坑坡中点间距）。

③ 挖人孔坑土方体积（不放坡）：
$$V = abH。$$
其中，V——人孔坑土方体积（m³）；
a——坑底长度（m）；
b——坑底宽度（m）；
H——坑深度（m，不含路面厚度）。

④ 挖人孔坑土方体积（放坡）：
$$V = \frac{H}{3}\left[ab + (a+2Hi) + \sqrt{ab(a+Hi)(b+2Hi)}\right]。$$
其中，V——挖人孔坑土方体积（m³）；
H——人孔坑深（m，不含路面厚度）；
a——人孔坑底长度（m）；
b——人孔坑底宽度（m）；
i——放坡系数。

⑤ 总开挖土方体积在无路面情况下：
总开挖土方体积 = 各人孔开挖土方总和 + 各段管道沟开挖土方总和。

（6）通信管道工程回填土（石）方体积：

$$\begin{pmatrix}通信管道工程回\\填土(石)方体积\end{pmatrix} = \begin{pmatrix}挖管道沟土\\(石)方体积\end{pmatrix} + \begin{pmatrix}挖人孔坑土\\(石)方体积\end{pmatrix} - \begin{pmatrix}管道建筑体积\\(基础、管群、包封)\end{pmatrix} - \begin{pmatrix}人孔建\\筑体积\end{pmatrix}。$$

按每段管道沟或每个人孔坑确定抽水工程量；段为两相邻人孔坑间的距离，人孔个数不分其大小。

（7）通信管道包封混凝土体积的计算：

① 通信管道包封示意图见图 3-4-14。

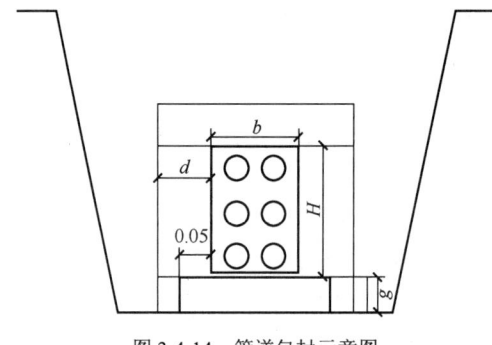

图 3-4-14 管道包封示意图

② 通信管道包封混凝土体积：

$$n = (V_1 + V_2 + V_3)。$$

其中：

V_1 为管道基础侧包封混凝土体积（m³），计算公式：

$$V_1 = 2(d - 0.05)gL$$

上式中，d——包封厚度（m）；

0.05——基础每侧外露宽度（m）；

g——管道基础厚度（m）；

L——管道基础长度（m，相邻两人孔外壁间距）。

V_2 为基础以上管群侧包封混凝土体积（m³），计算公式：

$$V_2 = 2dHL。$$

上式中，d——包封厚度（m）；

H——管群侧高（m）；

L——管道基础长度（m，相邻两人孔外壁间距）。

V_3 为管道顶包封混凝土体积（m³），计算公式：

$$V_3 = (b + 2d)dL。$$

上式中，b——管道宽度（m）；

d——包封厚度（m）；

L——管道基础长度（m，相邻两人孔外壁间距）。

第四章　工程价款结算

工程价款结算是施工企业在承包工程实施过程中，依据承包合同关于付款的规定和已经完成的工程量，依照程序向建设业主收取工程价款的经济活动。及时结算工程价款可以加速企业资金周转，降低企业内部运营成本，提高资金使用的有效性。工程价款结算有多种方式，重要的是根据企业自身情况与建设业主在协商一致的基础上，明确合同条款内容中的具体方式、结算期及相互承担的责任和义务。

工程价款结算必须符合国家政策和相关的法律、法规，应以政府有关部门正式发布的预算定额、费用定额和经批准的设计文件为依据。

第一节　工程价款结算方法

一、工程价款结算的一般方式

工程价款结算可以根据不同情况采用多种方式。

（1）按月结算，即实行旬末或月中预支、月终结算、竣工后清算的办法。跨年度竣工的工程，在年终进行工程盘点，办理年度结算。

（2）竣工后一次结算。建设项目或单项工程建设期在 12 个月以内，或者工程承包合同价值在 100 万元以下的，可以实行工程价款每月月中预支，竣工后一次结算方式。

（3）分段结算，即当年开工，当年不能竣工的单项工程或单位工程，按照工程进度，划分不同阶段进行结算。分段结算可以按月预支工程款。分段的划分标准，由各部门或省、自治区、直辖市、计划单列市的规定。

（4）按分部、分项工程结算，即以"假定建安产品"为对象，按月结算（或预支），待工程竣工后再办理竣工结算，一次结清，找补余额。

二、按月结算工程价款的一般程序

（1）预付备料款。施工企业承包工程，一般实行包工包料，需要有一定的数量的备料周转金。可根据工程承包合同条款规定，由发包单位在开工前拨给承包单位一定限额的预付备料款。此预付款构成施工企业为该承包工程项目储备主要材料，结构件所需的流动资金。

（2）中间结算。施工企业在工程建设中，按月完成的分部分项工程数量计算各项费用，向建设单位办理中间结算手续。

（3）竣工结算。是施工企业在所承包的工程按照合同规定的内容全部完工，交工之后，向发包单位进行最终工程价款结算。竣工结算时，若因某些条件变化使合同工程价款发生变化，则需按规定对合同价款进行调整。

在实际工程中，当年开工、竣工的工程，只需办理一次性结算。跨年度工程，在年终办理一次年终结算。将未完工程转到下一年度，此时竣工结算等于各年度结算的总和。

办理工程价款竣工结算的一般公式为

$$\begin{pmatrix} 竣工结算 \\ 工程价款 \end{pmatrix} = \begin{pmatrix} 预算(或概算) \\ 或合同价款 \end{pmatrix} + \begin{pmatrix} 施工过程中预算或 \\ 合同价款调整数额 \end{pmatrix} - \begin{pmatrix} 预付及已结 \\ 算工程价款 \end{pmatrix}。$$

三、国际咨询工程师联合会（FIDIC）合同条件下工程费的结算

（一）工程结算的范围和条件

1．工程结算的范围

FIDIC 合同条件所规定的工程结算范围主要包括两部分，如图 4-1-1 所示。

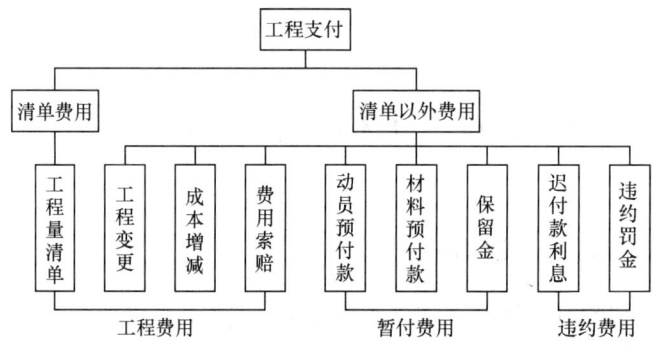

图 4-1-1 FIDIC 合同条件下工程结算范围

一部分费用是工程清单中的费用，这部分费用是承包商在投标时，根据合同条件的有关规定提出报价，并经业主认可的费用。另一部分费用是工程量清单以外的费用，这部分费用虽然在工程量清单中没有规定，但是在合同条件中却有明确的规定，因此它也是工程结算的一部分。

2．工程结算条件

（1）质量合格是工程支付的必要条件。结算以工程计量为基础，计量必须以质量合格为前题。所以并不是对承包商已完的工程全部支付，而是只支付其中质量合格部分。对于质量不合格的部分一律不予支付。

（2）符合合同条件。一切结算均需要符合合同的要求。

（3）变更项目必须有监理工程师的变更通知，否则承包商不得作任何变更。如果承包商未收到指示就进行变更的话，则无理由就此类变更的费用要求补偿。

（4）支付金额必须大于临时支付证书规定的最小限额。合同条件规定，如果在扣除保留金和其他金额之后的净额少于投标书附件中规定的临时支付证书的最小限额时，工程师没有义务开具任何支付证书。不予支付的金额按月结转，直到达到或超过最低限额时才予以支付。

（5）为了通过经济手段约束承包商履行合同中规定的各项责任和义务，合同条件中规定对于承包商申请支付的项目，即使达到以上所述的支付条件，但承包商其他方面的工作未能

使监理工程师满意,也可通过任何临时证书对其所签发过的原有证书进行任何修正或更改,有权删去或减少该工作的价值。所以承包商使监理工程师满意,也是工程支付的重要条件。

(二) 工程结算的项目

1. 工程量清单项目

工程量清单项目分为一般项目、暂定金额和计日工三种。

(1) 一般项目的结算

一般项目是指工程量清单中除暂定金额和计日工以外的全部项目。这类项目的结算以造价工程师计算的工程量为依据,乘以工程量清单中的单价,其单价一般是不变的。这类项目的结算占了工程费用的大部分,应给予足够的重视。但这类结算,程序比较简单,一般通过签发期支付证书支付进度款,每月支付一次。

(2) 暂定金额

是指包括在合同中,供工程任何部分的施工,或提供货物、材料、设备或服务,或提供不可预料事件之费用的一项金额。这项金额可能全部或部分使用,或根本不予动用。没有监理工程师的指示,承包商不能进行暂定金额项目的任何工作。

承包商按照监理工程师的指示完成的暂定金额项目的费用,若能按工作量表中开列的费率和价格估价则按此估价,否则承包商应向造价工程师出示与暂定金额开支有关的所有报价单、发票、凭证、账单或收据。造价工程师根据上述资料,按照合同的规定,确定支付金额。

(3) 计日工

使用计日工费用的计算一般采用下述方法:

① 按合同中包括的计日工作表中所定项目和承包商在其投标中所确定的费率和价格计算。

② 对于清单中没有定价的项目,应按实际发生的费用加上合同中规定的费率,计算有关费用。所以,承包商应向造价工程师提供可能需要的证实所付款的收据或其他凭证,并且在订购材料之前,向造价工程师提交订货报价单供其批准。

对这类按计日工实施的工程,承包商应在该工程持续进行过程中,每天向造价工程师提交从事该工作的所有工人的姓名,工种和工时的确切清单,一式两份,以及表明所有该项工程所用和所需材料及承包商设备的种类和数量的报表,一式两份。

2. 工程量清单以外项目

工程量清单以外项目包括以下几项。

(1) 动员预付款

是业主借给承包商进驻场地和工程施工的准备用款。预付款额度的大小,是承包商在投标时,根据业主规定的额度范围(一般为合同价的5%~10%)和承包商本身资金的情况,提出预付款的额度,并在标书附录中予以明确。

(2) 材料设备预付款

对承包商买进并运到工地的材料、设备,业主应支付无息预付款,预付款按材料设备的某一比例(通常为材料发票价的70%~80%,设备发票价的50%~60%)支付。

(3) 保留金

是为了确保在施工阶段,或在缺陷责任期间,由于承包商未能履行合同义务,由业主(或监理工程师)指定他人完成应由承包商承担的工作所发生的费用。FIDIC合同条件规定,保留金的款额为合同总价的 5%，从第一次付款证书开始，按其中支付工程款的 10%扣留，直到累计达到合同总额的 5%为止。

（三）工程费用结算的程序

（1）承包商提出付款申请。

填报一系列指定格式的月报表，说明承包商认为这个月其应得的有关款项，包括：
① 已实施的永久工程的价值；
② 工程量表中的任何其他项目；
③ 价格调整；
④ 按合同规定有权得到的其他金额。
（2）造价工程师审核编制期中付款证书。
（3）业主支付。

第二节　通信建设工程价款结算

一、基本原则

（1）通信建设工程价款结算（以下简称"工程价款结算"），是指对通信建设工程的发承包合同价款进行约定和依据合同约定进行工程预付款、工程进度款、工程竣工价款结算的活动。

（2）从事通信建设工程价款结算活动，必须遵循合法、平等、诚信的原则，并符合国家有关法律、法规和政策。

（3）工业和信息化部及各省、自治区、直辖市通信管理局负责本行业通信工程价款结算活动的监督管理。

（4）发包人与承包人自行结算工程价款，就竣工结算问题发生争议的，双方可按合同约定的争议或纠纷解决程序办理。

（5）发包人对工程质量有异议，已竣工验收或已竣工未验收但实际投入使用的工程，其质量争议按该工程保修合同执行；已竣工未验收且未实际投入使用的工程以及停工、停建工程的质量争议，应当就有争议部分的竣工结算暂缓办理，双方可就有争议的工程提请通信行业主管部门协调或申请仲裁，其余部分的竣工结算依照约定办理。

（6）当事人对工程造价发生合同纠纷时，可通过下列办法解决：
① 双方协商确定；
② 按合同条款约定的办法提请调解；
③ 向有关仲裁机构申请仲裁或向人民法院起诉。

（7）工程竣工后，发、承包双方应及时办理工程竣工结算，否则，工程不得交付使用，有关部门不予办理权属登记。

（8）发包人与中标的承包人不按照招标文件和中标的承包人的投标文件订立合同的，或者发包人、中标的承包人背离合同实质性内容另行订立协议，造成工程价款结算纠纷的，另行订立的协议无效，由通信行业主管部门按《中华人民共和国招标投标法》第五十九条进行处罚。

（9）通信建设工程施工专业分包，总（承）包人与分包人必须依法订立专业分包合同，按照本办法的规定在合同中约定工程价款及其结算办法。

（10）政府投资项目除执行信部规〔2005〕418号《关于发布〈通信建设工程价款结算暂行办法〉的通知》有关规定外，财政部门对政府投资项目合同价款约定与调整、工程价款结算、工程价款结算争议处理等事项，如另有特殊规定的，从其规定。

（11）凡实行监理的工程项目，工程价款结算过程中涉及监理工程师签证事项，应按工程监理合同约定执行。

二、工程合同价款的约定与调整

（1）招标工程的合同价款应当在规定时间内，依据招标文件、中标人的投标文件，由发包人与承包人（以下简称"发、承包人"）订立书面合同约定。

非招标工程的合同价款依据审定的工程预（概）算文件经由发、承包人在合同中约定。依法签订的合同价款在合同中约定后，任何一方不得擅自改变。

（2）发包人、承包人应当在合同条款中对涉及工程价款结算的下列事项进行约定：

① 工程预付款的支付方式、数额、时限及抵扣方式；
② 工程进度款的支付方式、数额及时限；
③ 工程施工中发生变更时，工程价款的调整方法、索赔方式、时限要求及金额支付方式；
④ 发生工程价款纠纷的解决方法；
⑤ 约定承担风险的范围及幅度以及超出约定范围和幅度的调整办法；
⑥ 工程竣工价款的结算与支付方式、数额及时限；
⑦ 工程质量保证（保修）金的数额、预扣方式及时限；
⑧ 安全措施和意外伤害保险费用；
⑨ 工期及工期提前或延后的奖惩办法；
⑩ 与履行合同、支付价款相关的担保事项。

（3）发、承包人在签订合同时对于工程价款的约定，可选用下列一种约定方式：

1）固定总价。合同工期较短且工程合同总价较低的工程，可以采用固定总价合同方式。

2）固定单价。双方在合同中约定综合单价包含的风险范围和风险费用的计算方法，在约定的风险范围内综合单价不再调整。风险范围以外的综合单价调整方法，应当在合同中约定。

3）可调价格。可调价格包括可调综合单价和措施费等，双方应在合同中约定综合单价和措施费的调整方法，调整因素包括：

① 法律、行政法规和国家有关政策变化影响合同价款；
② 工程造价管理机构的价格调整；
③ 经批准的设计变更；
④ 发包人更改经审定批准的施工组织设计（修正错误除外）造成费用增加；
⑤ 双方约定的其他因素。

（4）承包人应当在合同规定的调整情况发生后14天内（以合同签订日期为准），将调整原因、金额以书面形式通知发包人，发包人确认调整金额后将其作为追加合同价款，与工程进度款同期支付。发包人收到承包人通知后 14 天内（以签收日期为准）不予确认也不提出修改意见，视为已经同意该项调整。

当合同规定的调整合同价款的调整情况发生后，承包人未在规定时间内通知发包人，或者未在规定时间内提出调整报告，发包人可以根据有关资料，决定是否调整和调整的金额，并书面通知承包人。

（5）工程设计变更价款调整。

1）施工中发生工程变更，承包人按照经发包人以书面文件认可的变更设计文件，进行变更施工，其中，政府投资项目重大变更，需按基本建设程序报批后方可施工。

2）在工程设计变更确定后 14 天内，设计变更涉及工程价款调整的，由承包人向发包人提出，经发包人审核同意后调整合同价款。变更合同价款按下列方法进行：

① 合同中已有适用于变更工程的价格，按合同已有的价格变更合同价款；

② 合同中只有类似于变更工程的价格，可以参照类似价格变更合同价款；

③ 合同中没有适用或类似于变更工程的价格，由承包人或发包人提出适当的变更价格，经对方确认后执行。如双方不能达成一致的，双方可按合同约定的争议或纠纷解决程序办理。

3）工程设计变更确定 14 天内，如承包人未提出变更工程价款的报告，则发包人可根据所掌握的资料决定是否调整合同价款和调整的具体金额。重大工程变更涉及工程价款变更报告和确认的时限由发、承包双方协商确定。

收到变更工程价款报告一方，应在收到之日起 14 天内予以书面确认或提出协商意见，自变更工程价款报告送达之日起 14 天内，对方未确认也未提出协商意见时，视为变更工程价款报告已被确认。

确认增（减）的工程变更价款作为追加（减）合同价款与工程进度款同期支付。

三、工程价款结算

（1）工程价款结算应按合同约定办理，合同未作约定或约定不明的，发、承包双方应依照下列规定与文件协商处理：

① 国家有关法律、法规和规章制度；

② 我部发布的工程造价计价标准、计价办法等有关规定；

③ 建设项目的合同、补充协议、变更签证和现场签证，以及经发、承包人认可的其他有效文件；

④ 其他可依据的材料。

（2）工程预付款结算应符合下列规定：

① 工程预付款应按合同约定拨付，包工包料的工程的预付款比例原则上不低于合同金额的 10%，不高于合同金额的 30%；设备及材料投资比例较高的，预付款比例可按不高于合同金额的 60%支付；包工不包料的工程预付款按通信线路工程、通信设备安装工程、通信管道工程分别为合同金额的 30%、20%、40%。

② 在具备施工条件的前提下，发包人应在双方签订合同后的一个月内或不迟于约定的开工日期前的 7 天内预付工程款，发包人不按约定预付，承包人应在预付时间到期后 10 天内向发包人发出要求预付的通知，发包人收到通知后仍不按要求预付，承包人可在发出通知 14

天后停止施工，发包人应从约定应付之日起向承包人支付应付款的利息（利率按同期银行贷款利率计），并承担违约责任。

③ 预付的工程款必须在合同中约定抵扣方式，并在工程进度款中进行抵扣。

④ 凡是没有签订合同或不具备施工条件的工程，发包人不得预付工程款，不得以预付款为名转移资金。

（3）工程进度款结算与支付应当符合下列规定：

1）工程进度款结算方式。

① 按进度结算与支付。即按工程进度支付工程进度款，竣工后清算的办法。

② 分段结算与支付。即实行分段交工后初验结算的办法支付工程进度款。

2）工程量计算。

① 承包人应当按照合同约定的方法和时间，向发包人提交已完工程量的报告。发包人接到报告后 14 天内（以签收日期为准）核实已完工程量，并在核实前 2 天通知承包人，承包人应提供条件并派人参加核实，承包人收到通知后不参加核实，以发包人核实的工程量作为工程价款支付的依据。发包人不按约定通知承包人，致使承包人未能参加核实，核实结果无效。

② 发包人收到承包人报告后 14 天内未核实已完工程量，从第 15 天起，承包人报告的工程量即视为被确认，作为工程价款支付的依据，双方合同另有约定的，按合同执行。

③ 对承包人超出设计图纸（含设计变更）范围和因承包人原因造成返工的工程量，发包人不予计量。

3）工程进度款支付。

① 根据确定的工程计量结果，承包人向发包人提出支付工程进度款申请书之日起 14 天内，发包人应按不低于工程价款的 60%，不高于工程价款的 90%向承包人支付工程进度款。按约定时间发包人应扣回的预付款，与工程进度款同期结算抵扣。

② 发包人超过约定的支付时限不支付工程进度款，承包人应及时向发包人发出要求付款的通知，发包人收到承包人通知后仍不能按要求付款，可与承包人协商签订延期付款协议，经承包人同意后可延期支付，协议应明确延期支付的时限，以及自工程计量结果确认后第 15 天起计算应付款的利息（利率按同期银行贷款利率计）。

③ 发包人不按合同约定支付工程进度款，双方又未达成延期付款协议，导致施工无法进行，承包人可停止施工，由发包人承担违约责任。

（4）工程初验后六个月内，双方应按照约定的工程合同价款、合同价款调整内容以及索赔事项，进行工程竣工结算。非施工原因造成不能竣工验收的工程，施工结算同样适用此条。

① 工程竣工结算方式。

工程竣工结算分为单项工程竣工结算和建设项目竣工总结算。

② 工程竣工结算编审。

单项工程竣工结算后建设项目竣工总结算由总（承）包人编制，发包人可直接进行审查；实行总承包的工程，由具体承包人编制，在总包人审查的基础上，发包人直接审查；政府投资项目，由同级财政部门审查。

单项工程竣工结算或建设项目竣工总结算经发、承包人签字盖章后有效。

承包人应在合同约定期限内完成项目竣工结算编制工作，未在规定期限内完成的且提不出正当理由延期的，发包人可依据合同约定提出索赔要求。

③ 工程竣工结算审查期限。

单项工程竣工后,承包人应在提交竣工验收报告的同时,向发包人递交竣工结算报告及完整的结算资料,发包人应按表 4-2-1 规定时限进行核对(审查)并提出审查意见。

表 4-2-1　　　　　　　　　　　工程竣工审查时限

	工程竣工结算报告金额	审查时间
1	500 万元以下	从接到结算报告和完整的竣工结算资料之日起 20 天
2	500 万元~2000 万元	从接到结算报告和完整的竣工结算资料之日起 30 天
3	2000 万元~5000 万元	从接到结算报告和完整的竣工结算资料之日起 45 天
4	5000 万元以上	从接到结算报告和完整的竣工结算资料之日起 60 天

建设项目竣工总结算在最后一个单项工程竣工结算审查确认后 15 天内汇总,送达发包人 30 天内审查完成。

④ 工程竣工价款结算。

发包人收到承包人递交的竣工结算报告及完整的结算资料后,应按本办法规定的期限(合同约定有期限的,从其约定)进行核实,给予确认或者提出修改意见。发包人根据确认的竣工结算报告向承包人支付工程竣工结算价款,保留 5%左右的工程质量保证(保修)金,待工程交付使用一年质保期到期后清算(合同另有约定的,从其约定)。质保期内如有返修,发生费用应由承包人负担。

⑤ 索赔价款结算。

发承包人未能按合同约定履行自己的各项义务或发生错误,给另一方造成经济损失的,由受损方按合同约定提出索赔,索赔金额按合同约定支付。

⑥ 合同以外零星项目工程价款结算。

发包人要求承包人完成合同以外零星项目,承包人应在接受发包人要求的 7 天内就用工数量和单价、机械(仪表)台班数量和单价、使用材料和金额等向发包人提出施工签证,发包人签证后施工,如发包人未签证,承包人施工后发生争议的,责任由承包人自负。

(5)发包人和承包人要加强施工现场的造价控制,及时对工程合同外的事项如实纪录并履行书面手续。凡由发、承包双方授权的现场代表签字的现场签证以及发、承包双方协商确定的索赔等费用,应在工程竣工结算中如实办理,不得因发、承包双方现场代表的中途变更改变其有效性。

(6)发包人收到竣工结算报告及完整的结算资料后,在本办法规定或合同约定期限内,对结算报告及资料没有提出意见,则视同认可。

承包人如未在规定时间内提供完整的工程竣工结算资料,经发包人书面通知到达 14 天内仍未提供或没有明确答复;发包人有权根据已有资料进行审查,责任由承包人自负。

根据确认的竣工结算报告,承包人向发包人申请支付工程竣工结算款。发包人应在收到书面申请到达 15 天内支付结算款,到期没有支付的应承担违约责任。承包人可催告发包人支付结算价款,如达成延期支付协议,发包人应按同期银行贷款利率支付拖欠工程价款的利息。如未达成延期支付协议,承包人可以申请通信行业主管部门协调解决,或依据法律程序解决。

(7)工程竣工结算以合同工期为准,实际施工工期比合同工期提前或延后,发、承包双方应按合同约定的奖惩办法执行。

第五章　通信建设工程概、预算编制示例

本章共收录了 8 个通信建设工程概、预算编制的模拟案例，可供读者在学习时参考。

示例一　××站电源设备安装工程初步设计概算

一、已知条件

（一）本工程系新建××站电源设备安装工程初步设计。
（二）施工企业距施工现场 10km。
（三）施工用水电蒸汽费 1000 元。
（四）勘察设计费给定为 18000 元。
（五）建设工程监理费按 10000 元计取。
（六）工程投资估算总额度为 40 万元。
（七）设备运输距离为 1500km。
（八）设备采购代理服务费按设备原价的 0.6% 计算。
（九）设备价格见表 5-1-1；主要材料价格见表 5-1-2。

表 5-1-1　　　　　　　　　电源设备价格表

序号	设 备 名 称	规 格 容 量	单 位	单价（元）
1	过压保护装置	DSOPI60-380	台	7000.00
2	全组合开关电源架	PS48600-2/50-300A	架	78000.00
3	阀控式蓄电池组	UXL1100-48V/1000Ah	组	106000.00
4	墙挂式交流配电箱	380V/100A	台	8000.00

表 5-1-2　　　　　　　　　主要材料价格表

序号	名 称	规 格 型 号	单 位	单价（元）
1	电力电缆	RVVZ-3×35+1×16	m	95.00
2	电力电缆	RVVZ-1×50	m	40.00
3	电力电缆	RVVZ-1×95	m	70.00
4	电力电缆	RVVZ-1×35	m	25.00
5	铜接线端子	各种规格	个	10.00
6	地线排		块	120.00
7	电缆走线架	宽 400mm	m	200.00
8	其他材料（含电池铁架用料等）		套	500.00

（十）本预算内不计取"已完工程及设备保护费"、"建设用地及综合赔补费"、"可行性研究费"、"研究试验费"、"环境影响评价费"、"劳动安全卫生评价费"、"工程质量监督费"、"工程定额测定费"、"工程保险费"、"工程招标代理费"、"生产准备及开办费"、"建设期利息"。

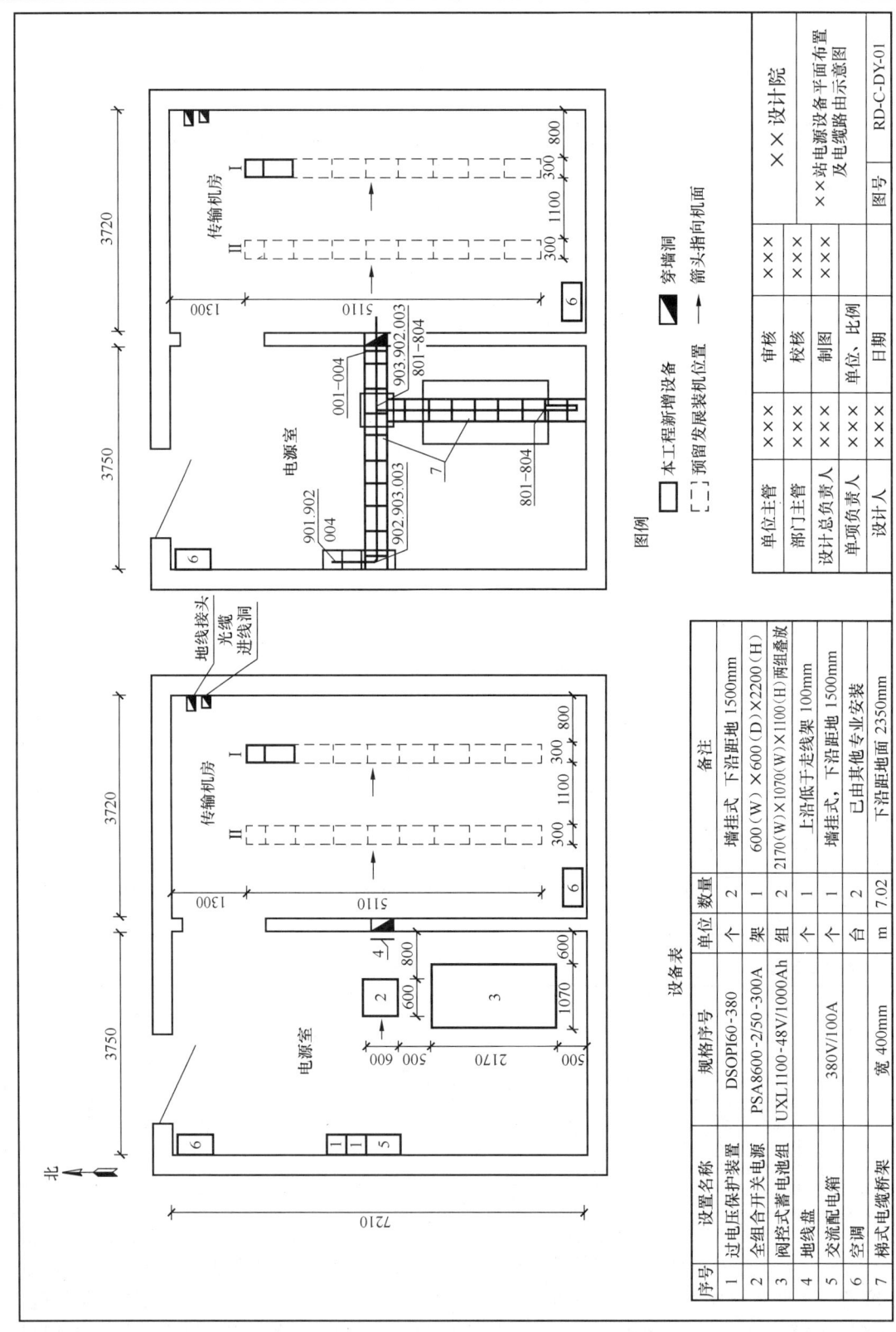

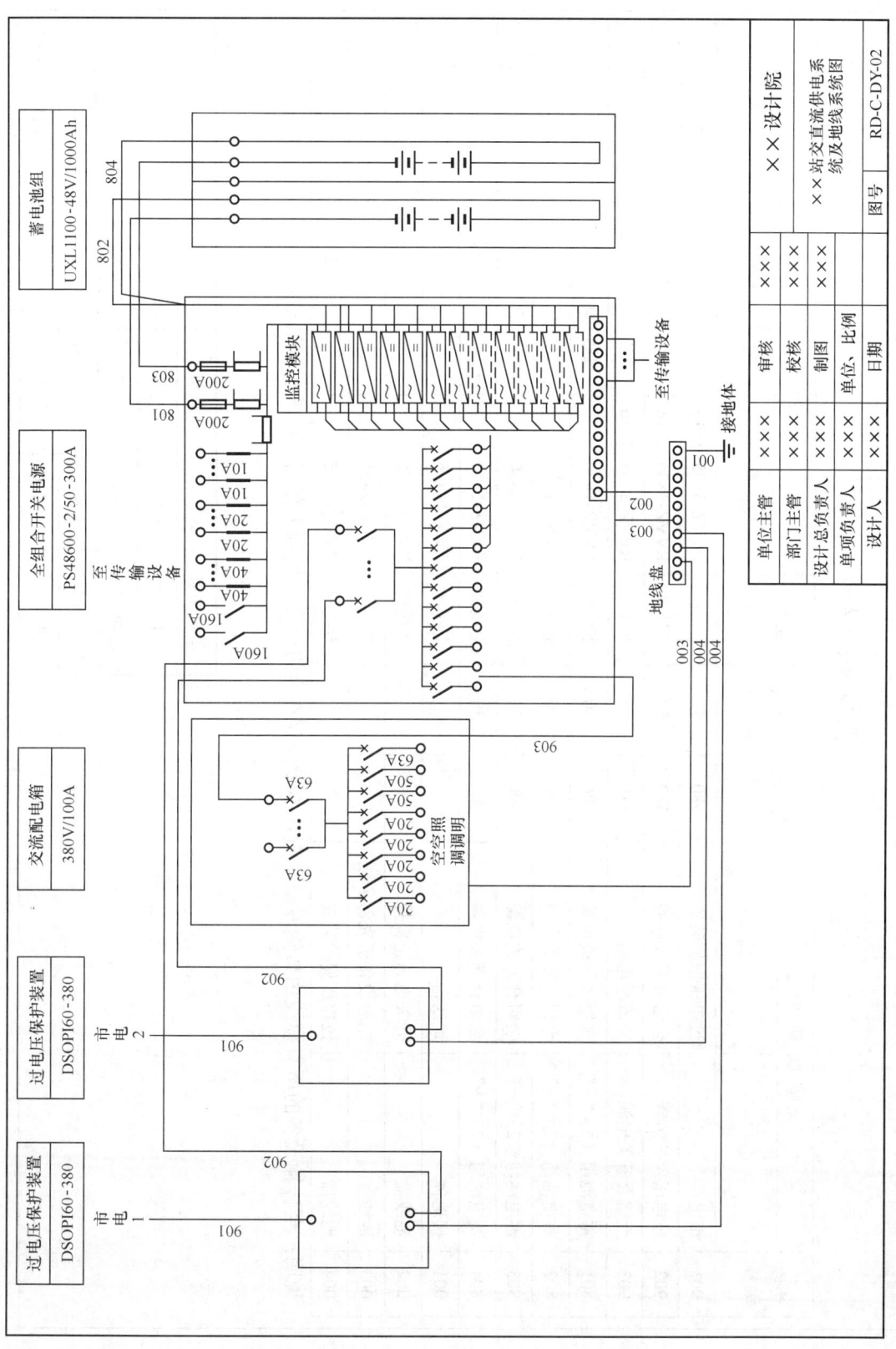

缆线明细表

缆线编号	缆线路由 由	缆线路由 到	设计电压(V)	设计电流(A)	敷设方式	选用缆线 规格型号	选用缆线 载流量(A)	选用缆线 条数×长度(m)	备注
901	市电	过电压保护装置	380	57		RVVZ-3×35+1×16	137		由建设单位负责
902	过电压保护装置	全组合开关电源	380	57	走线架	RVVZ-3×35+1×16	137	2×10	
903	全组合开关电源	交流配电箱	380	57	走线架	RVVZ-3×35+1×16	137	1×10	
801	蓄电池组(1)"−"	全组合开关电源"−"	48	30	走线架	RVVZ-1×50	283	1×10	
802	蓄电池组(1)"+"	全组合开关电源"+"	48	30	走线架	RVVZ-1×50	283	1×10	
803	蓄电池组(2)"−"	全组合开关电源"−"	48	30	走线架	RVVZ-1×50	283	1×10	
804	蓄电池组(2)"+"	全组合开关电源"+"	48	30	走线架	RVVZ-1×50	283	1×10	
001	接地体	地线盘			走线架	RVVZ-1×95		1×10	
002	地线盘	开关电源正极排			走线架	RVVZ-1×95		1×5	
003	地线盘	电源设备机壳保护地			走线架	RVVZ-1×35		2×5	
004	地线盘	过电压保护装置			走线架	RVVZ-1×35		2×8	

说明：至传输设备的所有缆线由传输专业负责，本专业仅在全组合开关电源上预留相应的出线端子。

单位主管	×××	审核	×××	××设计院	
部门主管	×××	校核	×××		
总负责人	×××	制图	×××	缆线明细表	
单项负责人	×××	单位、比例			
设计人	×××	日期		图号	RD-C-DY-03

二、设计图纸及说明

（一）××站电源设备平面布置及电缆路由示意图（图纸编号：RD-C-DY-01）。
（二）××站交直流供电系统及地线系统图（图纸编号：RD-C-DY-02）。
（三）缆线明细表（图纸编号：RD-C-DY-03）。
（四）图纸说明：

1. 交流供电系统

本站由两路市电、全组合开关电源、过电压保护装置组成。运行方式为主备用市电电源自动倒换。

2. 直流供电系统

由开关电源和阀控式蓄电池组组成。全浮充供电方式，开关电源架上的整流模块与两组蓄电池并联浮充供电。电池组需安装在抗震架上，按双层单列叠放。

3. 接地系统

采用联合接地方式，按单点接地原理设计。

4. 过电压保护

采用不小于 60VA 过电压保护装置；开关电源架交流输入端带有过压保护装置，在直流配电单元输出端带有浪涌抑制器。

5. 电缆布线方式

电源设备之间的电缆采用上走线方式，室内新装水平电缆走线架，安装位于距地面高度 2350mm 处。电缆走线架宽 400mm，走线架相交处做水平连接、终端处与墙加固。

6. 机房内空调设备已列入其他专业安装项目。其余未说明的设备均不考虑。

三、统计工程量

（一）阀控式蓄电池组：

1. 安装蓄电池抗震架，双层单列：2.17m（根据图纸标注尺寸）。
2. 安装 48V/1000Ah 阀控式蓄电池组：2 组。
3. 蓄电池补充电：2 组。
4. 蓄电池容量试验：2 组。

（二）全组合开关电源架：

1. 安装组合开关电源 300A 以下：1 架。
2. 开关电源系统调测：1 系统。

（三）安装过压保护装置：2 套。
（四）安装墙挂式交流配电箱：1 台。
（五）安装室内接地排：1 个。
（六）安装室内梯式电缆桥架：3750+500+2170+500+100=7020mm=7.02m。
（七）布放电力电缆（换算成与预算定额项目一致的计量单位）：

1. 902、903 号线：电力电缆 $35mm^2$ 以下（3+1 芯）：$(20+10) \div 10 = 3$（十米条）。
2. 801～804 号线：电力电缆 $50mm^2$ 以下（单芯）：$4 \times 10 \div 10 = 4$（十米条）。
3. 001、002 号线：电力电缆 $95mm^2$ 以下（单芯）：$(10+5) \div 10 = 1.5$（十米条）。

4．003、004号线：电力电缆35mm²以下（单芯）：(10+16)÷10=2.6（十米条）。

（八）配电系统自动性能调测：1系统。

四、统计主材用量

见表5-1-3。

表5-1-3　　　　　　　　　　　　主材用量统计表

序号	名称	规格型号	单位	数量
1	电力电缆	RVVZ-3×35+1×16	m	3×10.15=30.45
2	电力电缆	RVVZ-1×50	m	4×10.15=40.60
3	电力电缆	RVVZ-1×95	m	1.5×10.15=15.23
4	电力电缆	RVVZ-1×35	m	2.6×10.15=26.39
5	铜接线端子	16mm²	个	3×2.03=6.09
6	铜接线端子	35mm²	个	(3×3+4)×2.03=26.39
7	铜接线端子	50mm²	个	4×2.03=8.12
8	铜接线端子	95mm²	个	2×2.03=4.06
9	电缆桥架	400mm	m	7.02×1.01=7.09
10	地线排		个	1.00
11	其他材料（含电池架用料等）		套	1.00

五、编制初步设计概算

（一）设计概算编制说明

1．工程概述

本工程为××电信公司新建××站电源设备安装单项工程，编制初步设计概算。

本工程概算总价值为394623.51元。

其中，需要安装的设备费为324542.40元；

安装工程费为24343.78元；

工程建设其他费为34243.44元。

2．编制依据及采用的取费标准和计算方法

（1）初步设计图纸及说明。

（2）工信部规〔2008〕75号《关于发布〈通信建设工程概算 预算编制办法〉及相关定额的通知》。

（3）工信部规〔2008〕75号文颁布的《通信建设工程预算定额 第一册 通信电源设备安装工程》。

（4）工信部规〔2008〕75号文颁布的《通信建设工程费用定额》。

（5）工信部规〔2008〕75号文颁布的《通信建设工程施工机械、仪表台班费用定额》。

（6）建设单位与设备供应商签订的设备价格合同。

（7）相关生产厂家的材料参考价格。

（8）有关费率及费用的取定：

① 承建本工程的施工企业距施工现场 10km，不足 35km 不计取施工队伍调遣费。
② 设备及主材运杂费费率取定：设备运输里程按 1500km 取定；主要材料运输里程编制概算时按 1500km 取定。
③ 根据采购代理服务合同约定：设备采购代理服务费按设备原价的 0.6%计取。
④ 水电蒸汽费按有关规定的价格计取 1000 元。
⑤ 勘察设计费为 18000.00 元。
⑥ 建设工程监理费按合同约定为 10000 元。
⑦ 其他费用除已有特殊说明外，均按费用定额规定的费率及计算方法计取。
3．工程技术经济指标分析（略）
4．其他需说明的问题（略）

（二）预算表格

（1）工程预算总表（表一）（表格编号：DY-B1）；
（2）建筑安装工程费用预算表（表二）（表格编号：DY-B2）；
（3）建筑安装工程量预算表（表三）甲（表格编号：DY-B3J）；
（4）建筑安装工程仪表使用费预算表（表三）丙（表格编号：DY-B3B）；
（5）器材预算表（表四）甲（主要材料表）（表格编号：DY-B4JC）；
（6）器材预算表（表四）甲（需要安装的设备表）（表格编号：DY-B4JS）；
（7）工程建设其他费预算表（表五）甲（表格编号：DY-B5J）。

工程概算总表（表一）

建设项目名称：×××—××段光缆传输系统工程
工程名称：××站电源设备安装单项工程
建设单位名称：××省电信公司
表格编号：DY-B1
第全页

序号	表格编号	工程或费用名称	小型建筑工程费	需要安装的设备费	不需安装设备工器具费	建筑安装工程费	其他费用	预备费	总价值 人民币（元）	其中外币（ ）
I	II	III	IV	V	VI	VII	VIII	IX	X	XI
					（元）					
1	DY-B4JS、B2	工程费		324542.40		24343.78			348886.18	
2	DY-B5J	工程建设其他费					34243.44		34243.44	
3		小　计		324542.40		24343.78	34243.44		383129.62	
4		预备费（小计×3%）						11493.89	11493.89	
5		总　计		324542.40		24343.78	34243.44	11493.89	394623.51	

设计负责人：×××　　审核：×××　　编制：×××　　编制日期：　年　月

建筑安装工程费用概算表（表二）

工程名称：××站电源设备安装单项工程　　　　建设单位名称：××省电信公司　　　　表格编号：DY-B2　　　　第全页

序号	费用名称	依据和计算方法	金额（元）	序号	费用名称	依据和计算方法	金额（元）
I	II	III	IV	I	II	III	IV
	建筑安装工程费	一+二+三+四	24343.78	8	夜间施工增加费	人工费×2%	116.90
一	直接费	（一）+（二）	18163.66	9	冬雨季施工增加费	人工费×2%	116.90
（一）	直接工程费	1+2+3+4	16088.19	10	生产工具用具使用费	已知	1000.00
1	人工费	技工费+普工费	5844.96	11	施工用水电蒸汽费		
(1)	技工费	技工日×48元/工日	5844.96	12	特殊地区施工增加费		
(2)	普工费			13	已完工程及设备保护费		
2	材料费	(1)+(2)	9748.23	14	运土费		
(1)	主要材料费	表四甲材料表一总计	9284.03	15	施工队伍调遣费		
(2)	辅助材料费	主材费×5%	464.20	16	大型施工机械调遣费		
3	机械使用费			三	间接费	（一）+（二）	3623.88
4	仪表使用费	表三丙一总计	495.00	（一）	规费	1~4	1870.39
（二）	措施费	1~16	2075.47	1	工程排污费		
1	环境保护费	人工费×1%	58.45	2	社会保障费	人工费×26.81%	1567.03
2	文明施工费	人工费×1.3%	75.98	3	住房公积金	人工费×4.19%	244.90
3	工地器材搬运费			4	危险作业意外伤害保险费	人工费×1%	58.45
4	工程干扰费			（二）	企业管理费	人工费×30%	1753.49
5	工程点交、场地清理费	人工费×3.5%	204.57	三	利润	人工费×30%	1753.49
6	临时设施费	人工费×6%	350.70	四	税金	（一+二+三）×3.41%	802.75
7	工程车辆使用费	人工费×2.6%	151.97				

设计负责人：×××　　　　审核：×××　　　　编制：×××　　　　编制日期：　　年　　月

建筑安装工程量概算表（表三）甲

工程名称：××站电源设备安装单项工程
建设单位名称：××省电信公司
表格编号：DY-B3J
第全页 第页

序号	定额编号	项目名称	单位	数量	单位定额值（工日）		合计值（工日）	
					技工	普工	技工	普工
I	II	III	IV	V	VI	VII	VIII	IX
1	TSD3-003	安装蓄电池抗震架（双层单列）	m	2.17	1.00		2.17	
2	TSD3-015	安装48V蓄电池组1000Ah	组	2.00	13.20		26.40	
3	TSD3-032	蓄电池补充电	组	2.00	8.00		16.00	
4	TSD3-033	蓄电池容量试验	组	2.00	18.00		36.00	
5	TSD3-057	安装组合开关电源300A以下	架	1.00	10.00		10.00	
6	TSD3-065	开关电源系统调测	系统	1.00	5.00		5.00	
7	TSD3-068	安装过压保护装置	台	2.00	2.00		4.00	
8	TSD3-067	安装墙挂式交流配电箱	台	1.00	2.00		2.00	
9	TSD5-011	安装室内接地排	个	1.00	1.00		1.00	
10	TSD6-005	安装梯式电缆桥架600mm	m	7.02	0.40		2.81	
11	TSD4-020	室内布放35mm²以下电力电缆（单芯）	十米条	2.60	0.25		0.65	
12	TSD4-020	室内布放35mm²以下电力电缆（3+1芯）	十米条	3.00	0.50		1.50	
13	TSD4-021	室内布放70mm²以下电力电缆（单芯）	十米条	4.00	0.36		1.44	
14	TSD4-022	室内布放120mm²以下电力电缆（单芯）	十米条	1.50	0.49		0.74	
15	TSD3-071	配电系统自动性能调测	系统	1.00	12.06		12.06	
		合计					121.77	

设计负责人：　　　　审核：　　　　编制：　　　　编制日期：　　年　　月

建筑安装工程仪器仪表使用费概算表（表三）丙

工程名称：××站电源设备安装单项工程　　建设单位名称：××省电信公司　　表格编号：DY-B3B　　第全页

序号	定额编号	项目名称	单位	数量	仪表名称	单位定额值		合计值	
						数量（台班）	单价（元）	数量（台班）	合价（元）
I	II	III	IV	V	VI	VII	VIII	IX	X
1	TSD3-033	蓄电池容量试验	组	2.00	仪表费基价	1.00	150.00	2.00	300.00
2	TSD3-065	开关电源系统调测	系统	1.00	仪表费基价	1.00	195.00	1.00	195.00
		合计							495.00

设计负责人：×××　　审核：×××　　编制：×××　　编制日期：　年　月

器材概算表（表四）甲

（需要安装的设备表）

工程名称：××站电源设备安装单项工程　　建设单位名称：××省电信公司　　表格编号：DY-B4JS　　第全页

序号	名称	规格程式	单位	数量	单价（元）	合计（元）	备注
I	II	III	IV	V	VI	VII	VIII
1	过压保护装置	DSOPI60-380	台	2	7000.00	14000.00	
2	全组合开关电源	PS48600-2/50-300A	架	1	78000.00	78000.00	
3	阀控式蓄电池组	UXL1100-48V/1000Ah	组	2	106000.00	212000.00	
4	交流配电箱	380/100A	台	1	8000.00	8000.00	
	(1) 小计（1~4项之和）					312000.00	
	(2) 运杂费（小计×2.2%）					6864.00	
	(3) 运输保险费（小计×0.4%）					1248.00	
	(4) 采购保管费（小计×0.82%）					2558.40	
	(5) 采购代理服务费（小计×0.6%）					1872.00	
	合计：[(1)~(5)之和]					324542.40	

设计负责人：××× 　　审核：××× 　　编制：××× 　　编制日期：　年　月

器材概算表（表四）甲
（主要材料表）

工程名称：××站电源设备安装单项工程　　建设单位名称：××省电信公司　　表格编号：DY-B4JC　　第全页

序号	名称	规格程式	单位	数量	单价（元）	合计（元）	备注
I	II	III	IV	V	VI	VII	VIII
1	电力电缆	RVVZ-3×35+1×16	m	30.45	95.00	2892.75	
2	电力电缆	RVVZ-1×50	m	40.60	40.00	1624.00	
3	电力电缆	RVVZ-1×95	m	15.23	70.00	1066.10	
4	电力电缆	RVVZ-1×35	m	26.39	25.00	659.75	
	(1) 小计1（器材1～4原价之和）					6242.60	
	(2) 运杂费（小计1×3.8%）					237.22	
	(3) 运输保险费（小计1×0.1%）					6.24	
	(4) 采购及保管费（小计1×1.0%）					62.43	
	(5) 合计1 [(1) ～ (4) 之和]					6548.49	
5	铜接线端子		个	44.66	10.00	446.60	
6	电缆走线架		m	7.09	200.00	1418.00	
7	地线排		块	1.00	120.00	120.00	
8	其他材料费		套	1.00	500.00	500.00	
	(1) 小计2（器材5～8原价之和）					2484.60	
	(2) 运杂费（小计2×9.0%）					223.61	
	(3) 运输保险费（小计2×0.1%）					2.48	
	(4) 采购及保管费（小计2×1.0%）					24.85	
	(5) 合计2 [(1) ～ (4) 之和]					2735.54	
	总计：合计1+合计2					9284.03	

设计负责人：×××　　审核：×××　　编制：×××　　编制日期：　年　月

工程建设其他费概算表（表五）甲

工程名称：××站电源设备安装单项工程
建设单位名称：××省电信公司
表格编号：DY-B5J
第 全 页

序号	费用名称	计算依据及方法	金额（元）	备注
I	II	III	IV	V
1	建设用地及综合赔补费			
2	建设单位管理费	工程投资估算总额40万元×1.5%	6000.00	
3	可行性研究费			
4	研究试验费			
5	勘察设计费	按实计列	18000.00	
6	环境影响评价费			
7	劳动安全卫生评价费			
8	建设工程监理费	按实计列	10000.00	
9	安全生产费	建安费×1.0%	243.44	
10	工程质量监督费			
11	工程定额测定费			
12	引进技术及引进设备其他费			
13	工程保险费			
14	工程招标代理费			
15	专利及专用技术使用费			
	总 计		34243.44	
16	生产准备及开办费			

设计负责人：××× 审核：××× 编制：××× 编制日期： 年 月

示例二 ××市话交换设备安装单项工程

一、已知条件

（一）本工程为××市话端局安装 3 万门用户的程控交换设备。本设计为交换设备安装单项工程一阶段设计。

（二）施工企业距施工现场 40km。

（三）施工用水电蒸汽费 1000 元。

（四）工程前期投资估算额为 1100 万元。

（五）勘察设计费按合同计算为 150000.00 元。

（六）建设工程监理费按 120000 元计取。

（七）本工程设计新增定员 1 人，生产准备费指标为 1200 元/人。

（八）采购代理服务费：设备按原价的 0.8%计取，主要材料按原价的 0.5%计取。

（九）需要安装得设备运输距离按 1700km 计取，不需要安装的设备运输距离按 500km 计取，主要材料运输距离按 100km 计取。

（十）设备价格见表 5-2-1；主要材料价格见表 5-2-2。

（十一）本工程不计取"已完工程及设备保护费"、"建设用地及综合赔补费"、"可行性研究费"、"研究试验费"、"环境影响评价费"、"劳动安全卫生评价费"、"工程质量监督费"、"工程定额测定费"、"工程保险费"、"工程招标代理费"、"建设期利息"。

表 5-2-1　　　　　　　　　　　　设备购置价格表

序号	名　称	规格型号	单位	单价（元）
1	交换设备硬件*		套	8000000.00
2	交换设备软件		套	700000.00
3	数字分配架	2200×600×600	架	15000.00
4	光纤分配架	2200×600×600	架	18000.00
5	总配线架	JPX234 型 6000 回线	架	9000.00
6	维护终端		台	8000.00
7	打印机		台	2000.00
8	告警设备（含告警电缆）		盘	1000.00
9	滑梯		架	1200.00
10	终端工作台椅	（不需要安装的设备）	套	2500.00
11	维护、测试用工具	（不需要安装的设备）	套	3000.00

*交换设备硬件价格中包括设备机架、机盘、盘柜配线以及架间连线等。

表 5-2-2　　　　　　　　　　　主要材料价格表

序 号	名　　称	规 格 型 号	单 位	单价（元）
1	局用音频电缆	32 芯	m	10.00
2	局用音频电缆	128 芯	m	15.00
3	SYV 类射频同轴电缆	75-2-1×8	m	20.00
4	软光纤	SC/PC-FC/PC（25m）	条	350.00
5	数据电缆（网线）	UPT-5 双绞线	m	8.00
6	加固角钢夹板组		组	50.00
7	槽钢	43×80×43×5	kg	100.00
8	信号灯座		套	5.00
9	红色信号灯		套	10.00
10	滑梯支铁		套	200.00
11	电缆走线架	600mm	m	300.00

二、设计图纸及说明

（一）××端局交换系统配置示意图（图号 XQ06-S-JH-01）。

（二）××端局交换机房设备平面布置图（图号 XQ06-S-JH-02）。

（三）××端局交换机房走线架及走线路由布置图（图号 XQ06-S-JH-03）。

（四）缆线布放计划表（图号 XQ06-S-JH-04）。

（五）图纸说明：

1．图 XQ06-S-JH-01 显示本工程包括交换设备、设备间缆线的连接、交换侧的 DDF、交换侧的 ODF、操作维护终端、打印机及告警设备等。根据系统需要，配置中继电路为 100 个 E1 和 2 个 STM-1 光口。

2．本工程设备排列见图 XQ06-S-JH-02：

（1）交换机房共配备交换设备 10 台机架；

（2）交换机房配备数字分配架（DDF）2 台、光分配架（ODF）1 台、维护终端 1 台、打印机 1 台、告警盘 1 台；

（3）测量室共配备 6000 回线总配线架（MDF）6 架及滑梯 2 架。

3．本工程机房为上走线方式，包括中继电缆、软光纤、用户电缆、数据电缆等，共安装走线架 28.8m，宽度为 600mm，距地面高度为 2.4m，走线架平面布置图详见图 XQ06-S-JH-03。

4．由图 XQ06-S-JH-03 和缆线布放计划表可知：交换机至光分配架的软光纤、交换机至数字分配架的中继电缆、交换机至总配线架的用户电缆、交换机至维护终端的网线等各路由长度均为平均布放长度，不作为下料用量，施工时应考虑实际用量和损耗量。

5．交换侧 DDF、ODF 至传输侧 DDF、ODF 之间的缆线配置由传输专业负责。

6．交换机的电源线及接地线由设备厂家负责提供并布放。

7．交换系统的调测由设备厂家和建设单位负责。

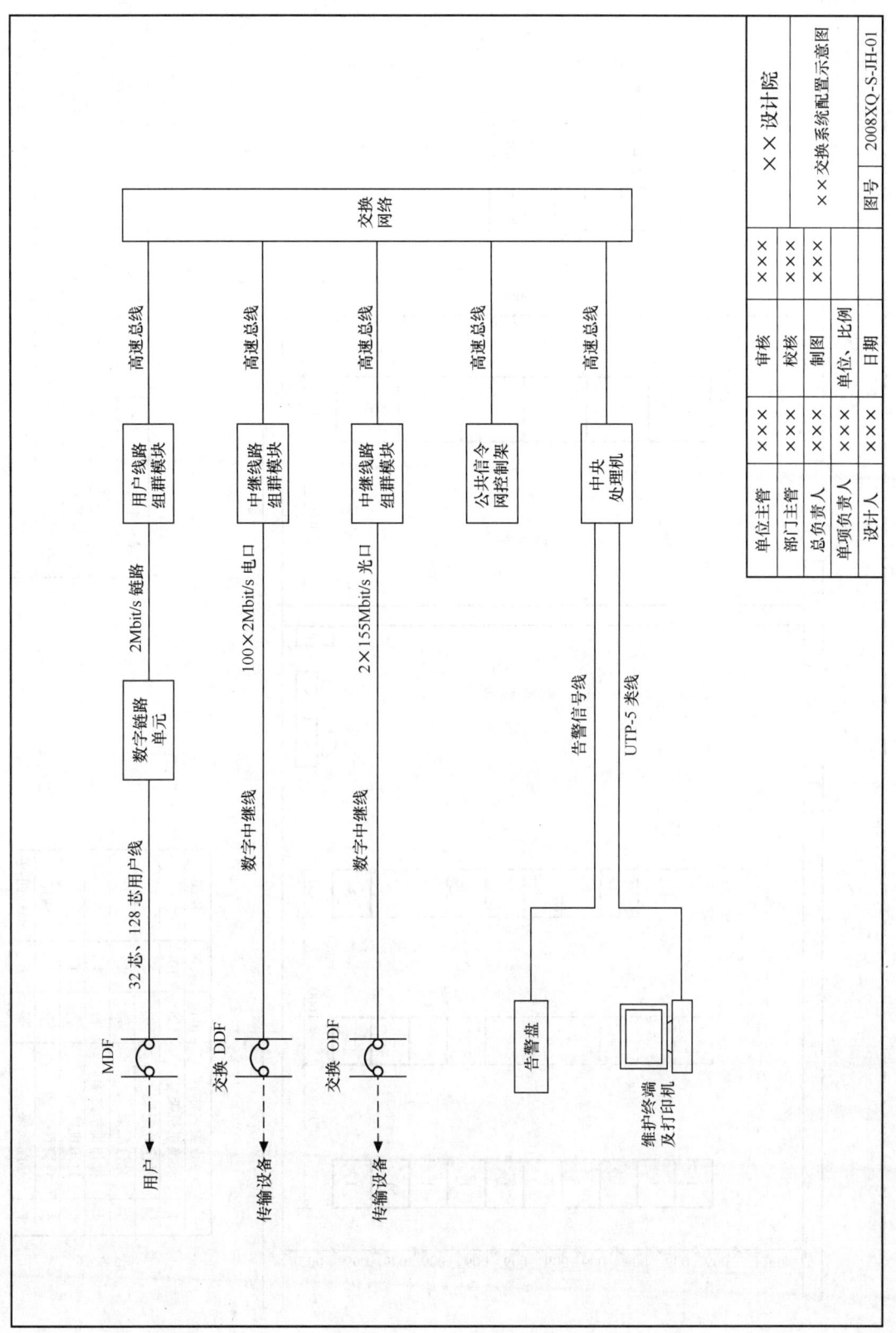

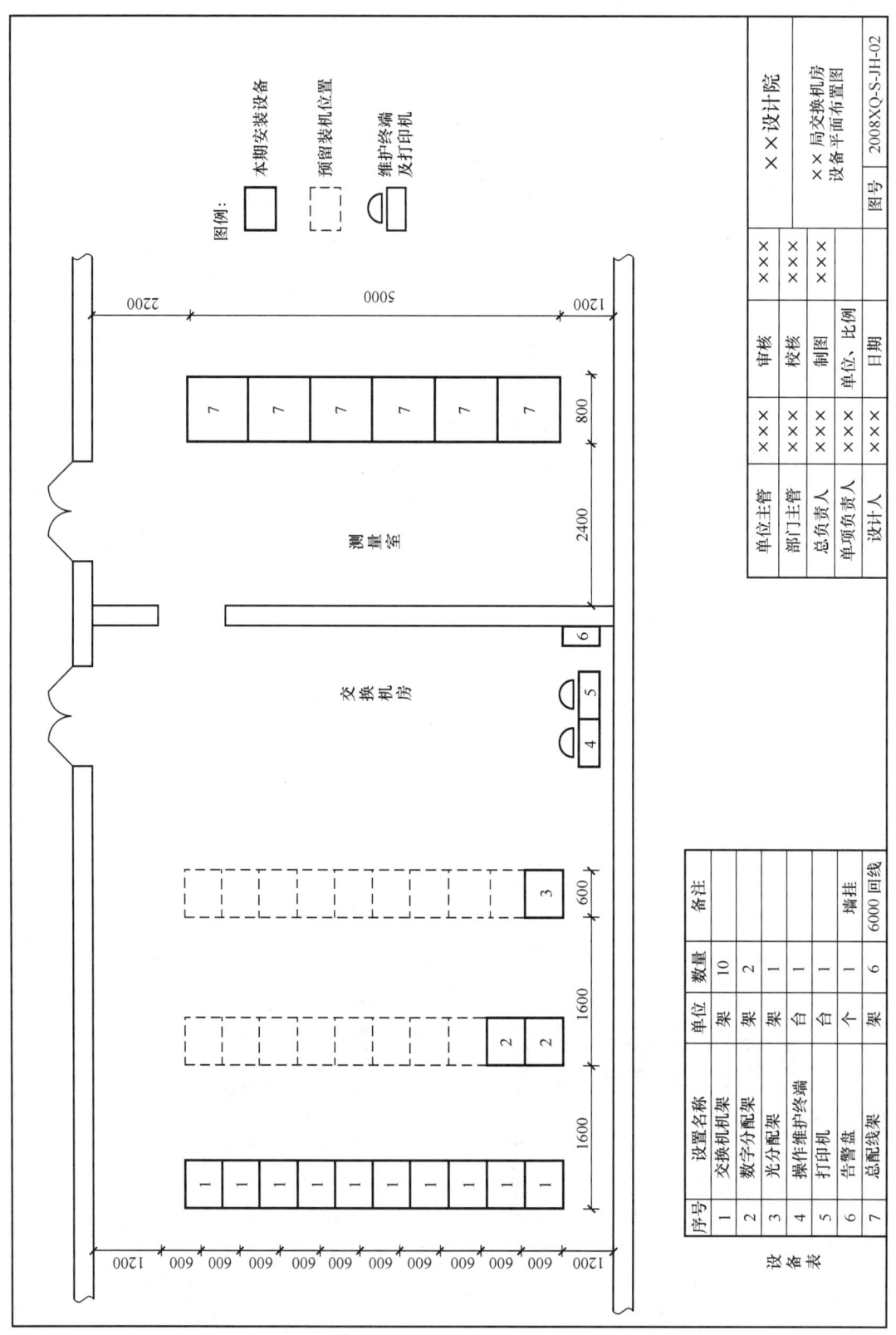

第五章 通信建设工程概、预算编制示例

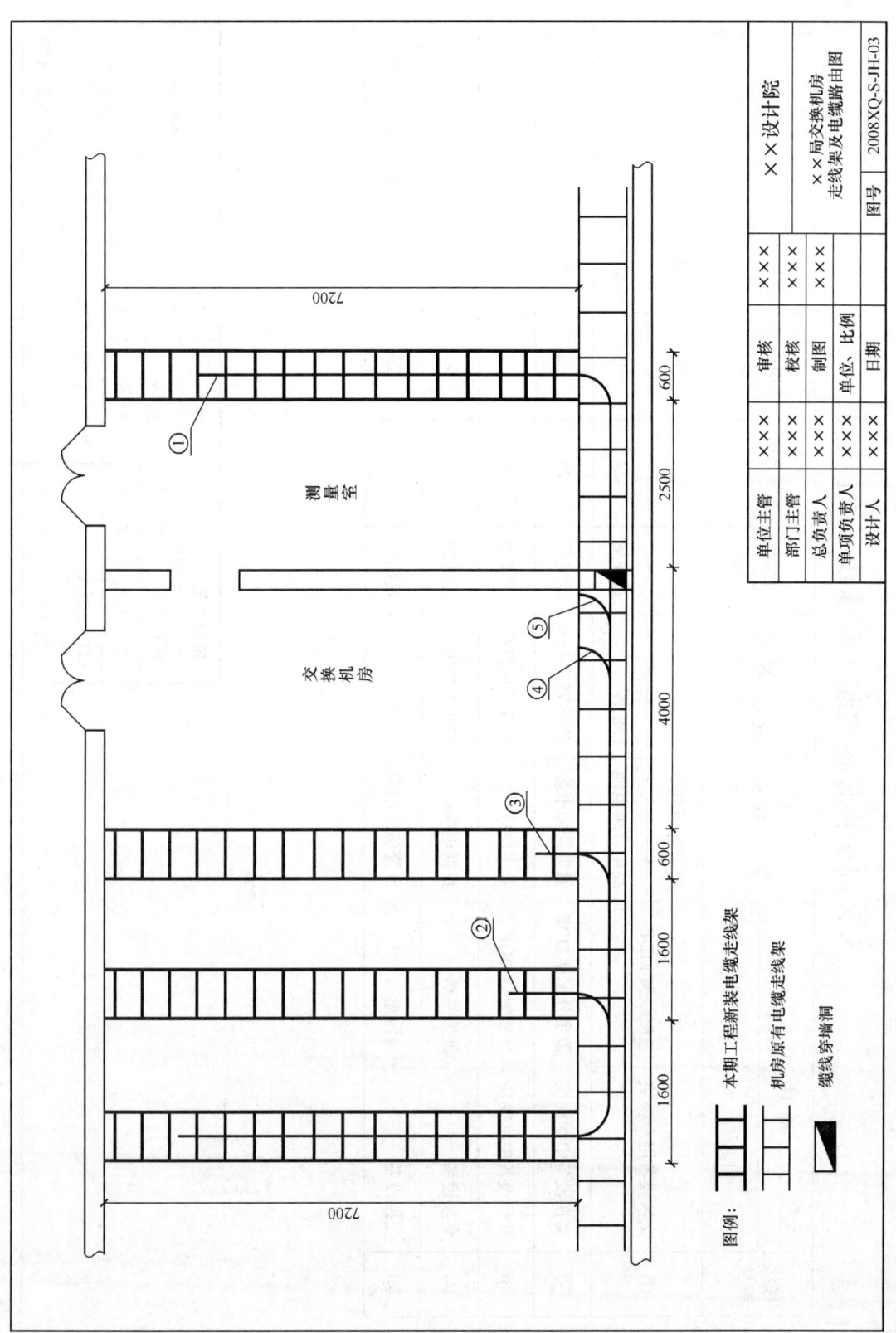

××局交换设备安装工程缆线布放计划表

缆线编号	缆线路由 由	缆线路由 到	缆线名称	规格型号	敷设方式	布放条数（条）	平均长度（m）	总长度（m）	备注
①	交换设备用户模块	总配线架MDF	局用音频电缆	32芯	走线架	240	35	8400	
②	交换设备中继模块	数字分配架DDF	局用音频电缆	128芯	走线架	424	35	14840	
③	交换设备中继模块	光分配架ODF	射频同轴电缆	SYV-75-2-1×8	走线架	25	20	500	8芯条
④	交换设备	维护终端	双头尾纤	SC/PC-FC/PC	走线架	4	22	88	
⑤	交换设备	告警盘	数据电缆	UPT-5类线	走线架	1	26	26	
			告警信号电缆	12芯	走线架	1	26	26	厂家提供成端产品

单位主管	×××	×××	审核	×××	××设计院
部门主管	×××	×××	校核	×××	
总负责人	×××		制图	×××	缆线布放计划表
单项负责人	×××		单位、比例		
设计人	×××		日期		图号 2008XQ-S-JH-04

三、统计工程量

（一）安装程控电话交换设备：10 架。

（二）安装数字分配架：2 台。

（三）安装光分配架：1 台。

（四）安装告警设备：1 台。

（五）安装维护终端：1 台。

（六）安装打印机：1 台。

（七）安装落地式总配线架（6000 回线以下）：6 架。

（八）安装滑梯：2 架。

（九）安装电缆走线架：28.8m。

（十）放绑局用音频电缆：232.4（百米条）。

其中：32 芯音频电缆 35m×240 条÷100=84（百米条）；
128 芯音频电缆 35m×424 条÷100=148.40 条（百米条）。

（十一）放绑 SYV 类同轴电缆：20 米×25 条÷100=5（百米条）。

（十二）放绑软光纤：4（条）。

（十三）放绑数据电缆（10 芯以下）：26m×1 条÷100=0.26（百米条）。

（十四）编扎、焊接设备电缆（32 芯）：240 条。

（十五）编扎、焊接设备电缆（128 芯）：424 条。

（十六）编扎、焊接 SYV 类同轴电缆：8 芯×25 条=200 芯条。

（十七）编扎、焊接数据电缆（10 芯以下）：1 条。

（十八）布放告警信号电缆：26m×1 条÷100=0.26（百米条）。由于告警电缆由厂家配送并制作成端，因此仅需计算放绑的工程量。

四、统计主材用量

表 5-2-3 为主材统计表。

表 5-2-3　　　　　　　　　　主材统计表

序号	项目名称	主材规格型号	单位	数量
1	安装数字分配架、光分配架	加固角钢夹板组	组	(2+1)×2.02=6.06
2	安装总配线架（6000 回线）	槽钢 43×80×43×5	kg	6×32.64=195.84
3		信号灯座	套	6×10=60
4		红色信号灯	套	6×10=60
5	安装滑梯	滑梯支铁	套	2×2.02=4.04
6	安装电缆走线架	走线架宽 600mm	m	1.01×28.8=29.09
7	放绑局用音频电缆	用户电缆 32 芯	m	84×102=8568
8		用户电缆 128 芯	m	148.40×102=15136.80
9	放绑 SYV 类射频同轴电缆	SYV-75-2-1×8	m	5×102=510
10	放绑软光纤	软光纤 SC/PC-FC/PC	条	4×1=4
11	放绑数据电缆	UPT-5 双绞线	m	0.26×102=26.52

五、施工图预算编制

（一）预算编制说明

1．工程概况，预算总价值

本单项工程为××端局安装交换设备 3 万门容量，按一阶段设计编制施工图预算。工程预算总额为 10515919.12 元。其中：需要安装的设备费 9205040.68 元；不需要安装的设备费 8224.80 元；建筑安装工程费 558776.97 元；工程建设其他费 437587.77 元；预备费 306288.91 元。

2．编制依据及采用的取费标准和计算方法

（1）预算编制依据：

① 一阶段设计图纸及说明；

② 工信部规〔2008〕75 号《关于发布〈通信建设工程概算 预算编制办法〉及相关定额的通知》；

③ 工信部规〔2008〕75 号文颁布的《通信建设工程预算定额 第二册 有线通信设备安装工程》；

④ 工信部规〔2008〕75 号文颁布的《通信建设工程费用定额》；

⑤ 工信部规〔2008〕75 号文颁布的《通信建设工程施工机械、仪表台班费用定额》；

⑥ 设备、材料订货合同所列价格清单。

（2）有关费用与费率的取定：

① 本工程为一阶段设计，总预算中计列预备费，费率为 3%；

② 本工程承建企业距施工现场 40km，计取施工队伍调遣费；

③ 施工用水电蒸汽费按设备机架计算，共 1000 元；

④ 运杂费费率：需要安装设备按 1700km 取定、不需要安装设备按 500km 取定、主材按 100km 取定；

⑤ 根据采购代理服务合同签订的采购代理服务费：设备、工器具按原价的 0.8%计取；主要材料按原价的 0.5%计取；

⑥ 勘察设计费为 150000.00 元；

⑦ 建设工程监理费按实计列为 120000；

⑧ 其他费用除已有特殊说明外，均按费用定额规定的费率及计算方法计取。

3．工程技术经济指标分析（略）

4．其他需说明的问题（略）

（二）预算表格

（1）工程预算总表（表一）（表格编号：.00JH-B1）；

（2）建筑安装工程费用预算表（表二）（表格编号：JH-B2）；

（3）建筑安装工程量预算表（表三）甲（表格编号：JH-B3J）；

（4）器材预算表（表四）甲（主要材料表）（表格编号：JH-B4JC）；

（5）器材预算表（表四）甲（需要安装设备表）（表格编号：JH-B4JS）；

（6）器材预算表（表四）甲（不需要安装设备表）（表格编号：JH-B4JG）；

（7）工程建设其他费预算表（表五）甲（表格编号：JH-B5J）。

工程预算总表（表一）

建设项目名称：××新建交换局设备安装工程
工程名称：××市话交换设备安装单项工程
建设单位名称：××通信公司
表格编号：JH-B1
第全页 第 页

序号	表格编号	费用名称	小型建筑工程费	需要安装的设备费	不需要安装的设备费	建筑安装工程费	其他费用	预备费	总价值 人民币（元）	其中外币（ ）
I	II	III	IV	V	VI	VII	VIII	IX	X	XI
1	JH-B2、B4JS、B4JG	工程费		9205040.68	8224.80	558776.97			9772042.45	
2	JH-B5J	工程建设其他费					437587.77		437587.77	
3		合　计		9205040.68	8224.80	558776.97	437587.77		10209630.22	
4		预备费：(合计×3%)						306288.91	306288.91	
5		总　计		9205040.68	8224.80	558776.97	437587.77	306288.91	10515919.12	
6		生产准备及开办费					1200.00		1200.00	

设计负责人：×××　　审核：×××　　编制：×××　　编制日期：　年　月

建筑安装工程费用预算表（表二）

工程名称：×××市话交换设备安装单项工程 建设单位名称：××通信公司 表格编号：JH-B2 第全页

序号	费用名称	依据和计算方法	合计（元）	序号	费用名称	依据和计算方法	合计（元）
Ⅰ	Ⅱ	Ⅲ	Ⅳ	Ⅰ	Ⅱ	Ⅲ	Ⅳ
一	建筑安装工程费	一+二+三+四	558776.97	8	夜间施工增加费	人工费×2%	1462.27
（一）	直接费	直接工程费+措施费	473086.49	9	冬雨季施工增加费		
1	直接工程费	1至4之和	450642.77	10	生产工具用具使用费	人工费×2%	1462.27
(1)	人工费	技工费+普工费	73113.60	11	施工生产用水电蒸汽费	按实计列	1000.00
(2)	技工费	技工总工日×48元	73113.60	12	特殊地区施工增加费		
(2)	普工费			13	已完工程及设备保护费		
2	材料费	主材费+辅材费	377529.17	14	运土费		
(1)	主要材料费	表四甲材料表一总计	366533.17	15	施工队伍调遣费	17人×106元×2	3604.00
(2)	辅助材料费	主要材料费×3%	10996.00	16	大型施工机械调遣费		
3	机械使用费			二	间接费	规费+企业管理费	45330.43
4	仪表使用费		22443.72	（一）	规费	1至4之和	23396.35
（二）	措施费	1至16之和		1	工程排污费		
1	环境保护费	人工费×1%	731.14	2	社会保障费	人工费×26.81%	19601.76
2	文明施工费	人工费×1.3%	950.48	3	住房公积金	人工费×4.19%	3063.46
3	工地器材搬运费			4	危险作业意外伤害保险费	人工费×1%	731.14
4	工程干扰费			（二）	企业管理费	人工费×30%	21934.08
5	工程点交、场地清理费	人工费×3.5%	2558.98	三	利润	人工费×30%	21934.08
6	临时设施费	人工费×12%	8773.63	四	税金	（一+二+三）×3.41%	18425.97
7	工程车辆使用费	人工费×2.6%	1900.95				

设计负责人：×××　　审核：×××　　编制：×××　　编制日期：　年　月

建筑安装工程量预算表（表三）甲

工程名称：××市话交换设备安装单项工程　　建设单位名称：××通信公司　　表格编号：JH-B3J　　第全页

序号	定额编号	项目名称	单位	数量	单位定额值（工日）		合计值（工日）	
					技工	普工	技工	普工
I	II	III	IV	V	VI	VII	VIII	IX
1	TSY3-001	安装交换设备	架	10.000	10.00		100.00	
2	TSY3-004	安装告警设备	台	1.000	0.50		0.50	
3	TSY1-035	安装数字分配架	架	2.000	5.00		10.00	
4	TSY1-037	安装光纤分配架	架	1.000	3.00		3.00	
5	TSY1-093	安装维护用微机终端	台	1.000	1.00		1.00	
6	TSY1-092	安装打印机	台	1.000	0.25		0.25	
7	TSY1-029	安装落地式总配线架（6000回线以下）	架	6.000	28.00		168.00	
8	TSY1-034	安装梯梯	架	2.000	1.50		3.00	
9	TSY1-002	安装电缆走线架	m	28.800	0.40		11.52	
10	TSY1-042	放绑局用音频电缆（24芯以上）	百米条	232.400	1.90		441.56	
11	TSY1-047	放绑SYV类局用同轴电缆（多芯）	百米条	5.000	2.00		10.00	
12	TSY1-048	放绑数据电缆（10芯以下）	百米条	0.260	1.00		0.26	
13	TSY1-052	编扎、焊（绕、卡）接局用音频电缆（32芯以下）	条	240.000	0.55		132.00	
14	TSY1-054	编扎、焊（绕、卡）接局用音频电缆（128芯以下）	条	424.000	1.45		614.80	
15	TSY1-060	编扎、焊（绕、卡）接SYV类射频同轴电缆	芯条	200.000	0.12		24.00	
16	TSY1-061	编扎、焊（绕、卡）接数据电缆	条	1.000	0.12		0.12	
17	TSY1-041	布放告警电缆（套用）	百米条	0.260	1.50		0.39	
18	TSY1-072	放绑软光纤（15m以上）	条	4.000	0.70		2.80	
		合　计					1523.20	

设计负责人：×××　　审核：×××　　编制：×××　　编制日期：　年　月

国内器材预算表(表四)甲
(主要材料表)

工程名称:××市话交换设备安装单项工程　　　建设单位名称:××通信公司　　　表格编号:JH-B4JC　　　第 1 页

序号	名称	规格程式	单位	数量	单价(元)	合计(元)	备注
I	II	III	IV	V	VI	VII	VIII
1	局用音频电缆	32芯	m	8568.00	10.00	85680.00	
2	局用音频电缆	128芯	m	15136.80	15.00	227052.00	
3	SYV类射频同轴电缆	SYV-75-2-1×8	m	510.00	20.00	10200.00	
4	数据电缆	UPT-5 双绞线	m	26.52	8.00	212.16	
	(1) 电缆类小计1					323144.16	
	(2) 运杂费(小计1×1.5%)					4847.16	
	(3) 运输保险费(小计1×0.1%)					323.14	
	(4) 采购保管费(小计1×1.0%)					3231.44	
	(5) 采购代理服务费(小计1×0.5%)					1615.72	
	(6) 电缆类合计1					333161.63	
5	加固角钢夹板组		组	6.06	50.00	303.00	
6	槽钢	43×80×43×5	kg	195.84	100.00	19584.00	
7	信号灯座		套	60.00	5.00	300.00	
8	红色信号灯		套	60.00	10.00	600.00	
9	滑梯支铁		套	4.04	200.00	808.00	
10	电缆走线架	宽600mm	m	29.09	300.00	8727.00	
11	软光纤	SC/PC-FC/PC(25m)	条	4.00	350.00	1400.00	

设计负责人:×××　　审核:×××　　编制:×××　　编制日期:　年　月

国内器材预算表（表四）甲
（主要材料表）

工程名称：××市话交换设备安装单项工程　　建设单位名称：××通信公司　　表格编号：JH-B4JC　　第 2 页

序号	名称	规格程式	单位	数量	单价（元）	合计（元）	备注
I	II	III	IV	V	VI	VII	VIII
	(1) 其他类小计 2					31722.00	
	(2) 运杂费（小计 1×3.6%）					1141.99	
	(3) 运输保险费（小计 1×0.1%）					31.72	
	(4) 采购保管费（小计 1×1.0%）					317.22	
	(5) 采购代理服务费（小计 1×0.5%）					158.61	
	(6) 其他类合计 2					33371.54	
	总计（以上 2 类合计之和）					36653.17	

设计负责人：×××　　审核：×××　　编制：×××　　编制日期：　　年　　月

国内器材预算表（表四）甲
（需要安装的设备表）

工程名称：××市话交换设备安装单项工程 建设单位名称：×××通信公司 表格编号：JH-B4JS 第全页

序号	名称	规格程式	单位	数量	单价（元）	合计（元）	备注
I	II	III	IV	V	VI	VII	VIII
1	交换设备硬件		套	1.00	8000000	8000000.00	
2	交换设备软件		套	1.00	700000	700000.00	
3	数字分配架	2200×600×600	架	2.00	15000	30000.00	
4	光纤分配架	2200×600×600	架	1.00	18000	18000.00	
5	总配线架	6000回线	架	6.00	9000	54000.00	
6	维护终端		台	1.00	8000	8000.00	
7	打印机		台	1.00	2000	2000.00	
8	告警设备		盘	1.00	1000	1000.00	含告警电缆
9	滑梯		架	2.00	1200	2400.00	
	（1）小计					8815400.00	
	（2）运杂费（小计×2.4%)					211569.60	
	（3）运输保险费（小计×0.4%)					35261.60	
	（4）采购及保管费（小计×0.82%)					72286.28	
	（5）采购代理服务费（小计×0.8%)					70523.20	
	（6）合计					9205040.68	

设计负责人：××× 审核：××× 编制：××× 编制日期： 年 月

国内器材预算表（表四）甲
（不需要安装的设备表）

工程名称：××市话交换设备安装单项工程　　建设单位名称：××通信公司　　表格编号：JH-B4JG　　第全页

序号	名称	规格程式	单位	数量	单价（元）	合计（元）	备注
I	II	III	IV	V	VI	VII	VIII
1	终端工作台椅		套	2.00	2500	5000.00	
2	维护、测试工具		套	1.00	3000	3000.00	
	(1) 小 计					8000.00	
	(2) 运杂费（小计×1.2%）					96.00	
	(3) 运输保险费（小计×0.4%）					32.00	
	(4) 采购及保管费（小计×0.41%）					32.80	
	(5) 采购代理服务费（小计×0.8%）					64.00	
	(6) 合 计					8224.80	

设计负责人：×××　　审核：×××　　编制：×××　　编制日期：　年　月

- 129 -

工程建设其他费预算表（表五）甲

工程名称：××市话交换设备安装单项工程　　　　　建设单位名称：××通信公司　　　　　表格编号：JH-B5J　　　　　第 全 页

序号	费用名称	计算依据及方法	金额（元）	备注
I	II	III	IV	V
1	建设用地及综合赔补费			
2	建设单位管理费	15万元+（1100万元-1000万元）×1.2%	162000.00	
3	可行性研究费			
4	研究试验费			
5	勘察设计费	按实计列	150000.00	
6	环境影响评价费			
7	劳动安全卫生评价费			
8	建设工程监理费	按实计列	120000.00	
9	安全生产费	建筑安装工程费×1%	5587.77	
10	工程质量监督费			
11	工程定额测定费			
12	引进技术及引进设备其他费			
13	工程保险费			
14	工程招标代理费			
15	专利及专用技术使用费			
	总　计		437587.77	
16	生产准备及开办费	设计新增定员1人×生成准备费指标（1200元/人）	1200.00	计入运营费

设计负责人：×××　　　审核：×××　　　编制：×××　　　编制日期：　　年　　月

示例三　××—××光缆通信工程施工图设计
××端站传输设备安装单项工程

一、已知条件

（一）××—××光缆通信工程按两阶段设计。本示例为其中的××端站设备安装单项工程施工图设计。

工程线路全长为××km，光缆全线采用 24 芯 ITU-T 建议的 G.652 单模长波长光纤光缆。本期××—××段开通 SDH 系列 STM-16 系统 1 个，系统光纤传输波长为 1550nm。

（二）施工企业距施工现场 1000km。

（三）施工用水电蒸汽费 2000 元。

（四）可行性研究费由建设项目总预算列支，本单项工程中不分摊。

（五）勘察设计费按合同约定为 50000 元。

（六）建设工程监理费按 60000 元计取。

（七）本工程新增维护人员 5 人，每人费用按 1000 元计算。

（八）工程概算总额度为 210 万元。

（九）设备运距、主要材料运距均为 750km。

（十）设备价格见表 5-3-1，主要材料价格见表 5-3-2。

（十一）设备、主材采购代理服务费按原价的 0.8%计取。

（十二）本工程不计取"已完工程及设备保护费"、"建设用地及综合赔补费"、"研究试验费"、"环境影响评价费"、"劳动安全卫生评价费"、"工程质量监督费"、"工程定额测定费"、"工程保险费"、"工程招标代理费"、"建设期利息"。

表 5-3-1　　　　　　　　　　设备价格表

序号	名　称	规格型号	单位	单价（元）
1	列头柜		架	10000
2	端机机架		架	10000
3	STM-16 光放大设备	1664OA（含 PA、BA）	子架	450000
4	STM-16 终端复用设备	1664SM（含公共单元盘）	子架	500000
5	STM-1 终端复用设备	1641SMT（含公共单元盘）	子架	300000
6	光纤分配架		架	15000
7	数字分配架	MPX-117	架	30000
8	X-终端	1353SH	套	8000
9	本地维护终端		套	7000

表 5-3-2　　　　　　　　　　　材料价格表

序号	名称	规格型号	单位	单价（元）
1	SYV 类同轴电缆	75-3-1	m	5.00
2	SYV 类同轴电缆	75-2-1×7	m	20.00
3	软光纤	FC/PC（10m）	条	150.00
4	电力电缆	RVVZ-1×70	m	45.00
5	电力电缆	RVVZ-1×50	m	35.00
6	电力电缆	RVVZ-1×35	m	25.00
7	铜接线端子		个	5.00
8	加固角钢夹板组		组	40.00

二、设计图纸及说明

（一）××站设备平面布置图（图号：JG-S-GS-01）。

（二）××站设备组架图（图号：JG-S-GS-02）。

（三）××站通信系统图及线料计划表（图号：JG-S-GS-03、JG-S-GS-04）。

（四）××站-48V 直流电源供电系统及保护地线布线图（图号：JG-S-GS-05）。

（五）××站告警信号系统布线图（图号：JG-S-GS-06）。

（六）图纸说明：

1. 本工程终端站通信系统主要由 SDH 传输设备、光纤分配架、数字分配架等设备组成。SDH 传输设备和光纤分配架安装在传输机房的第 3 列，并在此列新装一列头柜；用于 155Mbit/s 和 2Mbit/s 跳线的数字配线架安装在第 7 列。另外在本站新增一套网管设备，配有本地维护终端和 X-终端并安装在监控室内。机房设备走线利用原有槽道，机房平面布置见图 JG-S-GS-01。

2. 本终端站的光终端复用设备、光放大器子架（包括前置放大器、功率放大器）、光纤分配架、数字分配架等主要设备的内部组架见图 JG-S-GS-02。

3. 来自光线路的信号由光纤分配架经软光纤接至 STM-16 光放大器子架接口，在架内接至 STM-16 终端设备子架的线路口。本站 STM-16 终端设备共配置 16 个 155Mbit/s 支路口，终端或转接的 155Mbit/s 信号由支路口输出后接至 155Mbit/s 数字分配架。有 4 个 155Mbit/s 信号接至 STM-1 终端设备，并经 2Mbit/s 支路口输出后终端在 2Mbit/s 数字分配架。通信系统及线料计划表祥见图 JG-S-GS-03、JG-S-GS-04。

4. 直流供电系统

本工程 SDH 设备工作电源为直流-48V。由电源分支柜引入±48V 电源至本工程列头柜，列内各机架分别由列头柜熔丝引两路电源（主、备用），工作地线由列头柜工作地线排引接。保护地线由电源分支柜保护地线排引至本工程列头柜的保护地线端子，复接至各相关机架。光分配架的保护地线直接由电力室地线排引接，见图 JG-S-GS-05。

5. 机架告警信号由架顶告警输出端子接至列头柜告警端子，见图 JG-S-GS-06。

（七）其他未说明的设备均不考虑。

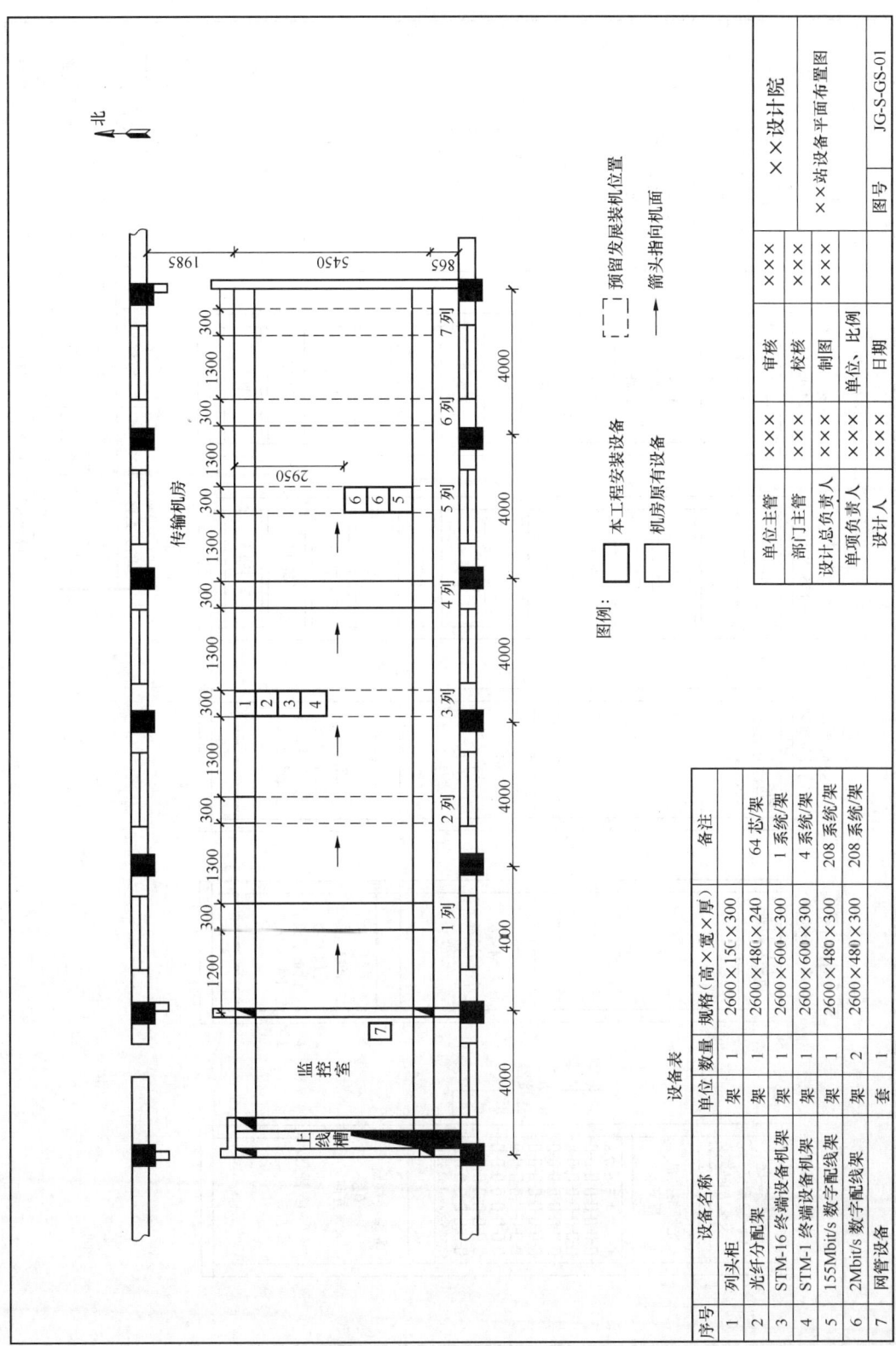

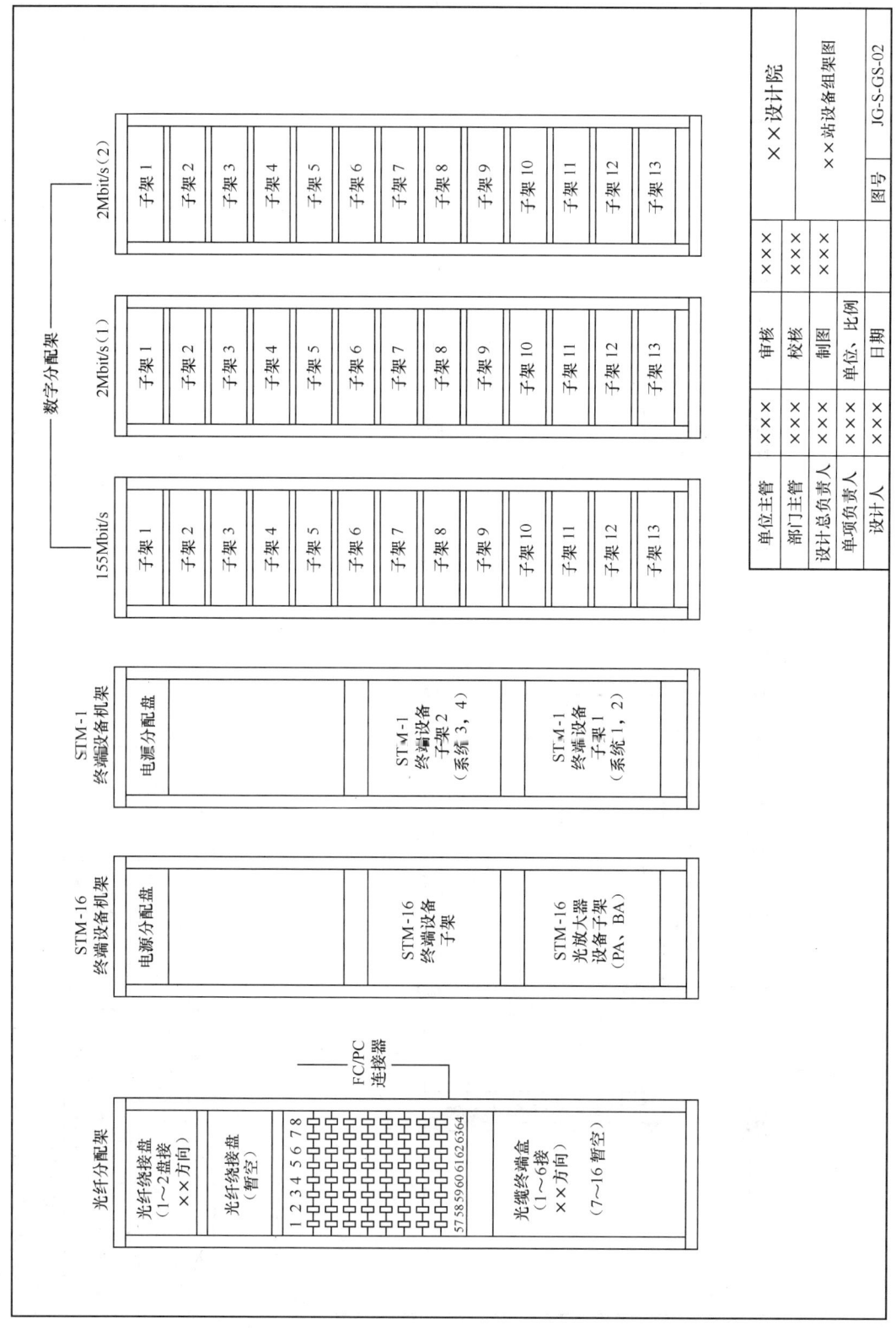

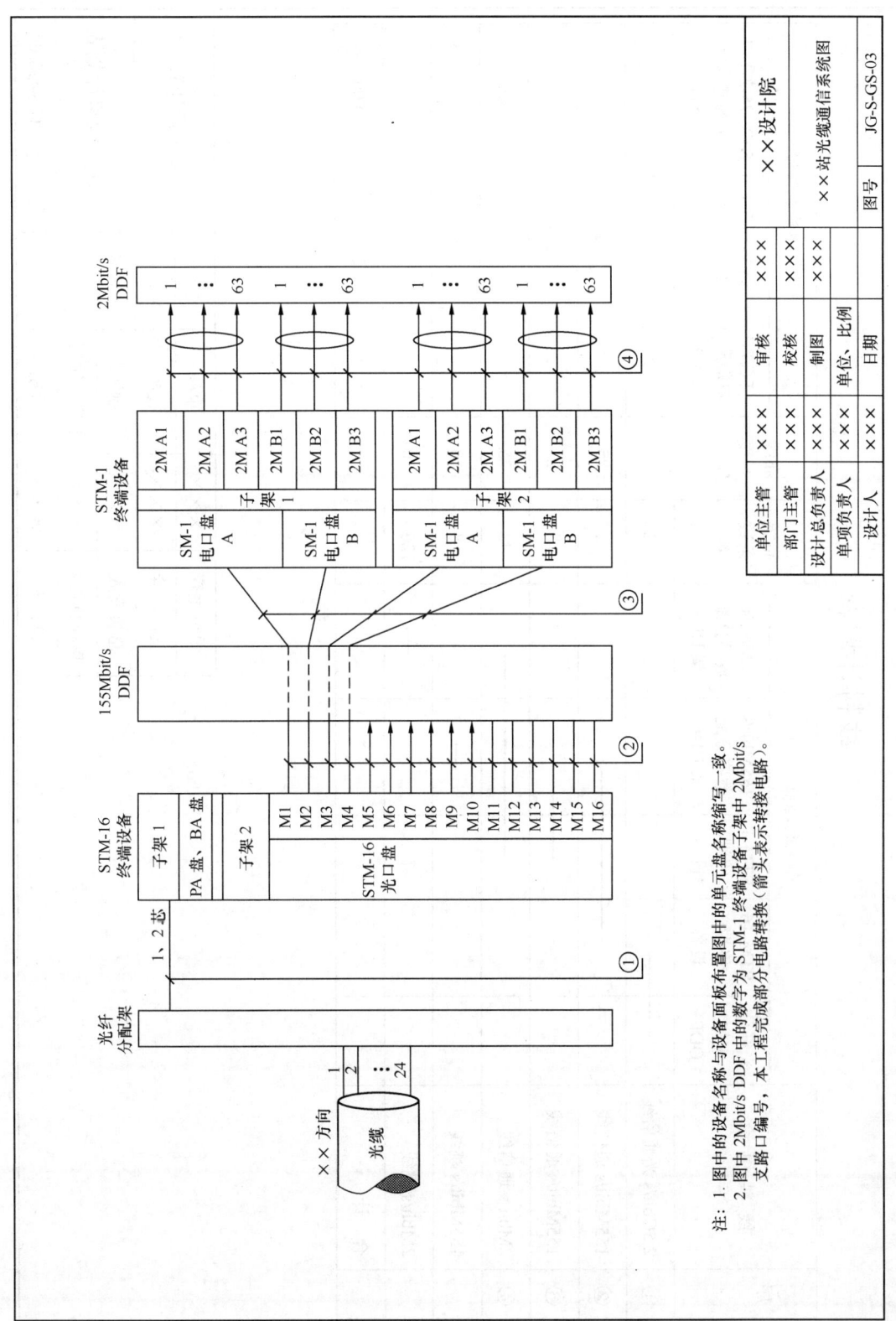

线料计划表

序号	线料用途	布线起迄点					布线条数（条）	布线长度（m）	线料名称及长度		
		光纤分配架 ODF	STM-16终端设备	STM-1终端设备	155Mbit/s数字分配架 DDF	2Mbit/s数字分配架 DDF			FC/PC双端尾纤（条）	SYV-75-3-1同轴电缆（m）	SYV-75-2-1×7同轴电缆（m）
①	2.5Gbit/s光通信线	—					2	10	2		1800
②	155Mbit/s通信线						32	25		800	
③	155Mbit/s通信线						8	25		200	
④	2Mbit/s通信线					—	72	25			
⑤	155Mbit/s跳线				—		8	10		80	
⑥	2Mbit/s跳线						126	10		1260	
	合计								2	2340	1800

单位主管	×××	审核	×××	××设计院	
部门主管	×××	校核	×××	××站线料计划表	
总负责人	×××	制图	×××		
单项负责人	×××	单位、比例		图号	JG-S-GS-04
设计人	×××	日期			

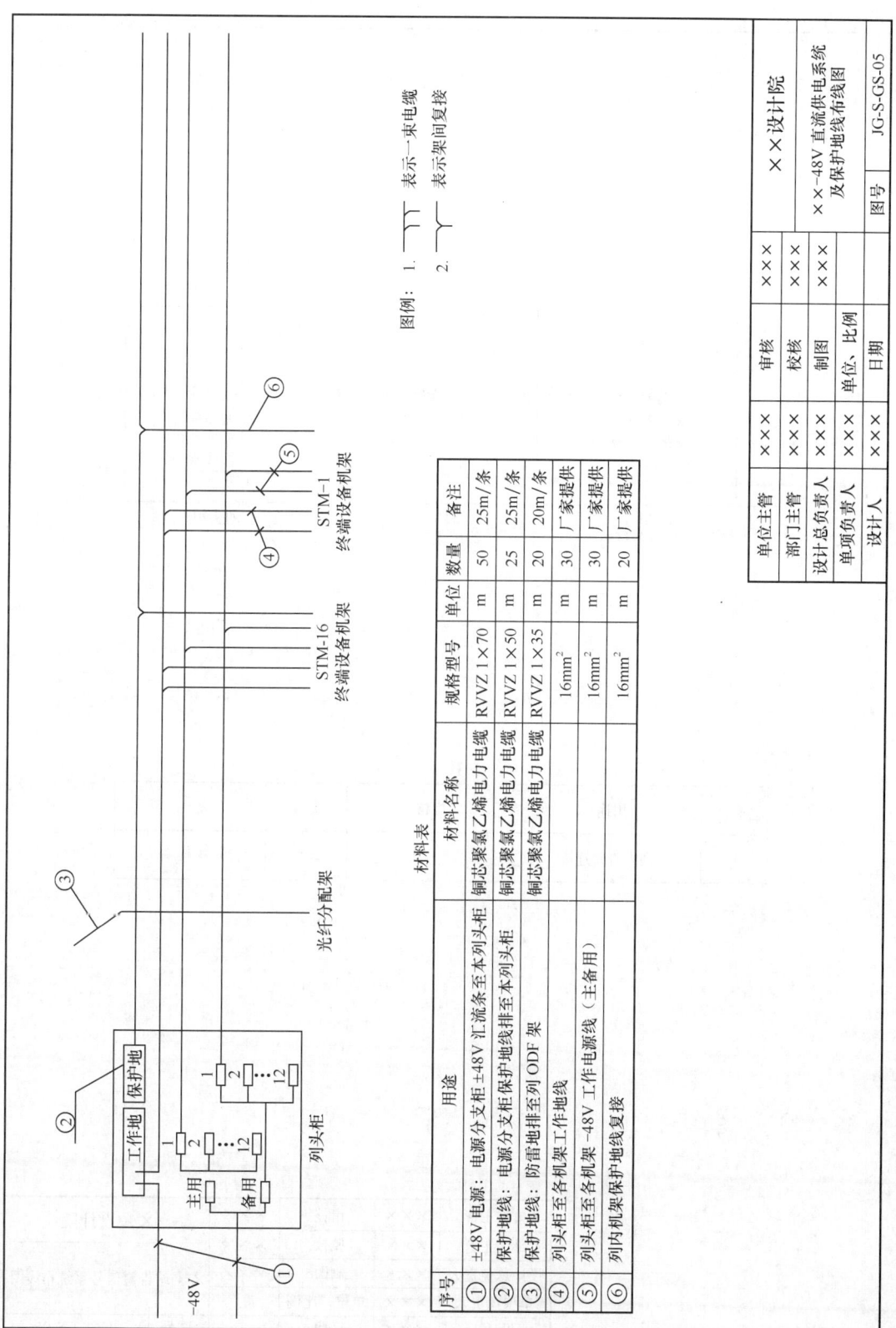

材料表

序号	用途	规格	数量	备注
①	列内告警连线		20m	厂家提供

单位主管	×××	审核	×××	××设计院	
部门主管	×××	校核	×××	××站告警信号系统布线图	
设计总负责人	×××	制图	×××		
单项负责人	×××	单位、比例			
设计人	×××	日期		图号	JG-S-GS-06

三、统计工程量

统计工程量时可以按照图纸中设备的排列顺序,依次进行统计,通常为先统计设备后统计缆线,这样不易漏项。本示例首先根据图 JG-S-GS-01、图 JG-S-GS-02、图 JG-S-GS-03 及说明统计出所有需要安装的设备工程量,然后再根据相关图纸统计出布放缆线的工程量。

(一)安装列头柜:1 架。

(二)安装光分配架:1 架。

(三)安装端机机架:STM-16 终端设备机架 1 架、STM-1 终端设备机架 1 架,共计 2 架。

(四)安装光放大器:2 个(前置放大器、功率放大器各一个)。

(五)安装终端复用设备:

1. 安装 SDH 设备基本子架及公共单元盘:2.5Gbit/s 基本子架 1 套、155Mbit/s 基本子架 1 套,共计 2 套。

2. 安装测试复用设备接口盘(TM):

2.5Gbit/s 端口(光口)1 个;

155Mbit/s 端口(电口)16+4=20 个;

2Mbit/s 端口(电口)4×63=252 个。

(六)安装数字分配架:155Mbit/s 数字分配架 1 架、2Mbit/s 数字分配架 2 架,共计 3 架。

(七)安装、配合调测网管系统:1 套。

(八)布放设备缆线(见图 JG-S-GS-03、JG-S-GS-04)

1. 放绑软光纤:2 条。

2. 放绑射频同轴电缆:

SYV-75-3-1 同轴电缆 800+200=1000m=10(百米条);

SYV-75-2-1×7 同轴电缆 1800m=18(百米条)。

3. 编扎、焊接射频同轴电缆:

SYV-75-3-1 同轴电缆 32+8=40(芯条);

SYV-75-2-1×7 同轴电缆 72×7=504(芯条);

共计 40+504=544(芯条)。

4. 数字分配架布放跳线:155Mbit/s 跳线 8 条、2Mbit/s 跳线 126 条,共计 134 条=1.34(百条)。

(九)布放电源线(见图 JG-S-GS-05)

1. 布放电力电缆(单芯):

$70mm^2$、$50mm^2$:50+25=75(m)=7.5(十米条);

$35mm^2$:20m=2(十米条)。

2. 安装列内电源线:1 列。

(十)布放列内、列间信号线(见图 JG-S-GS-06)。

STM-1 终端设备机架、STM-16 终端设备机架分别到列头柜各 1 条告警信号线,共计 2 条。

(十一)数字线路段光端对测(端站):1(方向·系统)。

(十二)复用设备系统调测:16+63×4=268(端口)。

四、统计主材用量

见表 5-3-3。

表 5-3-3　　　　　　　　　　　　主材统计表

序号	名　称	规格型号	单位	数　量
1	加固角钢夹板组		组	(1+1+2+3)×2.02=14.14
2	软光纤	FC/PC（10m）	条	2
3	同轴电缆	SYV-75-3-1	m	(10+13.4)×102=2386.80
4	同轴电缆	SYV-75-2-1×7	m	18×102=1836
5	电力电缆	RVVZ-1×70	m	5×10.15=50.75
6	电力电缆	RVVZ-1×50	m	2.5×10.15=25.38
7	电力电缆	RVVZ-1×35	m	2×10.15=20.30
8	铜接线端子	三种规格	套	(2+1+1)×2.03=8.12

五、施工图预算编制

（一）预算编制说明

1．工程概述

本工程为××端站传输设备安装单项工程施工图设计。工程预算投资为 2051235.20 元。其中，需要安装的设备费 1759840 元；

　　建筑安装工程费 148411.09 元；

　　工程建设其他费 142984.11 元。

2．编制依据及采用的取费标准和计算方法

（1）预算编制依据

① 施工图设计图纸及说明；

② 工信部规〔2008〕75 号《关于发布〈通信建设工程概算　预算编制办法〉及相关定额的通知》；

③ 工信部规〔2008〕75 号文颁布的《通信建设工程预算定额　第二册　有线通信设备安装工程》；

④ 工信部规〔2008〕75 号文颁布的《通信建设工程费用定额》；

⑤ 工信部规〔2008〕75 号文颁布的《通信建设工程施工机械、仪表台班费用定额》；

⑥ 设备、材料供货合同所列价格清单。

（2）有关费率及费用的取定

① 设备及主材运杂费费率按运输里程 750km 计算，见表 5-3-4；

② 施工用水电蒸汽费按 2000 元计取；

③ 承建本工程的施工企业距施工现场 1000km，计取施工队伍调遣费；

④ 采购代理服务费按合同签订的费率为器材原价的 0.8%计取；

⑤ 可行性研究费在建设项目总预算中列支，本单项工程中不再分摊；

表 5-3-4　　　　　　　　　　　　　　设备、主材各项费率

序 号	费用项目名称	需要安装的设备费率	主材电缆类费率	主材其他类费率
1	运杂费	1.5%	2.6%	6.3%
2	运输保险费	0.4%	0.1%	0.1%
3	采购及保险费	0.82%	1.0%	1.0%
4	采购代理服务费	0.8%	0.8%	0.8%

⑥ 勘察设计费合同约定为 50000 元；
⑦ 建设工程监理费按合同签订的 60000 元计取；
⑧ 设计新增维护人员按每人 1000 元的标准计算生产准备及开办费；
⑨ 其他未说明的费用均按费用定额规定的取费原则、费率和计算方法进行取舍。

3．工程技术经济指标分析（略）

4．其他需说明的问题（略）

（二）预算表格

（1）工程预算总表（表一）（表格编号：GS-B1）；
（2）建筑安装工程费用预算表（表二）（表格编号：GS-B2）；
（3）建筑安装工程量预算表（表三）甲（表格编号：GS-B3J）；
（4）建筑安装工程仪表使用费预算表（表三）丙（表格编号：GS-B3B）；
（5）器材预算表（表四）甲（主要材料表）（表格编号：GS-B4JC）；
（6）器材预算表（表四）甲（需要安装的设备表）（表格编号：GS-B4JS）；
（7）工程建设其他费预算表（表五）甲（表格编号：GS-B5J）。

工程预算总表（表一）

建设项目名称：××—××光缆通信工程
表格编号：GS-B1
建设单位名称：××电信公司
第 全 页
工程名称：×××站传输设备安装单项工程

序号	表格编号	工程或费用名称	小型建筑工程费	需要安装的设备费	不需安装设备费工器具费	建筑安装工程费	其他费用	预备费	总价值	
									人民币（元）	其中外币（ ）
I	II	III	IV	V	VI	VII	VIII	IX	X	XI
1	GS-B2,B4JS	工程费		1759840.00		148411.09			1908251.09	
2	GS-B5J	工程建设其他费					142984.11		142984.11	
3		合　计		1422000.60		148411.09	142984.11		2051235.20	
4	GS-B5J(16)	生产准备及开办费					5000.00		5000.00	

设计负责人：×××　　　审核：×××　　　编制：×××　　　编制日期：　　年　　月

建筑安装工程费用预算表（表二）

工程名称：××站传输设备安装单项工程　　建设单位名称：××电信公司　　表格编号：GS-B2　　第全页

序号	费用名称	依据和计算方法	合计（元）	序号	费用名称	依据和计算方法	合计（元）
I	II	III	IV	I	II	III	IV
	建筑安装工程费	一十二十四	148411.09	8	夜间施工增加费	人工费×2%	512.59
一	直接费	直接工程费+措施费	119937.92	9	冬雨季施工增加费		
(一)	直接工程费	1至4之和	104164.30	10	生产工具用具使用费	人工费×2%	512.59
1	人工费	技工费+普工费	25629.60	11	施工生产用水电蒸汽费	按实计列	2000.00
(1)	技工费	技工总工日×48元/工日	25629.60	12	特殊地区施工增加费		
(2)	普工费			13	已完工程及设备保护费		
2	材料费	主要材料费+辅助材料费	57339.14	14	运土费		
(1)	主要材料费	表四甲材料表一总计	55669.07	15	施工队伍调遣费	376元/人×10人×2	7520.00
(2)	辅助材料费	主要材料费×3%	1670.07	16	大型施工机械调遣费		
3	机械使用费			二	间接费	规费+企业管理费	15890.35
4	仪表使用费	表三丙一总计	21195.56	(一)	规费	1至4之和	8201.47
(二)	措施费	1至16之和	15773.62	1	工程排污费		
1	环境保护费			2	社会保障费	人工费×26.81%	6871.30
2	文明施工费	人工费×1%	256.30	3	住房公积金	人工费×4.19%	1073.88
3	工地器材搬运费	人工费×1.3%	333.18	4	危险作业意外伤害保险费	人工费×1%	256.30
4	工程干扰费			(二)	企业管理费	人工费×30%	7688.88
5	工程点交、场地清理费	人工费×3.5%	897.04	三	利润	人工费×30%	7688.88
6	临时设施费	人工费×12%	3075.55	四	税金	(一十二十三)×3.41%	4893.94
7	工程车辆使用费	人工费×2.6%	666.37				

设计负责人：×××　　审核：×××　　编制：×××　　编制日期：　年　月

建筑安装工程量预算表（表三）甲

工程名称：××站传输设备安装单项工程
建设单位名称：××电信公司
表格编号：GS-B3J
第 1 页

序号	定额编号	项目名称	单位	数量	单位定额值 技工	单位定额值 普工	合计值 技工	合计值 普工
I	II	III	IV	V	VI	VII	VIII	IX
1	TSY1-007	安装列头柜	架	1.00	6.00		6.00	
2	TSY1-037	安装光分配架（整架）	架	1.00	3.00		3.00	
3	TSY1-005	安装端机机架	架	2.00	3.00		6.00	
4	TSY2-017	安装单波道光放大器	个	2.00	3.00		6.00	
5	TSY2-005	安装测试SDH设备基本子架及公共单元盘（2.5Gbit/s以下）	套	2.00	3.50		7.00	
6	TSY2-010	安装测试SDH传输设备接口盘（2.5Gbit/s）	端口	1.00	2.50		2.50	
7	TSY2-013	安装测试SDH传输设备接口盘（155Mbit/s电口）	端口	20.00	1.20		24.00	
8	TSY2-015	安装测试SDH传输设备接口盘（2Mbit/s）	端口	252.00	0.35		88.20	
9	TSY1-035	安装数字分配架（整架、标准宽度）	架	3.00	5.00		15.00	
10	TSY2-042	安装、配合调测网络管理系统（新建工程）	套	1.00	20.00		20.00	
11	TSY1-071	放、绑软光纤（设备机架同放绑软光纤15m以下）	条	2.00	0.40		0.80	
12	TSY1-046	放绑SYV类射频同轴电缆（单芯）	百米条	10.00	1.50		15.00	
13	TSY1-047	放绑SYV类射频同轴电缆（多芯）	百米条	18.00	2.00		36.00	
14	TSY1-060	编扎、焊（绕、卡）接SYV类射频同轴电缆	芯条	544.00	0.12		65.28	
15	TSY1-069	数字分配架布放跳线	百条	1.34	12.50		16.75	
16	TSY1-077	室内布放电力电缆（单芯截面积70mm²以下）（单芯）	十米条	7.50	0.36		2.70	
17	TSY1-076	室内布放电力电缆（单芯截面积35mm²以下）（单芯）	十米条	2.00	0.25		0.50	

设计负责人：×××　审核：×××　编制：×××　编制日期：　年　月

建筑安装工程量预算表（表三）甲

工程名称：××站传输设备安装单项工程
建设单位名称：××电信公司
表格编号：GS-B3J 第 2 页

序号	定额编号	项目名称	单位	数量	单位定额值（工日）		合计值（工日）	
					技工	普工	技工	普工
I	II	III	IV	V	VI	VII	VIII	IX
18	TSY1-081	安装列内电源线	列	1.00	1.70		1.70	
19	TSY1-070	布放列内、列间信号线	条	2.00	0.06		0.12	
20	TSY2-047	SDH系统线路段光端对测（端站）	方向·系统	1.00	3.00		3.00	
21	TSY2-049	SDH系统复用设备系统调测（电口）	端口	268.00	0.80		214.40	
		合 计					533.95	

设计负责人：×××　　审核：×××　　编制：×××　　编制日期：　　年　　月

建筑安装工程仪器仪表使用费预算表(表三)丙

工程名称：××站传输设备安装单项工程　　建设单位名称：××电信公司　　表格编号：GS-B3B　　第全页

序号	定额编号	项目名称	单位	数量	仪表名称	单位定额值		合计		合价(元)
						数量(台班)	单价(元)	数量(台班)		
I	II	III	IV	V	VI	VII	VIII	IX		X
1	TSY2-017	安装测试单波道光放大器	个	2.00	光可变衰耗器	0.03	99.00	0.06		5.94
2					光功率计	0.10	62.00	0.20		12.40
3	TSY2-010	安装测试SDH传输设备接口盘(2.5Gbit/s)	端口	1.00	数字传输分析仪(2.5G)	0.10	1956.00	0.10		195.60
4					光可变衰耗器	0.03	99.00	0.03		2.97
5					光功率计	0.10	62.00	0.10		6.20
6					数字宽带示波器(20G)	0.03	873.00	0.03		26.19
7	TSY2-013	安装测试SDH设备接口盘(155Mbit/s电口)	端口	20.00	数字传输分析仪(155M/622M)	0.05	1002.00	1.00		1002.00
8	TSY2-015	安装测试SDH设备接口盘(2Mbit/s)	端口	252.00	数字传输分析仪(155M/622M)	0.05	1002.00	12.60		12625.20
9	TSY2-047	SDH系统通道线路段光端对测(端站)	方向·系统	1.00	数字传输分析仪(2.5G)	0.10	1956.00	0.10		195.60
10					光功率计	0.10	62.00	0.10		6.20
11					光可变衰耗器	0.10	99.00	0.10		9.90
12	TSY2-049	SDH系统通道复用设备系统调测(电口)	端口	268.00	数字传输分析仪(155M/622M)	0.01	1002.00	2.68		2685.36
13					误码测试仪	0.25	66.00	67.00		4422.00
		合计								21195.56

设计负责人：×××　　审核：×××　　编制：×××　　编制日期：　年　月

国内器材预算表（表四）甲
（主要材料表）

工程名称：××站传输设备安装单项工程
建设单位名称：×××电信公司
表格编号：GS-B4JC
第全页

序号	名称	规格程式	单位	数量	单价（元）	合计（元）	备注
I	II	III	IV	V	VI	VII	VIII
1	SYV类射频同轴电缆	SYV-75-3-1	m	2386.80	5.00	11934.00	
2	SYV类射频同轴电缆	SYV-75-2-1×7	m	1836.00	20.00	36720.00	
3	电力电缆	RVVZ 1×70	m	50.75	45.00	2283.75	
4	电力电缆	RVVZ 1×50	m	25.38	35.00	888.30	
5	电力电缆	RVVZ 1×35	m	20.30	25.00	507.50	
	(1) 电缆类小计1					52333.55	
	(2) 运杂费（小计1×2.6%）					1360.67	
	(3) 运输保险费（小计1×0.1%）					52.33	
	(4) 采购及保管费（小计1×1.0%）					523.34	
	(5) 采购代理服务费（小计1×0.8%）					418.67	
	(6) 电缆类合计					54688.56	
6	加固角钢夹板组		套	14.14	40.00	565.60	
7	软光纤	FC/PC 双头（10m）	条	2.00	150.00	300.00	
8	接线端子		个	8.12	5.00	40.60	
	(1) 其他类小计2					906.20	
	(2) 运杂费（小计2×6.3%）					57.09	
	(3) 运输保险费（小计2×0.1%）					0.91	
	(4) 采购及保管费（小计2×1.0%）					9.06	
	(5) 采购代理服务费（小计2×0.8%）					7.25	
	(6) 其他类合计2					980.51	
	总计：以上2类合计之和					55669.07	

设计负责人：××× 　　审核：×××× 　　编制：×××× 　　编制日期：　年　月

国内器材预算表（表四）甲
（需要安装的设备表）

工程名称：××站传输设备安装单项工程　　　建设单位名称：×××电信公司　　　表格编号：GS-B4JS　　　第全页

序号	名称	规格程式	单位	数量	单价（元）	合计（元）	备注
Ⅰ	Ⅱ	Ⅲ	Ⅳ	Ⅴ	Ⅵ	Ⅶ	Ⅷ
1	列头柜	2600mm	架	1	10000.00	10000.00	
2	端机机架		架	2	10000.00	20000.00	
3	STM-16光放大器	1664 OA	子架	1	450000.00	450000.00	
4	STM-16光端设备	1664 SM	子架	1	500000.00	500000.00	
5	STM-1光端设备	1641 SMT	子架	2	300000.00	600000.00	
6	光纤分配架		架	1	15000.00	15000.00	
7	数字分配架		架	3	30000.00	90000.00	
8	X-终端		套	1	8000.00	8000.00	
9	本地维护终端		套	1	7000.00	7000.00	
	（1）小　计					1700000.00	
	（2）运杂费（小计×1.5%）					25500.00	
	（3）运输保险费（小计×0.4%）					6800.00	
	（4）采购及保管费（小计×0.82%）					13940.00	
	（5）采购代理服务费（小计×0.8%）					13600.00	
	（6）总计：（1）～（5）之和					1759840.00	

设计负责人：××××　　　审核：××××　　　编制：××××　　　编制日期：　　年　　月

工程建设其他费预算表（表五）甲

工程名称：××站传输设备安装单项工程
建设单位名称：××电信公司
表格编号：GS-B5J
第全页

序号	费用名称	计算依据及方法	金额（元）	备注
I	II	III	IV	V
1	建设用地及综合赔补费			
2	建设单位管理费	工程总概算×1.5%	31500.00	
3	可行性研究费			
4	研究试验费			
5	勘察设计费	按实计列	50000.00	
6	环境影响评价费			
7	劳动安全卫生评价费			
8	建设工程监理费	按实计列	60000.00	
9	安全生产费	建筑安装工程费×1%	1484.11	
10	工程质量监督费			
11	工程定额测定费			
12	引进技术及引进设备其他费			
13	工程保险费			
14	工程招标代理费			
15	专利及专用技术使用费			
	总计		142984.11	
16	生产准备及开办费	设计新增定员5人×指标（1000元/人）	5000.00	

设计负责人：××× 审核：××× 编制：××× 编制日期：   年   月

示例四 ××移动通信基站设备安装工程施工图预算

一、已知条件

（一）本工程为 GSM 1800MHz 系统的新建 2/2/2（CDU-C）××基站单位工程。
（二）施工企业驻地距工程所在地 15km。
（三）勘察设计费按站分摊为 12000 元/每站。
（四）建设工程监理费按站分摊为 10000 元/站。
（五）设备运距为 1250km；主要材料运距为 500km。
（六）设备价格见表 5-4-1；主要材料价格见表 5-4-2。
（七）"建设用地及综合赔补费"、"建设单位管理费"、"可行性研究费"、"环境影响评价费"、"建设期利息"等费用不在本单位工程中分摊，均在单项工程预算中计列。
（八）本预算内不计取"已完工程及设备保护费"、"研究试验费"、"劳动安全卫生评价费"、"工程质量监督费"、"工程定额测定费"、"工程保险费"、"工程招标代理费"、"生产准备及开办费"。

表 5-4-1　　　　　　　　　　　设备价格表

序号	设备名称	规格容量	单位	单价（元）
1	定向天线	18dBi	副	10000.00
2	无线基站设备	2/2/2（CDU-C）	架	300000.00
3	数字分配架	壁挂式	架	2000.00
4	馈线密封窗	6孔	个	400.00

表 5-4-2　　　　　　　　　　　主要材料价格表

序号	名称	规格型号	单位	单价（元）	备注
1	馈线（射频同轴电缆）	7/8 英寸	m	120.00	含连接头
2	馈线（射频同轴电缆）	1/2 英寸	m	80.00	含连接头
3	馈线卡子	7/8 英寸	个	10.00	
4	馈线卡子	1/2 英寸	个	5.00	
5	螺栓	M10×40	套	10.00	
6	膨胀螺栓	M10×80	套	15.00	
7	膨胀螺栓	M12×80	套	20.00	
8	室内走线架	400mm	m	150.00	包含连接、加固件
9	室外馈线走道	400mm	m	120.00	加工成形后的价格
10	支撑杆成套材料		套	500.00	

第五章 通信建设工程概、预算编制示例

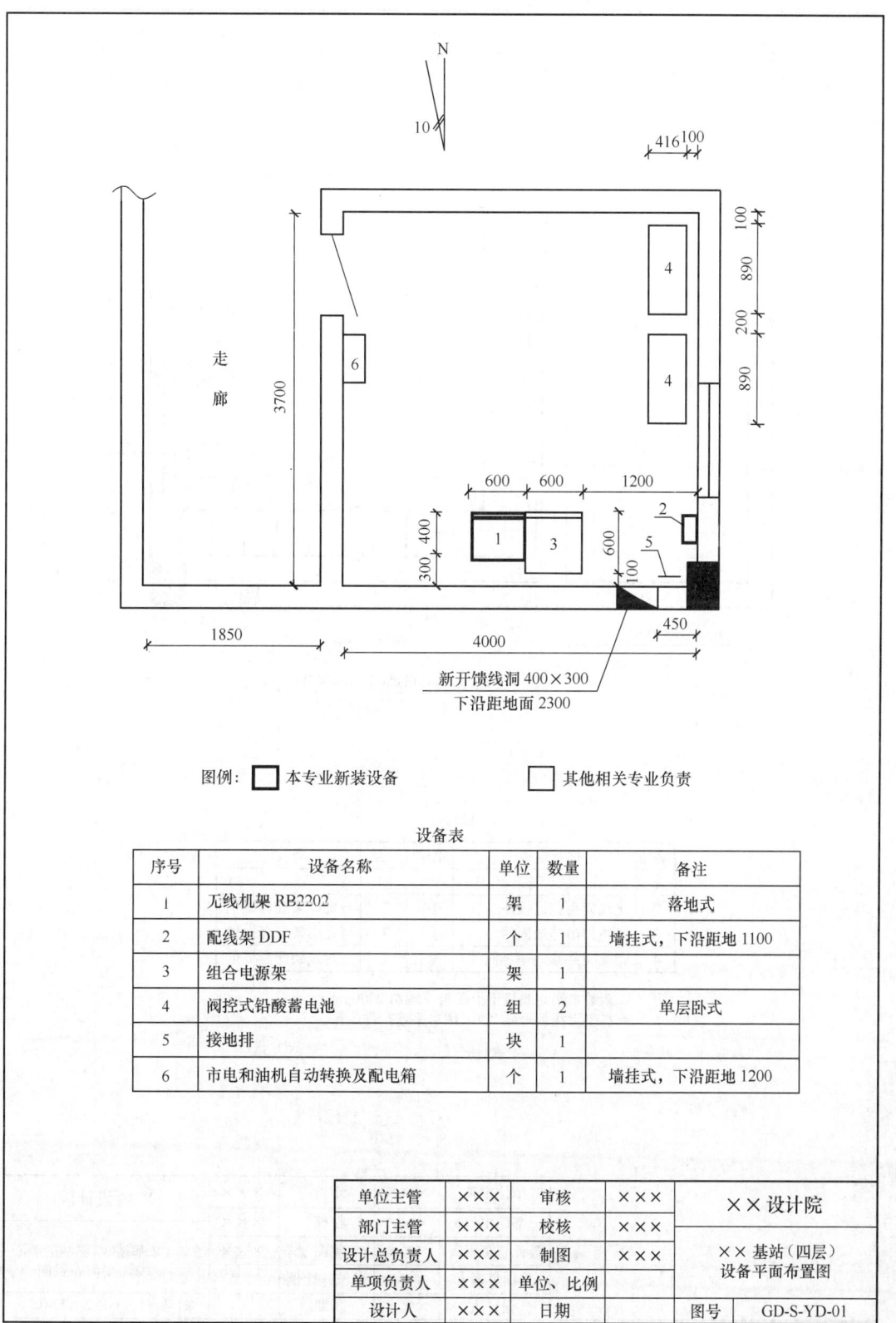

图例： ☐ 本专业新装设备　　☐ 其他相关专业负责

设备表

序号	设备名称	单位	数量	备注
1	无线机架 RB2202	架	1	落地式
2	配线架 DDF	个	1	墙挂式，下沿距地 1100
3	组合电源架	架	1	
4	阀控式铅酸蓄电池	组	2	单层卧式
5	接地排	块	1	
6	市电和油机自动转换及配电箱	个	1	墙挂式，下沿距地 1200

单位主管	×××	审核	×××	××设计院
部门主管	×××	校核	×××	××基站（四层）设备平面布置图
设计总负责人	×××	制图	×××	
单项负责人	×××	单位、比例		
设计人	×××	日期		图号　GD-S-YD-01

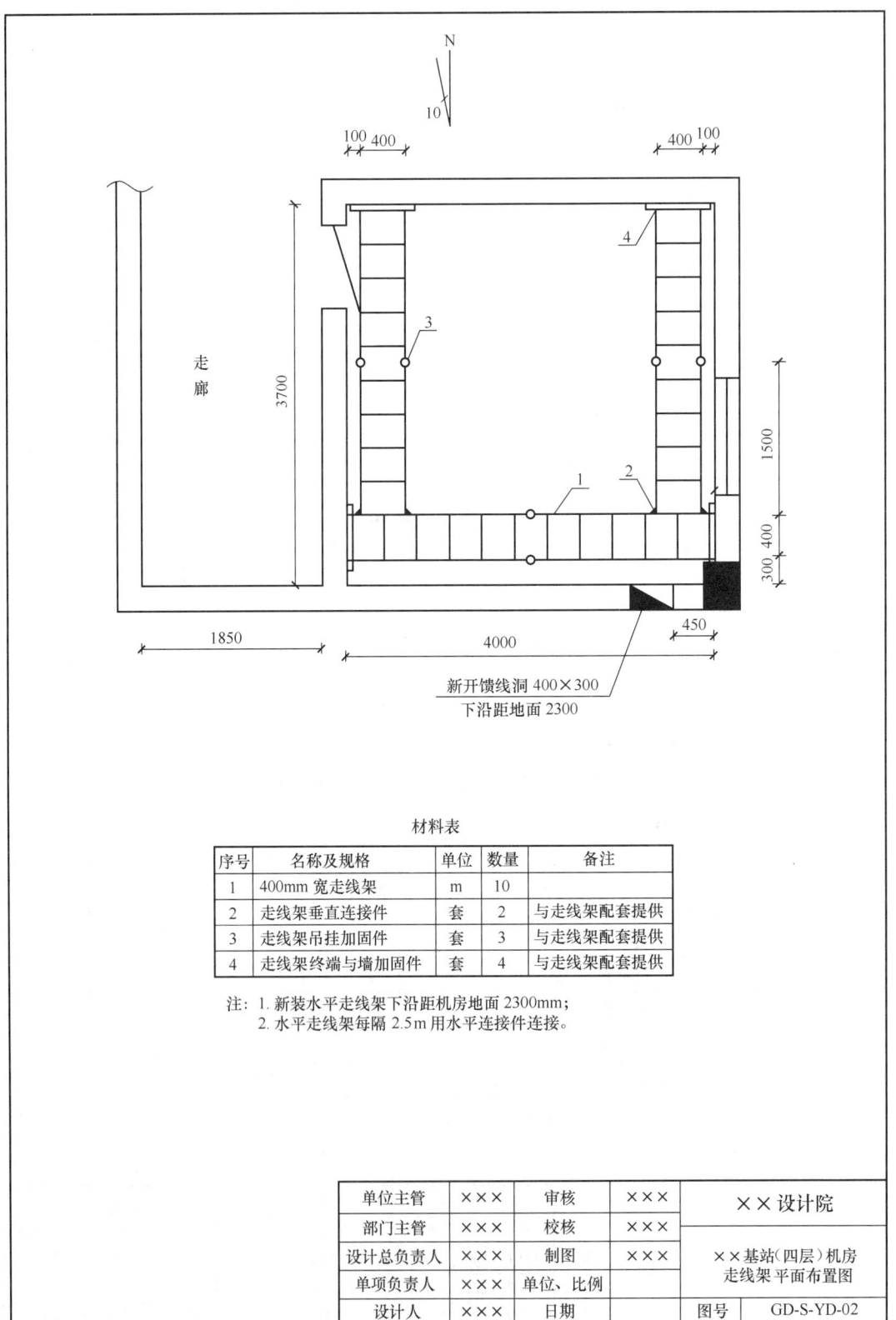

材料表

序号	名称及规格	单位	数量	备注
1	400mm 宽走线架	m	10	
2	走线架垂直连接件	套	2	与走线架配套提供
3	走线架吊挂加固件	套	3	与走线架配套提供
4	走线架终端与墙加固件	套	4	与走线架配套提供

注：1. 新装水平走线架下沿距机房地面2300mm；
　　2. 水平走线架每隔2.5m用水平连接件连接。

单位主管	×××	审核	×××	××设计院
部门主管	×××	校核	×××	
设计总负责人	×××	制图	×××	××基站(四层)机房走线架平面布置图
单项负责人	×××	单位、比例		
设计人	×××	日期		图号 GD-S-YD-02

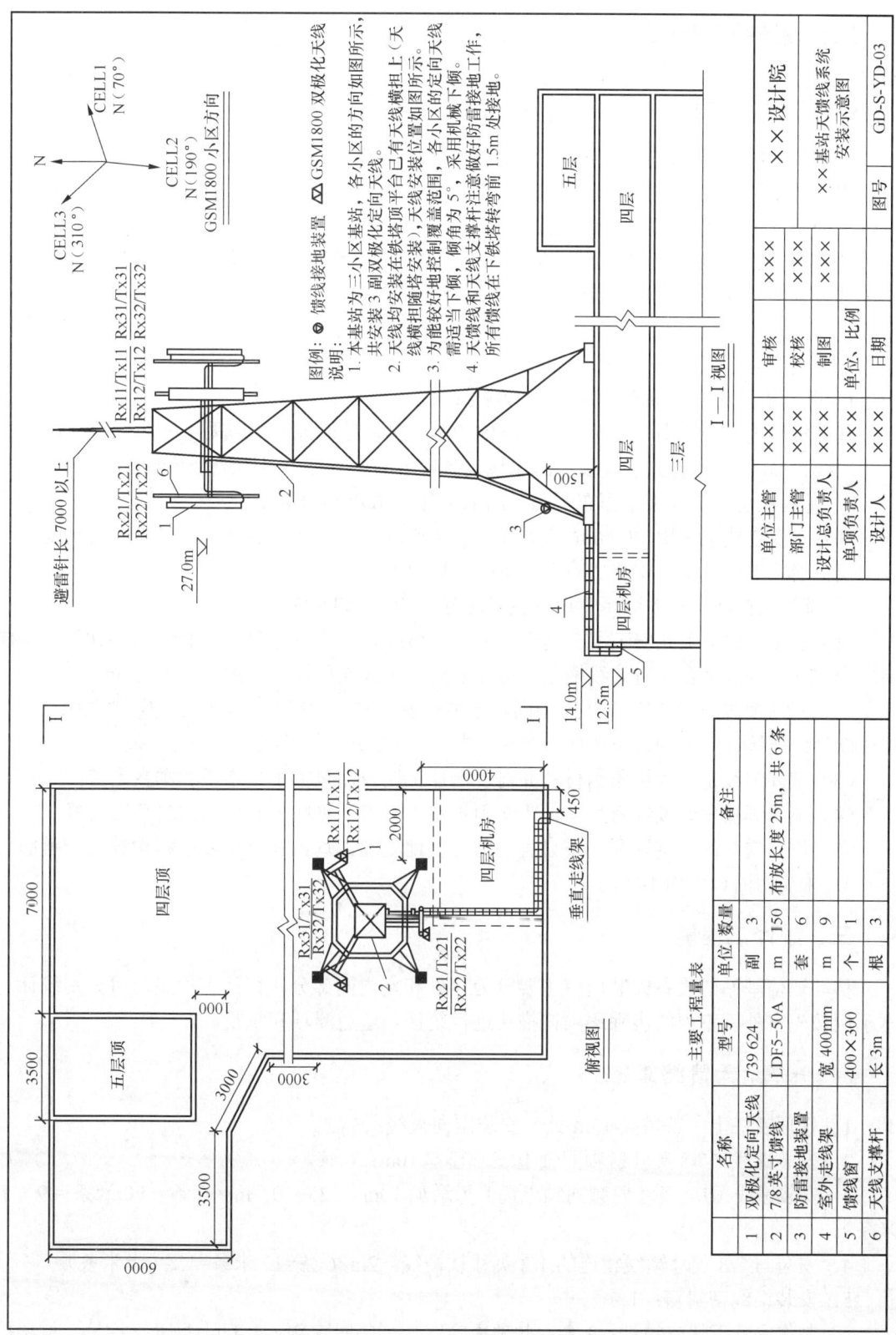

二、设计图纸及说明

(一) 设计范围及分工

1. 本工程设计范围主要包括移动通信基站的天馈线系统、室内外走线架、收发信机架、数字分配架等设备的安装。基站系统联网调测由厂家负责。新建铁塔、中继传输电路、供电系统等部分内容由其他专业负责。

2. 基站设备与电源设备安装在同一机房,设备平面布置及走线架位置由本专业统一安排;机房装修(包括墙洞)、空调等工程的设计与施工由建设单位另行安排。

(二) 图纸说明

1. 基站机房设备平面布置图(图纸编号:GD-S-YD-01)

基站机房内无线设备尺寸为 600×400×1775,安装时设备底部应采用膨胀螺栓与地面加固。配线架 DDF 为壁挂式,安装在距无线设备较近的位置,下沿距地 1100mm。

2. 基站机房内走线架平面布置图(图纸编号:GD-S-YD-02)

基站室内走线架采用 400mm 宽的标准定型产品。走线架安装在机架上方,其高度与已开馈线穿墙洞下沿齐平,安装加固方式按图纸标明的方式施工。

3. 基站天馈线系统安装示意图(图纸编号:GD-S-YD-03)

(1) 在楼顶铁塔上共安装了 3 副定向天线。小区方向分别为 70°、190°、310°,其挂高均为 27m,铁塔平台已有天线横担,但需要安装天线支撑杆,支撑杆长度为 3m;

(2) 基站馈线采用 7/8 英寸射频同轴电缆,射频同轴电缆与基站设备的连接处采用 1/2 英寸软馈线连接以满足同轴电缆曲率半径的要求,1/2 英寸软馈线长度为 2m/条;

(3) 室外馈线走道采用角钢材料并需现场加工制作,包括水平走道和垂直走道;

(4) 馈线洞需安装馈线密封窗,为防雨水渗入机房,馈线窗应用防水材料密封好;

(5) 塔顶安装的避雷针和铁塔自身的防雷接地处理,均由铁塔单项工程预算统一考虑。

4. 未说明的设备均不考虑。

三、统计工程量

移动通信基站的设备安装内容主要分为室外和室内两部分,统计工程量时可分别统计。本示例按先室外后室内的步骤逐项扫描式进行统计,避免漏项和重复。

(一) 基站天馈线部分:

1. 楼顶铁塔上(铁塔高 13m 处)安装定向天线:3 副。
2. 安装馈线(7/8 英寸射频同轴电缆)基本 10m:6 条。
3. 安装馈线(7/8 英寸射频同轴电缆)每增加 10m:(25-10)m × 6 条 = 90 米条 = 9(十米条)。
4. 安装与 7/8 英寸馈线相连的 1/2 英寸软馈线:2m×6 条=12 米条=1.2(十米条)。
5. 安装馈线密封窗:1 个。
6. 制作安装天线支撑杆:3 套。此项内容需估列临时定额:4 工日/每套支撑杆,材料按实计列。

7．安装室外馈线走道：9m。其中：水平走道 9−(14−12.5)=7.5；沿外墙垂直走道 14−12.5=1.5 米。注意考虑现场加工制作。

8．天馈线系统调测：6 条。

（二）基站设备及配套：

1．安装落地式基站设备（无线收发信机架）：1 架。
2．GSM 基站系统调测：6 载频。
3．安装壁挂式数字分配架：1 架。
4．安装室内走线架：10 米。

四、统计主材用量

见表 5-4-3。

表 5-4-3　　　　　　　　　　主材统计表

序 号	名　　称	规格型号	单位	数　　量
1	射频同轴电缆	7/8 英寸	m	(6+9)×10.2=153
2	馈线卡子	7/8 英寸	套	6×9.6+9×8.6=135
3	射频同轴电缆	1/2 英寸	m	1.2×10.2=12.24
4	馈线卡子	1/2 英寸	套	1.2×9.6=11.52
5	螺栓	M10×40	套	6.06
6	膨胀螺栓	M12×80	套	4.04
7	膨胀螺栓	M10×80	套	4.04
8	室内电缆走线架	宽 400mm	m	1.01×10=10.10
9	室外电缆走道	宽 400mm	m	1.01×9=9.09
10	支撑杆成套材料		套	3

五、施工图预算编制

（一）预算编制说明

1．工程概述

本工程为××地区移动通信网络基站系统设备安装工程，本预算为××基站无线设备安装施工图预算，预算价值为 619378.68 元。

2．编制依据及采用的取费标准和计算方法

（1）施工图设计图纸及说明。

（2）工信部规〔2008〕75 号《关于发布〈通信建设工程概算　预算编制办法〉及相关定额的通知》。

（3）工信部规〔2008〕75 号文颁布的《通信建设工程预算定额　第三册　无线通信设备安装工程》。

(4)工信部规〔2008〕75号文颁布的《通信建设工程费用定额》。

(5)工信部规〔2008〕75号文颁布的《通信建设工程施工机械、仪表台班费用定额》。

(6)建设单位与××设备供应商签订的设备价格合同。

(7)建设单位与××器材公司签订的购货合同。

(8)有关费率及费用的取定:

① 承建本工程的施工企业距施工现场15km,不足35km不计取施工队伍调遣费;

② 设备及主材运杂费费率取定:设备运输里程为1250km,主要材料运输里程均为500km,见表5-4-4;

表5-4-4　　　　　　　　　　　设备、主材各项费率

序号	费用项目名称	需要安装的设备费率	电缆类主材费率	其他类主材费率
1	运杂费	2.0%	2.4%	5.4%
2	运输保险费	0.4%	0.1%	0.1%
3	采购及保险费	0.82%	1.0%	1.0%

③ 本站分摊的勘察设计费为12000元;

④ 建设工程监理费为10000元;

⑤ "建设用地及综合赔补费"、"建设单位管理费"、"可行性研究费"、"环境影响评价费"、"建设期利息"等费用在单项工程总预算中计列;

⑥ 其他未说明的费用均按费用定额规定的取费原则、费率和计算方法进行计取。

3．工程技术经济指标分析(略)。

4．其他需说明的问题(略)。

(二)预算表格

(1)工程预算总表(表一)(表格编号:YD-B1);

(2)建筑安装工程费用预算表(表二)(表格编号:YD-B2);

(3)建筑安装工程量预算表(表三)甲(表格编号:YD-B3J);

(4)建筑安装工程仪器仪表使用费预算表(表三)丙(表格编号:YD-B3B);

(5)器材预算表(表四)甲(主要材料表)(表格编号:YD-B4JC);

(6)器材预算表(表四)甲(需要安装的设备表)(表格编号:YD-B4JS);

(7)工程建设其他费预算表(表五)甲(表格编号:YD-B5J)。

工程预算总表（表一）

单项工程名称：基站设备单项工程
单位工程名称：××基站设备安装工程
建设单位名称：××移动通信公司
表格编号：YD-B1
第全页 第

序号	表格编号	工程或费用名称	小型建筑工程费	需要安装的设备费	不需安装设备器具费	建筑安装工程费	其他费用	预备费	总价值 (元)		
									人民币（元）		其中外币（ ）
I	II	III	IV	V	VI	VII	VIII	IX	X		XI
1	YD-B2、B4JS	工程费		549543.28		47360.42			596903.70		
2	YD-B5J	工程建设其他费					22473.60		22473.60		
3		合计		549543.28		47360.42	22473.60		619377.31		

设计负责人：×××　　　审核：×××　　　编制：×××　　　编制日期：　　年　　月

建筑安装工程费用预算表（表二）

工程名称：××基站设备安装工程　　建设单位名称：××移动通信公司　　表格编号：YD-B2　　第全页

序号 I	费用名称 II	依据和计算方法 III	金额（元）IV	序号 I	费用名称 II	依据和计算方法 III	金额（元）IV
—	建筑安装工程费	一十二十三十四	47360.42	8	夜间施工增加费	人工费×2%	153.17
（一）	直接费	直接工程费+措施费	38752.96	9	冬雨季施工增加费	室外安装项目人工费×2%	103.73
1	直接工程费	1至4之和	36581.46	10	生产工具用具使用费	人工费×2%	153.17
（1）	人工费	技工费+普工费	7658.40	11	施工用水电蒸汽费		
（2）	技工费	技工总工日×48元/工日	7658.40	12	特殊地区施工增加费		
	普工费			13	已完工程及设备保护费		
2	材料费	主要材料费+辅助材料费	26886.06	14	运土费		
（1）	主要材料费	表四甲材料表—总计	26102.97	15	施工队伍调遣费		
（2）	辅助材料费	主要材料费×3%	783.09	16	大型施工机械调遣费		
3	机械使用费			二	间接费	规费+企业管理费	4748.21
4	仪表使用费	表三丙—总计	2037.00	（一）	规费	1至4之和	2450.69
（二）	措施费	1至16之和	2171.50	1	工程排污费		
1	环境保护费	人工费×1.2%	91.90	2	社会保障费	人工费×26.81%	2053.22
2	文明施工费	人工费×1%	76.58	3	住房公积金	人工费×4.19%	320.89
3	工地器材搬运费	人工费×1.3%	99.56	4	危险作业意外伤害保险费	人工费×1%	76.58
4	工程干扰费	人工费×4%	306.34	（二）	企业管理费	人工费×30%	2297.52
5	工程点交、场地清理费	人工费×3.5%	268.04	三	利润	人工费×30%	2297.52
6	临时设施费	人工费×6%	459.50	四	税金	（一+二+三）×3.41%	1561.74
7	工程车辆使用费	人工费×6%	459.50				

设计负责人：×××　　审核：×××　　编制：×××　　编制日期：　年　月

建筑安装工程量预算表（表三）甲

工程名称：××基站设备安装工程
建设单位名称：××移动通信公司
表格编号：YD-B3J 第全页

序号	定额编号	项目名称	单位	数量	单位定额值（工日）		合计值（工日）	
					技工	普工	技工	普工
Ⅰ	Ⅱ	Ⅲ	Ⅳ	Ⅴ	Ⅵ	Ⅶ	Ⅷ	Ⅸ
1	TSW2-009	楼顶铁塔上安装定向天线（高度20m以下）	副	3.00	8.00		24.00	
2	TSW2-023	布放射频同轴电缆7/8英寸以下（布放10m）	条	6.00	1.50		9.00	
3	TSW2-024	布放射频同轴电缆7/8英寸以下（每增加10m）	十米条	9.00	0.80		7.20	
4	TSW2-021	布放射频同轴电缆1/2英寸以下（布放10m）	十米条	1.20	0.50		0.60	
5	TSW1-058	安装馈线密封窗	个	1.00	2.00		2.00	
6	估列	制作、安装天线支撑杆	套	3.00	4.00		12.00	
7	TSW1-003	安装室外馈线走道（水平）	m	7.50	3.00		22.50	
8	TSW1-004	安装室外馈线走道（沿外墙垂直）	m	1.50	4.50		6.75	
9	TSW2-032	基站天、馈线系统调测	条	6.00	4.00		24.00	
10	TSW2-036	安装落地式基站设备	架	1.00	10.00		10.00	
11	TSW2-044	GSM基站系统调测（6个载频以下）	站	1.00	30.00		30.00	
12	TSW1-011	安装数字分配架、箱（壁挂式）	架	1.00	2.50		2.50	
13	TSW1-002	安装室内电缆走架	m	10.00	0.40		4.00	
14	TSW2-059	配合联网调测	站	1.00	5.00		5.00	
		合计					159.55	
		其中室外安装项目工日					108.05	

设计负责人：×××　　审核：×××　　编制：×××　　编制日期：　年　月

建筑安装工程仪器仪表使用费预算表（表三）丙

工程名称：××基站设备安装工程 建设单位名称：××移动通信公司 表格编号：YD-B3B 第全页

序号	定额编号	项目名称	单位	数量	仪表名称	单位定额值		合计		合价（元）
						数量（台班）	单价（元）	数量（台班）		
I	II	III	IV	V	VI	VII	VIII	IX		X
1	TSW2-032	基站天、馈线系统调测	条	6.00	天馈线测试仪	0.50	193.00	3.00		579.00
2					操作测试终端（电脑）	0.50	74.00	3.00		222.00
3	TSW2-044	GSM基站系统调测（6个载频以下）	站	1.00	操作测试终端（电脑）	3.00	74.00	3.00		222.00
4					射频功率计	3.00	127.00	3.00		381.00
5					微波频率计	3.00	145.00	3.00		435.00
6					误码码测试仪	3.00	66.00	3.00		198.00
		合计								2037.00

设计负责人：××× 审核：××× 编制：××× 编制日期：   年   月

国内器材预算表（表四）甲

（主要材料表）

工程名称：××基站设备安装工程　　建设单位名称：××移动通信公司　　表格编号：YD-B4JC　　第全页

序号	名称	规格程式	单位	数量	单价（元）	合计（元）	备注
I	II	III	IV	V	VI	VII	VIII
1	射频同轴电缆	7/8英寸	m	153.00	120.00	18360.00	
2	射频同轴电缆	1/2英寸	m	12.24	80.00	979.20	
	(1) 电缆类小计1					19339.20	
	(2) 运杂费（小计1×2.4%）					464.14	
	(3) 运输保险费（小计1×0.1%）					19.34	
	(4) 采购保管费（小计1×1%）					193.39	
	(5) 电缆类合计1					20016.07	
3	馈线卡子	7/8英寸	套	135.00	10.00	1350.00	
4	馈线卡子	1/2英寸	套	11.52	5.00	57.60	
5	螺栓	M10×40	套	6.06	10.00	60.60	
6	膨胀螺栓	M10×80	套	4.04	15.00	60.60	
7	膨胀螺栓	M12×80	套	4.04	20.00	80.80	
8	室内电缆走线架	400mm	m	10.10	150.00	1515.00	
9	室外馈线走道	400mm	m	9.09	120.00	1090.80	
10	支撑杆成套材料		套	3.00	500.00	1500.00	
	(1) 其他类小计2					5715.40	
	(2) 运杂费（小计2×5.4%）					308.63	
	(3) 运输保险费（小计2×0.1%）					5.72	
	(4) 采购保管费（小计2×1%）					57.15	
	(5) 其他类合计2					6086.90	
	总计：以上2类合计之和					26102.97	

设计负责人：×××　　审核：×××　　编制：×××　　编制日期：　年　月

国内器材预算表（表四）甲
（需要安装的设备表）

工程名称：××基站设备安装工程
建设单位名称：××移动通信公司
表格编号：YD-B4JS
第全页

序号	名称	规格程式	单位	数量	单价（元）	合计（元）	备注
Ⅰ	Ⅱ	Ⅲ	Ⅳ	Ⅴ	Ⅵ	Ⅶ	Ⅷ
1	双极化定向天线	18dBi	副	3.00	10000.00	30000.00	
2	无线基站设备	2/2/2（CDU-C）	架	1.00	500000.00	500000.00	
3	数字分配架	壁挂式	个	1.00	2000.00	2000.00	
4	馈线密封窗	6孔	个	1.00	400.00	400.00	
	(1) 小计					532400.00	
	(2) 运杂费（小计×2%）					10648.00	
	(3) 运输保险费（小计×0.4%）					2129.60	
	(4) 采购保管费（小计×0.82%）					4365.68	
	合计：(1)～(4) 之和					549543.28	

设计负责人：××× 审核：××× 编制：××× 编制日期： 年 月

工程建设其他费预算表(表五)甲

工程名称：××基站设备安装工程
建设单位名称：×××移动通信公司
表格编号：YD-B5J
第全页

序号	费用名称	计算依据及方法	金额（元）	备注
I	II	III	IV	V
1	建设用地及综合赔补费			
2	建设单位管理费			
3	可行性研究费			
4	研究试验费			
5	勘察设计费	按实计列	12000.00	
6	环境影响评价费			
7	劳动安全卫生评价费			
8	建设工程监理费	按实计列	10000.00	
9	安全生产费	建筑安装工程费×1%	473.60	
10	工程质量监督费			
11	工程定额测定费			
12	引进技术及引进设备其他费			
13	工程保险费			
14	工程招标代理费			
15	专利及专用技术使用费			
	总计		22473.60	
16	生产准备及开办费（运营费）			

设计负责人：×××　　审核：××××　　编制：××××　　编制日期：　年　月

示例五 ××直埋光缆线路单项工程施工图预算

一、已知条件

（一）本工程为××直埋光缆线路单项工程，要求按照两阶段设计编制施工图预算。

（二）本工程施工企业驻地距施工现场1300km；工程所在地为非特殊地区。

（三）本工程勘察设计费为250000元，建设单位管理费为328503元。

（四）本工程预算内不计列"施工生产用水电蒸汽费"、"已完工程及设备保护费"、"运土费"、"工程排污费"、"建设用地及综合赔补费"、"可行性研究费"、"研究试验费"、"环境影响评价费"、"劳动安全卫生评价费"、"建设工程监理费"、"工程质量监督费"、"工程定额测定费"、"工程保险费"、"工程招标代理费"、"生产准备及开办费"、"建设期利息"。

（五）主材运距：光缆为800km；水泥及水泥制品为150km；其余为250km。主材单价见表5-5-1。

表 5-5-1　　　　　　　　主材单价表

序号	名称	规格程式	单位	单价（元）
1	光缆		m	10.00
2	原木		m³	1300.00
3	镀锌对缝钢管	Ø80	m	46.00
4	镀锌铁线	Ø4.0	kg	6.00
5	多股铜芯塑料线	RVS2×32/0.15	m	6.00
6	绝缘监测装置		套	70.00
7	毛石		m³	28.60
8	光缆接续器材		套	300.00
9	碎石	5～32mm	kg	0.06
10	套管		个	3.00
11	宣传警示牌		套	120.00
12	油漆		kg	13.00
13	中粗砂		kg	0.03
14	水泥	32.5	kg	0.45
15	水泥盖板		块	12.00
16	标石		个	50.60
17	监测标石		块	60.00
18	塑料管	Ø50	m	8.00

（六）设计图纸及说明：

1．××光缆线路施工图一（图号：××-S-GL-1/3）。

2．××光缆线路施工图二（图号：××-S-GL-2/3）。

3．××光缆线路施工图三（图号：××-S-GL-3/3）。

4．本工程线路长度为 436km，图纸量较大，由于本教材篇幅的限制，在此只选三段共 4.4km 长度的图纸，供大家学习使用。因此，在统计工程量时暂不考虑光缆中继段测试。

5．本段工程在丘陵地区敷设 48 芯光缆一条，自然弯曲系数为 0.7%，单盘光缆测试按单窗口取定，并要求测试偏振模色散，城区部分施工的人工费占总人工费的 10%。

6．光缆沟及接头坑采用挖、松填方式，土质为普通土，沟深 1.2m，下底 0.3m，放坡系数为 0.125。

7．在图二"14k"处为光缆接头点，接头两端各预留 6m，并安装监测标石一块。

8．在图二"15k"处的河两岸各有一个 5m 长光缆的"S"弯预留。

9．两处人工截流挖沟均不计取砂浆袋。

10．所选三段图纸部分的对地绝缘检查及处理不需热缩套（包）管。

11．本段工程共埋设普通标石（1000mm×140mm×140mm）35 个。

二、选用预算定额子目

根据已知条件工作内容，选用预算定额子目见表 5-5-2。

表 5-5-2　　　　　　　　　　　定额子目汇总表

序 号	项 目 名 称	定 额 编 号	定 额 单 位
1	直埋光（电）缆工程施工测量	TXL1-001	百米
2	挖、松填光（电）缆沟及接头坑（普通土）	TXL2-001	百立方米
3	丘陵、水田、城区敷设埋式光缆（60芯以下）	TXL2-025	千米条
4	石砌坡、坎、堵塞	TXL2-131	m^3
5	人工截流挖沟（水面宽10m以内）	TXL2-152	处
6	人工截流挖沟（水面每增加5m）	TXL2-153	处
7	安装宣传警示牌	TXL2-138	块
8	铺水泥盖板	TXL2-129	km
9	铺管保护（钢管）	TXL2-124	m
10	铺管保护（塑料管）	TXL2-125	m
11	封石沟	TXL2-133	m^3
12	光缆接续（48芯以下）	TXL5-004	头
13	埋设标石（丘陵、水田、城区）	TXL2-136	个
14	安装对地绝缘监测标石	TXL2-139	块
15	安装对地绝缘装置	TXL2-140	点
16	对地绝缘检查及处理	TXL2-141	km

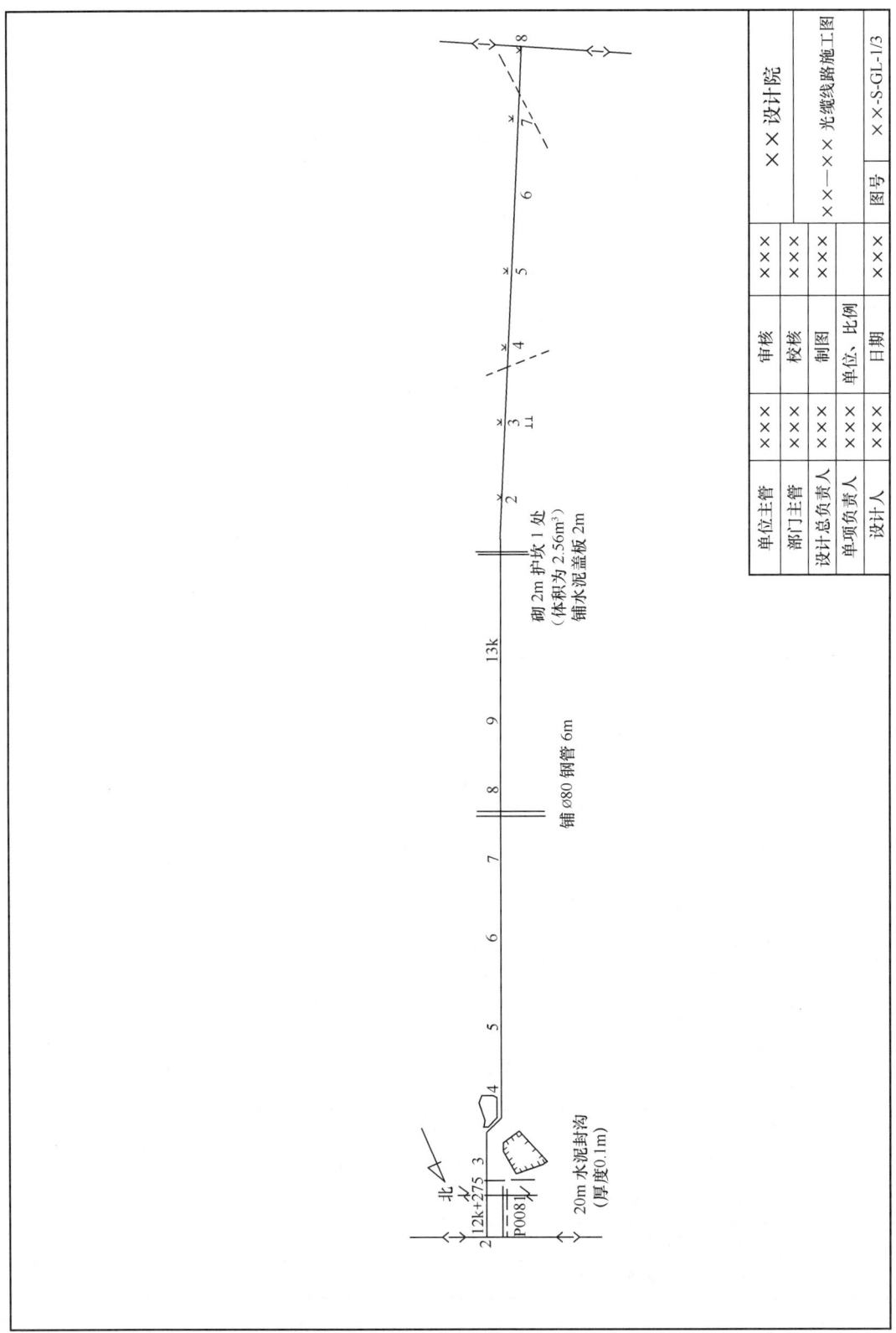

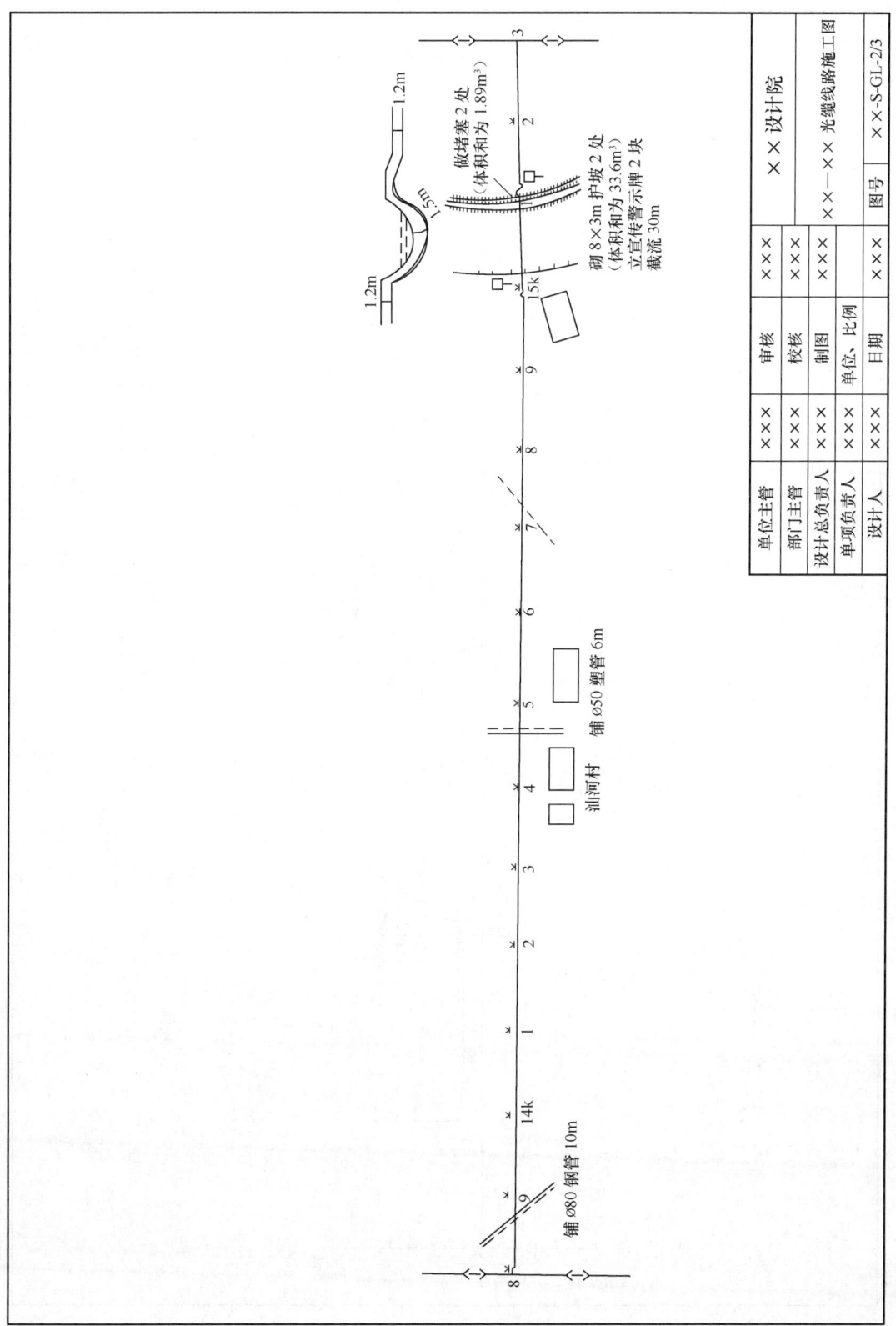

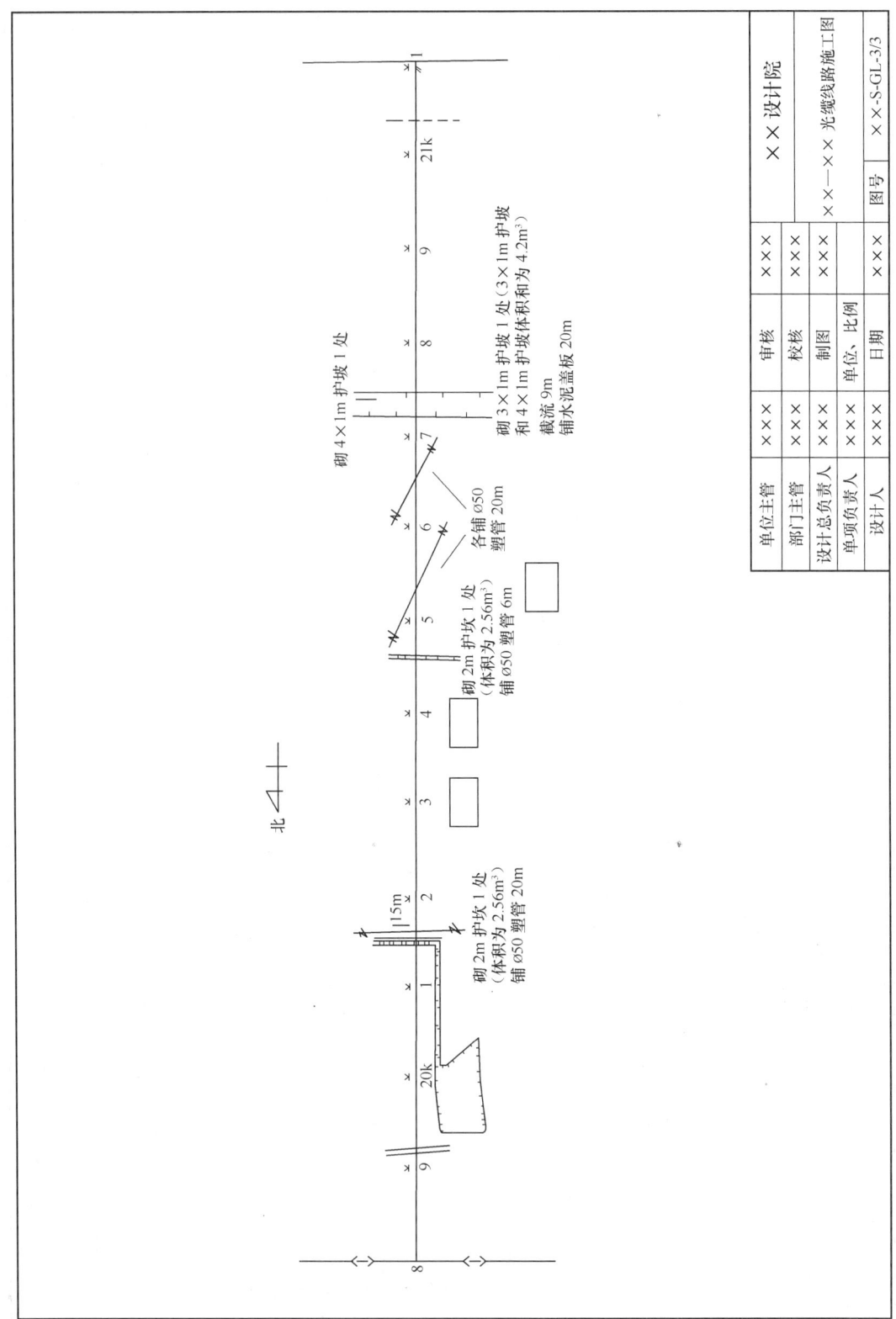

三、计算工程量

根据已知条件和各子目工程量计算规则，分别计算各子目工程量，计算结果如表 5-5-3。

表 5-5-3　　　　　　　　　　工程量汇总表

序号	项目名称	定额编号	定额单位	工程量
1	直埋光（电）缆工程施工测量	TXL1-001	百米	44.000
2	挖、松填光（电）缆沟及接头坑（普通土）	TXL2-001	百立方米	23.550
3	丘陵、水田、城区敷设埋式光缆（60芯以下）	TXL2-025	千米条	4.453
4	石砌坡、坎、堵塞	TXL2-131	m^3	47.370
5	人工截流挖沟（水面宽10m以内）	TXL2-152	处	2.000
6	人工截流挖沟（水面每增加5m）	TXL2-153	处	4.000
7	安装宣传警示牌	TXL2-138	块	2.000
8	铺水泥盖板	TXL2-129	km	0.022
9	铺管保护（钢管）	TXL2-124	m	16.000
10	铺管保护（塑料管）	TXL2-125	m	72.000
11	封石沟	TXL2-133	m^3	1.200
12	光缆接续（48芯以下）	TXL5-004	头	1.000
13	埋设标石（丘陵、水田、城区）	TXL2-136	个	35.000
14	安装对地绝缘监测标石	TXL2-139	块	1.000
15	安装对地绝缘装置	TXL2-140	点	1.000
16	对地绝缘检查及处理	TXL2-141	km	4.400

四、计算主要材料用量

根据已知条件、各子目预算定额中的主要材料量以及上表中计算的工程量分别统计、汇总主要材料用量见表 5-5-4、表 5-5-5。

表 5-5-4　　　　　　　　　　主材用量统计表

项目名称	定额编号	工程量	主材名称	规格型号	主材单位	主材用量统计
丘陵、水田、城区敷设埋式光缆（60芯以下）	TXL2-025	4.453	光缆		m	1005×4.453
石砌坡、坎、堵塞	TXL2-131	37.800	水泥	32.5	kg	183×47.37
			中粗砂		kg	607×47.37
			毛石		m^3	1×47.37
人工截流挖沟（水面宽10m以内）	TXL2-152	2.000	原木		m^3	0.02×2
			镀锌铁线	Ø4.0	kg	2.03×2
人工截流挖沟（水面每增加5m）	TXL2-153	4.000	原木		m^3	0.01×4
			镀锌铁线	Ø4.0	kg	1.01×4
安装宣传警示牌	TXL2-138	2.000	宣传警示牌		个	1.01×2
铺水泥盖板	TXL2-129	0.022	水泥盖板		m	2040×0.022

续表

项目名称	定额编号	工程量	主材名称	规格型号	主材单位	主材用量统计
铺管保护（钢管）	TXL2-124	16.000	镀锌对缝钢管	Ø80	m	1.01×16
			套管		个	0.17×16
铺管保护（塑料管）	TXL2-125	1002.000	塑料管	Ø50	m	1.01×72
封石沟	TXL2-133	1.200	水泥	32.5	kg	202×1.2
			中粗砂		kg	836×1.2
			碎石	5～32	kg	1331×1.2
光缆接续（48芯以下）	TXL5-004	1.000	光缆接续器材		套	1.01×1
埋设标石（丘陵、水田、城区）	TXL2-136	35.000	标石		个	1.02×35
			油漆		kg	0.1×35
安装对地绝缘监测标石	TXL2-139	1.000	多股铜芯塑料线	RVS2×32/0.15	m	5.08×1
			监测标石		块	1.01×1
安装对地绝缘装置	TXL2-140	1.000	绝缘监测装置		套	1.01×1
对地绝缘检查及处理	TXL2-141	4.400	热可缩套（包）管		套	1.00

表 5-5-5　　　　　　　　　　　主材用量汇总表

主材名称	规格型号	主材单位	主材用量汇总	主材用量
光缆		m	1005×4.453	4475.27
水泥	32.5	kg	183×47.37+202×1.2	8911.11
中粗砂		kg	607×47.37+836×1.2	29756.79
毛石		m³	1×47.37	47.37
原木		m³	0.02×2+0.01×4	0.08
镀锌铁线	Ø4.0	kg	2.03×2+1.01×4	8.10
宣传警示牌		套	1.01×2	2.02
水泥盖板		m	2040×0.022	44.88
镀锌对缝钢管	Ø80	m	1.01×16	16.16
套管		个	0.17×16	2.72
塑料管	Ø50	m	1.01×72	72.72
碎石	5～32	kg	1331×1.2	1597.20
光缆接续器材		套	1.01×1	1.01
标石		个	1.02×35	35.70
油漆		kg	0.1×35	3.50
多股铜芯塑料线	RVS2×32/0.15	m	5.08×1	5.08
监测标石		块	1.01×1	1.01
绝缘监测装置		套	1.01×1	1.01

五、预算编制

（一）预算编制说明

1. 工程概况

××直埋光缆线路单项工程，路由长度 4.4km，在丘陵地区（普通土）敷设 48 芯光缆一条；采用两阶段施设计，本设计为施工图设计，预算总价值为 755920.29 元。

2. 编制依据及对采用的取费标准和计算方法

（1）编制依据：

① 施工图设计图纸及说明；

② 工信部规〔2008〕75 号《关于发布〈通信建设工程概算 预算编制办法〉及相关定额的通知》；

③ 《××市电信建设工程概算、预算常用电信器材基础价格目录》。

（2）有关费用与费率的取定：

① 主材运杂费费率取定：光缆按运距 1000km 以内取定为 1.9%；木材按运距 300km 以内取定为 10.5%；其他按运距 300km 以内取定为 4.5%；水泥及水泥构件按运距 200km 以内取定为 20%；塑料及塑料制品按运距 300km 以内取定为 5.4%；

② 主材不计采购代理服务费；

③ 已知条件不具备的相关项目费用不计取。

3. 工程技术经济指标分析

本单项工程总投资 755920.29 元。其中建安费 175660.68 元；工程建设其他费 580259.61 元。敷设 48 芯光缆 4.4km，平均每芯公里 3579.17 元。

4. 其他需说明的问题（略）。

（二）预算表格

（1）工程预算总表（表一）（表格编号：ZMGL-1）；

（2）建筑安装工程费用预算表（表二）（表格编号：ZMGL-2）；

（3）建筑安装工程量预算表（表三）甲（表格编号：ZMGL-3）；

（4）建筑安装工程机械使用费预算表（表三）乙（表格编号：ZMGL-4）；

（5）建筑安装工程仪器仪表使用费预算表（表三）丙（表格编号：ZMGL-5）；

（6）国内器材预算表（表四）甲（表格编号：ZMGL-6）；

（7）工程建设其他费预算表（表五）甲（表格编号：ZMGL-7）。

工程预算总表（表一）

建设项目名称：××直埋光缆线路单项工程
单项工程名称：××直埋光缆线路单项工程
建设单位名称：×××
表格编号：ZMGL-1
第 全 页

序号	表格编号	费用名称	小型建筑工程费	需要安装的设备费	不需要安装的设备工器具费	建筑安装工程费	其他费用	预备费	总价值 人民币（元）	其中外币（ ）
I	II	III	IV	V	VI	VII	VIII	IX	X	XI
					（元）					
1	ZMGL-2	工程费				175660.68			175660.68	
2	ZMGL-7	工程建设其他费					580259.61		580259.61	
		合　计				175660.68	580259.61		755920.29	
		总　计				175660.68	580259.61		755920.29	

设计负责人：×××　　　审核：×××　　　编制：×××　　　编制日期：2008 年 10 月

建筑安装工程费用预算表（表二）

工程名称：××直埋光缆线路单项工程　　　　建设单位名称：×××　　　　表格编号：ZMGL-2　　　　第全页

序号	费用名称	依据和计算方法	合计（元）	序号	费用名称	依据和计算方法	合计（元）
I	II	III	IV	I	II	III	IV
一	建筑安装工程费	一+二+三+四	175660.68	8	夜间施工增加费	人工费×3%×10%	130.37
（一）	直接费	直接工程费+措施费	131410.92	9	冬雨季施工增加费	人工费×2%	869.10
1	直接工程费	1至4之和	105464.34	10	生产工具用具使用费	人工费×3%	1303.65
1	人工费	技工费+普工费	43455.16	11	施工生产用水电蒸汽费		
(1)	技工费	技工总工日×48元/工日	14097.12	12	特殊地区施工增加费		
(2)	普工费	普工总工日×19元/工日	29358.04	13	已完工程及设备保护费		
2	材料费	主要材料费+辅助材料费	58882.30	14	运土费		
(1)	主要材料费	表四甲材料表一总计	58706.18	15	施工队伍调遣费	455元/人×5人×2	4550.00
(2)	辅助材料费	主要材料费×0.3%	176.12	16	大型施工机械调遣费	2×0.62×4×1300	6448.00
3	机械使用费	表三乙—总计	666.00	二	间接费	规费+企业管理费	26942.20
4	仪表使用费	表三丙—总计	2460.88	（一）	规费	1至4之和	13905.65
（二）	措施费	1至16之和	25946.58	1	工程排污费		
1	环境保护费	人工费×1.5%	651.83	2	社会保障费	人工费×26.81%	11650.33
2	文明施工费	人工费×1%	434.55	3	住房公积金	人工费×4.19%	1820.77
3	工地器材搬运费	人工费×5%	2172.76	4	危险作业意外伤害保险费	人工费×1%	434.55
4	工程干扰费	人工费×6%×10%	260.73	（二）	企业管理费	人工费×30%	13036.55
5	工程点交、场地清理费	人工费×5%	2172.76	三	利润	人工费×30%	13036.55
6	临时设施费	人工费×10%	4345.52	四	税金	(纳税直接费+间接费+利润)×3.41%	4271.01
7	工程车辆使用费	人工费×6%	2607.31				

设计负责人：×××　　　　审核：×××　　　　编制：×××　　　　编制日期：2008年10月

建筑安装工程量预算表（表三）甲

工程名称：××直埋光缆线路单项工程 建设单位名称：×××× 表格编号：ZMGL-3 第全页

序号	定额编号	项目名称	单位	数量	单位定额值（工日）			合计值（工日）		
					技工		普工	技工		普工
I	II	III	IV	V	VI		VII	VIII		IX
1	TXL1-001	直埋光（电）缆工程施工测量	百米	44.000	0.70		0.30	30.80		13.20
2	TXL2-001	挖、松填光（电）缆沟、接头坑（普通土）	百立方米	23.550	0.00		42.00	0.00		989.10
3	TXL2-025	丘陵、水田、城区敷设埋式光缆（64芯以下）	千米条	4.453	25.00		46.41	111.33		206.66
4	TXL2-131	石砌坡、坎、堵塞	m³	47.370	1.00		2.58	47.37		122.21
5	TXL2-152	人工截流挖沟（水面宽10m以内）	处	2.000	23.74		52.83	47.48		105.66
6	TXL2-153	人工截流挖沟（水面宽10m以上，每增加5m）	处	4.000	10.00		22.50	40.00		90.00
7	TXL2-138	安装宣传警示牌	块	2.000	0.10		0.50	0.20		1.00
8	TXL2-129	铺水泥盖板	km	0.022	2.00		13.00	0.04		0.29
9	TXL2-124	铺管保护（铺钢管）	m	16.000	0.03		0.10	0.48		1.60
10	TXL2-125	铺管保护（铺塑料管）	m	72.000	0.01		0.10	0.72		7.20
11	TXL2-133	封石沟	m³	1.200	0.90		2.10	1.08		2.52
12	TXL5-004	光缆接续（48芯以下）	头	1.000	8.58		0.00	8.58		0.00
13	TXL2-136	丘陵、水田、城区埋设标石	个	35.000	0.07		0.14	2.45		4.90
14	TXL2-139	安装对地绝缘监测标石	块	1.000	0.26		0.52	0.26		0.52
15	TXL2-140	安装对地绝缘装置	点	1.000	0.70		0.30	0.70		0.30
16	TXL2-141	对地绝缘检查处理	km	4.400	0.50		0.00	2.20		0.00
		合计						293.69		1545.16

设计负责人：××× 审核：××× 编制：××× 编制日期：2008年10月

建筑安装工程机械使用费预算表（表三）乙

工程名称：××直埋光缆线路单项工程
建设单位名称：×××
表格编号：ZMGL-4
第全页 第全页

序号	定额编号	项目名称	单位	数量	机械名称	单位定额值		合计值	
						数量（台班）	单价（元）	数量（台班）	合价（元）
I	II	III	IV	V	VI	VII	VIII	IX	X
1	TXL5-004	光缆接续（48芯以下）	头	1.000	光缆接续车	1.20	242.00	1.20	290.40
2					光纤熔接机	1.20	168.00	1.20	201.60
3					汽油发电机（10kW）	0.60	290.00	0.60	174.00
					合　计				666.00

设计负责人：×××　　　审核：××××　　　编制：××××　　　编制日期：2008 年 10 月

- 175 -

建筑安装工程仪器仪表使用费预算表（表三）丙

工程名称：××直埋光缆线路单项工程
建设单位名称：×××
表格编号：ZMGL-5
第全页

序号	定额编号	项目名称	单位	数量	仪表名称	单位定额值		合 计 值	
						数量（台班）	单价（元）	数量（台班）	合价（元）
I	II	III	IV	V	VI	VII	VIII	IX	X
1	TXL1-001	直埋光（电）缆工程施工测量	百米	44.000	地下管线探测仪	0.10	173.00	4.40	761.20
2	TXL2-025	丘陵、水田、城区敷设埋式光缆（64芯以下）	千米条	4.453	光时域反射仪	0.20	306.00	0.89	272.34
3					偏振模色散测试仪	0.20	626.00	0.89	557.14
4	TXL2-141	对地绝缘检查处理	km	4.400	对地绝缘探测仪	0.50	173.00	2.20	380.60
5	TXL5-004	光缆接续（48芯以下）	头	1.000	光时域反射仪	1.60	306.00	1.60	489.60
					合 计				2460.88

设计负责人：×××　　　审核：×××　　　编制：×××　　　编制日期：2008年10月

国内器材预算表（表四）甲
（主要材料表）

工程名称：××直埋光缆线路单项工程
建设单位名称：×××
表格编号：ZMGL-6
第 1 页

序号	名称	规格程式	单位	数量	单价（元）	合计（元）	备注
I	II	III	IV	V	VI	VII	VIII
1	光缆		m	4475.27	10.00	44752.70	
	光缆类小计					44752.70	
	运杂费	小计×1.9%				850.30	
	采购保管费	小计×1.1%				492.28	
	运输保险费	小计×0.1%				44.75	
	光缆类合计					46140.03	
2	原木		m³	0.08	1300.00	104.00	
	木材及木制品类小计					104.00	
	运杂费	小计×10.5%				10.92	
	采购保管费	小计×1.1%				1.14	
	运输保险费	小计×0.1%				0.10	
	木材及木制品类合计					116.16	
3	镀锌对缝钢管	Ø80	m	16.16	46.00	743.36	
4	镀锌铁线	Ø4.0	kg	8.10	6.00	48.60	
5	多股铜芯塑料线	RVS2×32/0.15	m	5.08	6.00	30.48	
6	绝缘监测装置		套	1.01	70.00	70.70	
7	毛石		m³	47.37	28.60	1354.78	
8	光缆接续器材		套	1.01	300.00	303.00	
9	碎石	5～32mm	kg	1597.20	0.06	95.83	
10	套管		个	2.72	3.00	8.16	
11	宣传警示牌		套	2.02	120.00	242.40	

设计负责人：××× 审核：××× 编制：××× 编制日期：2008 年 10 月

国内器材预算表（表四）甲
（主要材料表）

工程名称：××直埋光缆线路单项工程 建设单位名称：××× 表格编号：ZMGL-6 第 2 页

序号	名称	规格程式	单位	数量	单价（元）	合计（元）	备注
Ⅰ	Ⅱ	Ⅲ	Ⅳ	Ⅴ	Ⅵ	Ⅶ	Ⅷ
12	油漆		kg	3.50	13.00	45.50	
13	中粗砂		kg	29756.79	0.03	892.70	
	其他类小计					3835.52	
	运杂费	小计×4.5%				172.60	
	采购保管费	小计×1.1%				42.19	
	运输保险费	小计×0.1%				3.84	
	其他类合计					4054.14	
14	水泥	32.5	kg	8911.11	0.45	4010.00	
15	水泥盖板		块	44.88	12.00	538.56	
16	标石		个	35.70	50.60	1806.42	
17	监测标石		块	1.01	60.00	60.60	
	水泥及水泥构件类小计					6415.58	
	运杂费	小计×20%				1283.12	
	采购保管费	小计×1.1%				70.57	
	运输保险费	小计×0.1%				6.42	
	水泥及水泥构件类合计					7775.69	
18	塑料管	Ø50	m	72.72	8.00	581.76	
	塑料及塑料制品类小计					581.76	
	运杂费	小计×5.4%				31.42	
	采购保管费	小计×1.1%				6.40	
	运输保险费	小计×0.1%				0.58	
	塑料及塑料制品类合计					620.16	
	总计	以上5类合计之和				5870 6.18	

设计负责人：××× 审核：××× 编制：××× 编制日期：2008年10月

工程建设其他费预算表（表五）甲

工程名称：××直埋光缆线路单项工程　　建设单位名称：×××　　表格编号：ZMGL-7　　第全页

序号	费用名称	计算依据及方法	金额（元）	备注
I	II	III	IV	V
1	建设用地及综合赔补费			
2	建设单位管理费	已知	328503.00	
3	可行性研究费			
4	研究试验费			
5	勘察设计费	已知	250000.00	
6	环境影响评价费			
7	劳动安全卫生评价费			
8	建设工程监理费			
9	安全生产费	建筑安装工程费×1%	1756.61	
10	工程质量监督费			
11	工程定额测定费			
12	引进技术及引进设备其他费			
13	工程保险费			
14	工程招标代理费			
15	专利及专用技术使用费			
	总计		580259.61	
16	生产准备及开办费			

设计负责人：×××　　审核：×××　　编制：×××　　编制日期：2008 年 10 月

示例六 交接箱配线管道电缆线路工程施工图预算

一、已知条件

(一)本工程设计是××市××局交接箱配线管道电缆线路单项工程一阶段施工图设计。

(二)本工程可行性研究报告批复的投资估算额为37712元。

(三)本工程施工企业驻地距施工现场12km;工程所在地为城区(非特殊地区)。

(四)本工程勘察设计费为2200元。

(五)本工程预算内不计列"施工生产用水电蒸汽费"、"已完工程及设备保护费"、"运土费"、"工程排污费"、"建设用地及综合赔补费"、"可行性研究费"、"研究试验费"、"环境影响评价费"、"劳动安全卫生评价费"、"建设工程监理费"、"工程质量监督费"、"工程定额测定费"、"工程保险费"、"工程招标代理费"、"生产准备及开办费"、"建设期利息"。

(六)主材运距:电缆和其他为1500km;塑料及塑料制品为500km。主材单价见表5-6-1。

表 5-6-1　　主材单价表

序号	主材名称	规格程式	单位	单价(元)
1	电缆	T6-0.5	m	138.80
2	电缆托板	三线	块	5.35
3	托板塑料垫		个	0.68
4	接线模块	25回线	块	16.20
5	充油膏接头套管	Ø130×900以下	套	814.90
6	热缩端帽	不带气门	个	15.70
7	镀锌铁线	Ø1.5	kg	6.15
8	镀锌铁线	Ø4.0	kg	4.80
9	填充油膏剂	4442树脂	kg	72.00
10	尼龙固定卡带		条	0.60
11	标志牌		个	3.00
12	电缆卡子		只	0.40
13	热缩端帽	带气门	个	18.00

(七)设计图纸及说明

1. 施工图设计图纸:××#交接箱配线管道电缆线路工程管孔图、电缆图(图号:××-S-DL-01)。

2. 图纸说明:

(1)京展#5右9人孔—右11人孔段为配线填充油膏型管道电缆(T6-0.5),电缆自然弯曲系数为0.5%;京展#5右9人孔—#34交接箱段为交接箱成端电缆(T6-0.5);右11人孔—引上电杆为引上电缆(T6-0.5)。

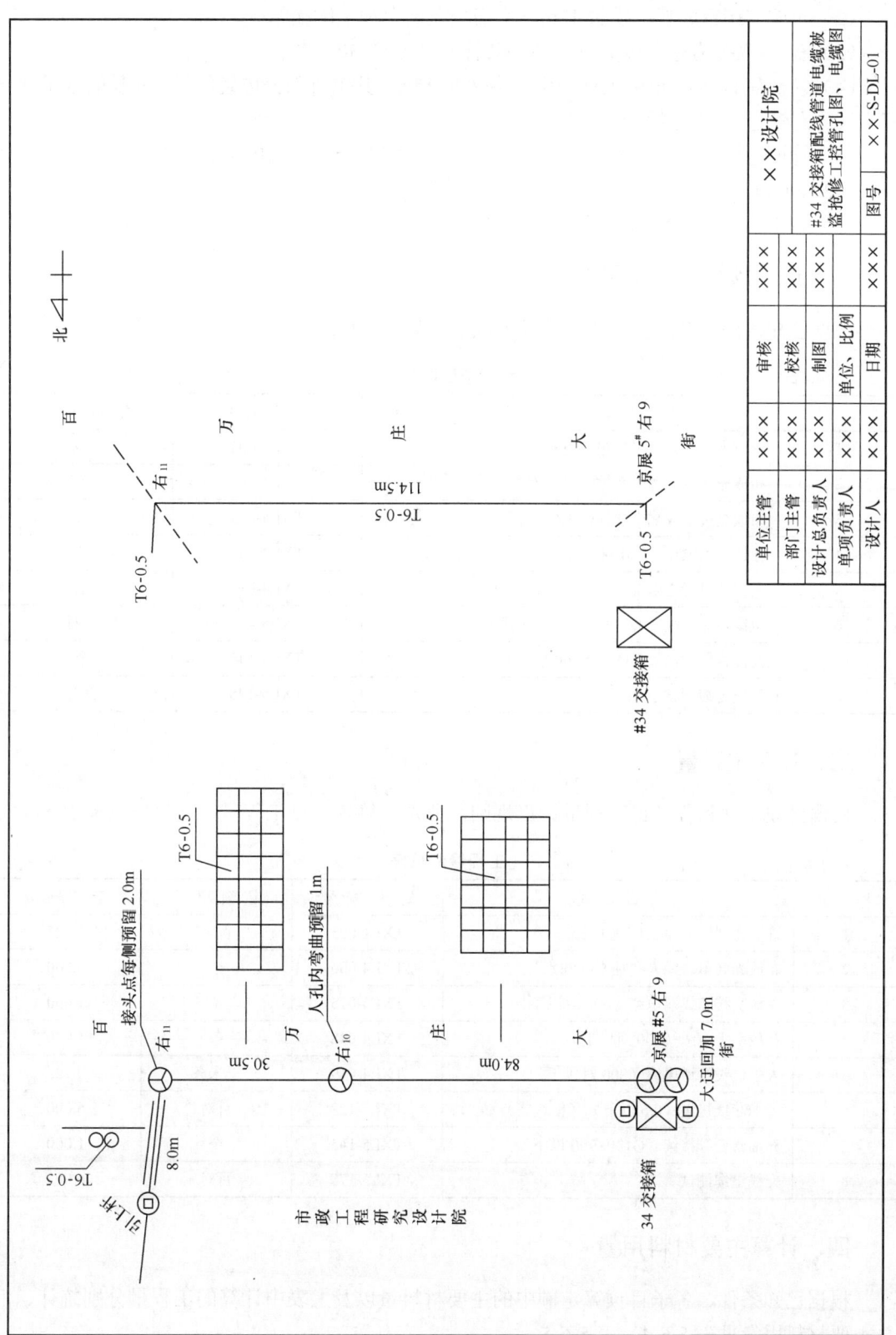

（2）布放交接箱成端电缆长 12m，不需尼龙网套和热缩端帽。

（3）右 11 人孔为电缆接头点，接头套管型号为 Ø130×900。

（4）穿放右 11 人孔至引上杆的引上电缆长 15m，其中有部分电缆经过 8m 长的水平钢管管道（原有管道），需电缆卡子 7 只。

（5）管道电缆敷设方式为人工布放，共需标志牌 3 个；接续电缆芯线的方式为模块接续方式（25 回线模块）。

（6）右 9、右 10、右 11 人孔均有积水。

二、选用预算定额子目

根据已知条件工作内容，选用预算定额子目见表 5-6-2。

表 5-6-2　　　　　　　　　　定额子目汇总表

序　号	项 目 名 称	定 额 编 号	定 额 单 位
1	管道光（电）缆工程施工测量	TXL1-003	百米
2	布放光（电）缆人孔抽水（积水）	TXL4-006	个
3	布放交接箱成端电缆（600 对以下）	TXL4-075	条
4	穿放引上电缆（200 对以上）	TXL4-048	条
5	人工敷设管道电缆（800 对以下）	TXL4-019	千米条
6	电缆芯线接续（0.6 以下）（模块式）	TXL5-128	百对
7	充油膏套管接续（Ø130×900 以下）	TXL5-145	个
8	配线电缆测试	TXL5-178	百对

三、计算工程量

根据已知条件和各子目工程量计算规则，分别计算各子目工程量，计算结果如表 5-6-3。

表 5-6-3　　　　　　　　　　工程量汇总表

序　号	项 目 名 称	定 额 编 号	定 额 单 位	工 程 量
1	管道光（电）缆工程施工测量	TXL1-003	百米	1.225
2	布放光（电）缆人孔抽水（积水）	TXL4-006	个	3.000
3	布放交接箱成端电缆（600 对以下）	TXL4-075	条	1.000
4	穿放引上电缆（200 对以上）	TXL4-048	条	1.000
5	人工敷设管道电缆（800 对以下）	TXL4-019	千米条	0.125
6	电缆芯线接续（0.6 以下）（模块式）	TXL5-128	百对	6.000
7	充油膏套管接续（Ø130×900 以下）	TXL5-145	个	1.000
8	配线电缆测试	TXL5-178	百对	6.000

四、计算主要材料用量

根据已知条件、各子目预算定额中的主要材料量以及上表中计算的工程量分别统计、汇总主要材料用量见表 5-6-4、表 5-6-5。

表 5-6-4　　　　　　　　　　　主要材料用量统计表

项目名称	定额编号	工程量	主材名称	规格型号	主材单位	主材用量统计
布放交接箱成端电缆（600 对以下）	TXL4-075	1.000	电缆	T6-0.5	m	12
穿放引上电缆（200 对以上）	TXL4-048	1.000	电缆	T6-0.5	m	15
			镀锌铁线	Ø1.5	kg	0.1×1
			电缆卡子		只	7
			热缩端帽	带气门	个	1.01×1
			热缩端帽	不带气门	个	1.01×1
人工敷设管道电缆（800 对以下）	TXL4-019	0.125	电缆	T6-0.5	m	1015×0.125
			电缆托板		块	35.35×0.125
			托板塑料垫		块	35.35×0.125
			镀锌铁线	Ø1.5	kg	3.05×0.125
			镀锌铁线	Ø4.0	kg	49.74×0.125
			热缩端帽	带气门	个	8.08×0.125
			热缩端帽	不带气门	个	8.08×0.125
			标志牌		个	3
电缆芯线接续（0.6 以下）（模块式）	TXL5-128	6.000	接线模块	25 回线		4.04×6
充油膏套管接续（Ø130×900 以下）	TXL5-145	1.000	充油膏接头套管		套	1.01×1
			油膏剂		kg	4.67×1
			尼龙固定卡带		根	2.02×1

表 5-6-5　　　　　　　　　　　主要材料用量汇总表

主材名称	规格型号	主材单位	主材用量汇总	主材用量
电缆	T6-0.5	m	12+1015×0.125+15	153.88
镀锌铁线	Ø1.5	kg	0.1×1+3.05×0.125	0.48
电缆卡子		只	7	7.00
热缩端帽	带气门	个	1.01×1+8.08×0.125	2.02
热缩端帽	不带气门	个	1.01×1+8.08×0.125	2.02
电缆托板		块	35.35×0.125	4.42
托板塑料垫		块	35.35×0.125	4.42
镀锌铁线	Ø4.0	kg	49.74×0.125	6.22
标志牌		个	3	3.00
接线模块	25 回线		4.04×6	24.24
充油膏接头套管		套	1.01×1	1.01
油膏剂		kg	4.67×1	4.67
尼龙固定卡带		根	2.02×1	2.02

五、预算编制

（一）预算编制说明

1．工程概况

××市××电话局 34#交接箱配线管道电缆线路工程，在主干通信管道内人工布放填充油膏型 600 对全塑市话配线电缆 0.125 千米条；布放交接箱成端全塑填充油膏型 600 对电缆一条；布放引上全塑市话填充油膏型 600 对电缆一条。本设计为一阶段施工图设计，预算总价值为 32531.03 元。其中建安费 28231.84 元，工程建设其他费 3048.00 元，预备费 1251.19 元；总工日为 38.82，其中技工工日 29.31，普工工日 9.51。

2．编制依据及对采用的取费标准和计算方法

（1）编制依据

① 施工图设计图纸及说明；

② 工信部规〔2008〕75 号《关于发布〈通信建设工程概算 预算编制办法〉及相关定额的通知》；

③ 《××市电信建设工程概算、预算常用电信器材基础价格目录》。

（2）有关费用与费率的取定

① 本工程为一阶段设计，总预算中计列预备费，费率为 4%；

② 主材运杂费费率取定：电缆类运距按 1500km 以内取定为 3.8%；其他类运距按 1500km 以内取定为 9%；塑料及塑料制品类运距按 500km 以内取定为 6.5%；

③ 主材不计采购代理服务费；

④ 已知条件不具备的相关项目费用不计取。

3．工程技术经济指标分析

本单项工程总投资 12531.03 元，敷设全塑市话电缆 600 对管道电缆 0.125 千米条，平均"每对千米条" 433.75 元。

4．其他需说明的问题（略）

（二）预算表格

（1）工程预算总表（表一）（表格编号：GDDL-1）；

（2）建筑安装工程费用预算表（表二）（表格编号：GDDL-2）；

（3）建筑安装工程量预算表（表三）甲（表格编号：GDDL-3）；

（4）建筑安装工程机械使用费预算表（表三）乙（表格编号：GDDL-4）；

（5）国内器材预算表（表四）甲（表格编号：GDDL-6）；

（6）工程建设其他费预算表（表五）甲（表格编号：GDDL-16）。

工程预算总表（表一）

建设项目名称：交接箱配线管道电缆线路工程
单项工程名称：交接箱配线管道电缆线路工程

建设单位名称：×××电话局　　表格编号：GDDL-1　　第全页

序号	表格编号	费用名称	小型建筑工程费	需要安装的设备费	不需要安装的设备工器具费	建筑安装工程费	其他费用	预备费	总价值 人民币（元）	其中外币（ ）
I	II	III	IV	V	VI	VII	VIII	IX	X	XI
1	GDDL-2	工程费				28231.84			28231.84	
2	GDDL-16	工程建设其他费					3048.00		3048.00	
		合计				28231.84	3048.00		31279.84	
3		预备费：（合计×4%）						1251.19	1251.19	
		总计				28231.84	3048.00	1251.19	32531.03	

设计负责人：×××　　审核：×××　　编制：×××　　编制日期：2008年9月

建筑安装工程费用预算表（表二）

工程名称：交接箱配线管道电缆线路工程　　　建设单位名称：×××电话局　　　表格编号：GDDL-2　　　第全页

序号 I	费用名称 II	依据和计算方法 III	合计（元）IV	序号 I	费用名称 II	依据和计算方法 III	合计（元）IV
I	建筑安装工程费	一+二+三+四	28231.84	8	夜间施工增加费	人工费×3%	47.63
一	直接费	直接工程费+措施费	26579.83	9	冬雨季施工增加费	人工费×2%	31.75
（一）	直接工程费	1至4之和	25984.49	10	生产工具用具使用费	人工费×3%	47.63
1	人工费	技工费+普工费	1587.57	11	施工生产用水电蒸汽费		
(1)	技工费	技工总工日×48元/工日	1406.88	12	特殊地区施工增加费		
(2)	普工费	普工总工日×19元/工日	180.69	13	已完工程及设备保护费		
2	材料费	主要材料费+辅助材料费	24362.72	14	运土费		
(1)	主要材料费	表四甲材料表一总计	24289.85	15	施工队伍调遣费		
(2)	辅助材料费	主要材料费×0.3%	72.87	16	大型施工机械调遣费		
3	机械使用费	表三乙一总计	34.20	二	间接费	规费+企业管理费	984.30
4	仪表使用费	表三丙一总计	0.00	（一）	规费	1至4之和	508.03
（二）	措施费	1至16之和	595.34	1	工程排污费		
1	环境保护费	人工费×1.5%	23.81	2	社会保障费	人工费×26.81%	425.63
2	文明施工费	人工费×1%	15.88	3	住房公积金	人工费×4.19%	66.52
3	工地器材搬运费	人工费×5%	79.38	4	危险作业意外伤害保险费	人工费×1%	15.88
4	工程干扰费	人工费×6%	95.25	（二）	企业管理费	人工费×30%	476.27
5	工程点交、场地清理费	人工费×5%	79.38	三	利润	人工费×30%	476.27
6	临时设施费	人工费×5%	79.38	四	税金	（纳税直接费+间接费+利润）×3.41%	191.44
7	工程车辆使用费	人工费×6%	95.25				

设计负责人：×××　　　审核：×××　　　编制：×××　　　编制日期：2008年9月

建筑安装工程量预算表（表三）甲

工程名称：交接箱配管道电缆线路工程　　　　　建设单位名称：×××电话局　　　　　表格编号：GDDL-3　　　　　第 全页

序号	定额编号	项目名称	单位	数量	单位定额值（工日）		合计值（工日）		
					技工	普工	技工	普工	
I	II	III	IV	V	VI	VII	VIII	IX	
1	TXL1-003	管道光（电）缆工程施工测量	百米	1.23	0.50	0.00	0.61	0.00	
2	TXL4-006	布放光（电）缆人孔抽水（积水）	个	3.00	0.00	1.00	0.00	3.00	
3	TXL4-075	布放交接箱成端电缆（600对以下）	条	1.00	7.60	0.00	7.60	0.00	
4	TXL4-048	穿放引上电缆（200对以上）	条	1.00	0.48	0.96	0.48	0.96	
5	TXL4-019	人工敷设管道电缆（800对以下）	千米条	0.13	17.79	30.26	2.31	3.93	
6	TXL5-128	电缆芯线接续（0.6以下）（模块式）	百对	6.00	0.66	0.00	3.96	0.00	
7	TXL5-145	充油膏套管接续（Ø130×900以下）	个	1.00	1.53	0.38	1.53	0.38	
8	TXL5-178	配线电缆全程测试	百对	6.00	1.50	0.00	9.00	0.00	
		合计					25.49	8.27	
		工程总工日100工日以下调整（系数：1.15）					3.82	1.24	
		总计					29.31	9.51	

设计负责人：×××　　　　　审核：×××　　　　　编制：×××　　　　　编制日期：2008 年 9 月

建筑安装工程机械使用费预算表（表三）乙

工程名称：交接箱配线管道电缆线路工程　　　　　建设单位名称：×××电话局　　　　　表格编号：GDDL-4　　　　　第 全 页

序号	定额编号	项目名称	单位	数量	机械名称	单位定额值		合计值	
						数量（台班）	单价（元）	数量（台班）	合价（元）
Ⅰ	Ⅱ	Ⅲ	Ⅳ	Ⅴ	Ⅵ	Ⅶ	Ⅷ	Ⅸ	Ⅹ
1	TXL4-006	布放光（电）缆入孔抽水（积水）	个	3.00	抽水机	0.20	57.00	0.60	34.20
					合　计				34.20

设计负责人：×××　　审核：×××　　编制：××××　　编制日期：2008 年 9 月

国内器材预算表（表四）甲
（主要材料表）

工程名称：交接箱前线管道电缆线路工程　　　　　　　　　　　　　　　　　　　　表格编号：GDDL-6　　　第 1 页
建设单位名称：×××电话局

序号	名称	规格程式	单位	数量	单价（元）	合计（元）	备注
Ⅰ	Ⅱ	Ⅲ	Ⅳ	Ⅴ	Ⅵ	Ⅶ	Ⅷ
1	电缆	T6-0.5	m	153.88	138.80	21358.54	
	电缆类小计					21358.54	
	运杂费	小计×3.8%				811.62	
	采购保管费	小计×1.1%				234.94	
	运输保险费	小计×0.1%				21.36	
	电缆类合计					22426.46	
2	标志牌		个	3.00	3.00	9.00	
3	充油膏套管接头		套	1.01	814.90	823.05	
4	电缆卡子		只	7.00	0.40	2.80	
5	电缆托板		块	4.42	5.35	23.65	
6	镀锌铁线	Ø1.5	kg	0.48	6.15	2.95	
7	镀锌铁线	Ø4.0	kg	6.22	4.80	29.86	
8	接线模块	25回线	块	24.24	16.20	392.69	
9	尼龙固定卡带		根	2.02	0.60	1.21	
10	填充油膏剂		kg	4.67	72.00	336.24	
	其他类小计	小计×9%				1621.45	
	运杂费					145.93	
	采购保管费	小计×1.1%				17.84	
	运输保险费	小计×0.1%				1.62	
	其他类合计					1786.84	

设计负责人：×××　　审核：×××　　编制：×××　　编制日期：2008 年 9 月

国内器材预算表（表四）甲
（主要材料表）

工程名称：交接箱配线管道电缆线路工程　　　　建设单位名称：×××电话局　　　　表格编号：GDDL-6　　　　第 2 页

序号	名 称	规格程式	单位	数量	单价（元）	合计（元）	备注
Ⅰ	Ⅱ	Ⅲ	Ⅳ	Ⅴ	Ⅵ	Ⅶ	Ⅷ
11	热缩端帽	不带气门	个	2.02	15.70	31.71	
12	热缩端帽	带气门	个	2.02	18.00	36.36	
13	托板塑料垫		块	4.42	0.68	3.01	
	塑料及塑料制品类小计					71.08	
	运杂费	小计×6.5%				4.62	
	采购保管费	小计×1.1%				0.78	
	运输保险费	小计×0.1%				0.07	
	塑料及塑料制品类合计					76.55	
	总计	以上3类合计之和				24289.85	

设计负责人：×××　　　　审核：×××　　　　编制：×××　　　　编制日期：2008 年 9 月

工程建设其他费预算表（表五）甲

工程名称：交接箱配线管道电缆线路工程
建设单位名称：×××电话局
表格编号：GDDL-16
第全页

序号	费用名称	计算依据及方法	金额（元）	备注
I	II	III	IV	V
1	建设用地及综合赔补费			
2	建设单位管理费	投资估算额×1.5%	565.68	
3	可行性研究费			
4	研究试验费			
5	勘察设计费	已知	2200.00	
6	环境影响评价费			
7	劳动安全卫生评价费			
8	建设工程监理费			
9	安全生产费	建筑安装工程费×1%	282.32	
10	工程质量监督费			
11	工程定额测定费			
12	引进技术及引进设备其他费			
13	工程保险费			
14	工程招标代理费			
15	专利及专用技术使用费			
	总计		3048.00	
16	生产准备及开办费			

设计负责人：×××　审核：×××　编制：×××　编制日期：2008年9月

示例七 ××局架空光缆线路单项工程一阶段施工图设计预算

一、已知条件

（一）本工程设计为××局架空光缆线路单项工程一阶段施工图设计。

（二）本工程施工企业驻地距施工现场 100km；工程所在地为非特殊地区，并且施工不受干扰。

（三）设计图纸及说明：

1．××局市话光缆线路工程杆路图（图号：××-S-GL-01）。

2．××局市话光缆线路工程光缆施工图（图号：××-S-GL-02）。

3．图纸说明：

（1）工程在市区内施工；土质为综合土；电杆为 8.0m 高防腐木电杆，不需要安装横木。

（2）拉线采用夹板法，装设 7/2.6 单股拉线；横木拉线地锚采用 7/2.6 单条单下方式，横木为 1200mm×180mm。

（3）架设吊线时需要安装吊线担；吊线用 U 形卡子做终结。

（4）架空吊线程式为 7/2.2；吊线的垂度增长长度可以忽略不计；吊线无接头；吊线两端终结增长余留共 3.0m。

（5）架空光缆自然弯曲系数按 0.5%取定，不需要安装光缆标志牌，光缆单盘测试按单窗口取定，不进行偏振模色散测试。

（6）本工程所在中继段长 40km，中继段光缆测试按双窗口取定，不进行偏振模色散测试。

（四）本工程勘察设计费为 3000 元，建设单位管理费为 1000 元。

（五）本工程预算内不计列"施工生产用水电蒸汽费"、"已完工程及设备保护费"、"运土费"、"工程排污费"、"建设用地及综合赔补费"、"可行性研究费"、"研究试验费"、"环境影响评价费"、"劳动安全卫生评价费"、"建设工程监理费"、"工程质量监督费"、"工程定额测定费"、"工程保险费"、"工程招标代理费"、"生产准备及开办费"、"建设期利息"。

（六）主材运距：光缆、木材及木制品、塑料及塑料制品为 500km；其他为 800km。其单价见表 5-7-1。

表 5-7-1 主材单价表

序 号	名 称	规 格 程 式	单 位	单价（元）
1	光缆接续器材		套	500.00
2	架空光缆		m	50.00
3	横木		根	50.00

续表

序号	名称	规格程式	单位	单价（元）
4	木电杆	梢径 14～20cm	根	300.00
5	U 形卡子		个	1.00
6	电缆挂钩		只	0.30
7	吊线担		根	5.00
8	镀锌穿钉	180～260mm	副	2.00
9	镀锌穿钉	长 100	副	0.70
10	镀锌钢绞线	7/2.2	kg	6.00
11	镀锌钢绞线	7/2.6	kg	6.00
12	镀锌铁线	Ø1.5	kg	6.15
13	镀锌铁线	Ø3.0	kg	4.80
14	镀锌铁线	Ø4.0	kg	4.80
15	拉线衬环		个	1.95
16	三眼单槽夹板		副	3.00
17	三眼双槽夹板		块	3.50
18	条形护杆板		块	1.00
19	瓦形护杆板		块	4.15
20	保护软管		m	1.00

二、选用预算定额子目

根据已知条件工作内容，选用预算定额子目见表 5-7-2。

表 5-7-2　　　　　　　　定额子目汇总表

序号	项目名称	定额编号	定额单位
1	架空光（电）缆工程施工测量	TXL1-002	百米
2	立 8.5m 以下木电杆（综合土）	TXL3-013	根
3	木杆夹板法装 7/2.6 单股拉线（综合土）	TXL3-081	条
4	制做横木拉线地锚（7/2.6 单条单下）	TXL3-135	个
5	木电杆架设 7/2.2 吊线	TXL3-154	千米条
6	架设架空光缆（丘陵、城区、水田）（12 芯以下）	TXL3-180	千米条
7	光缆接续（12 芯以下）	TXL5-001	头
8	40km 以下中继段光缆测试	TXL5-067	中继段

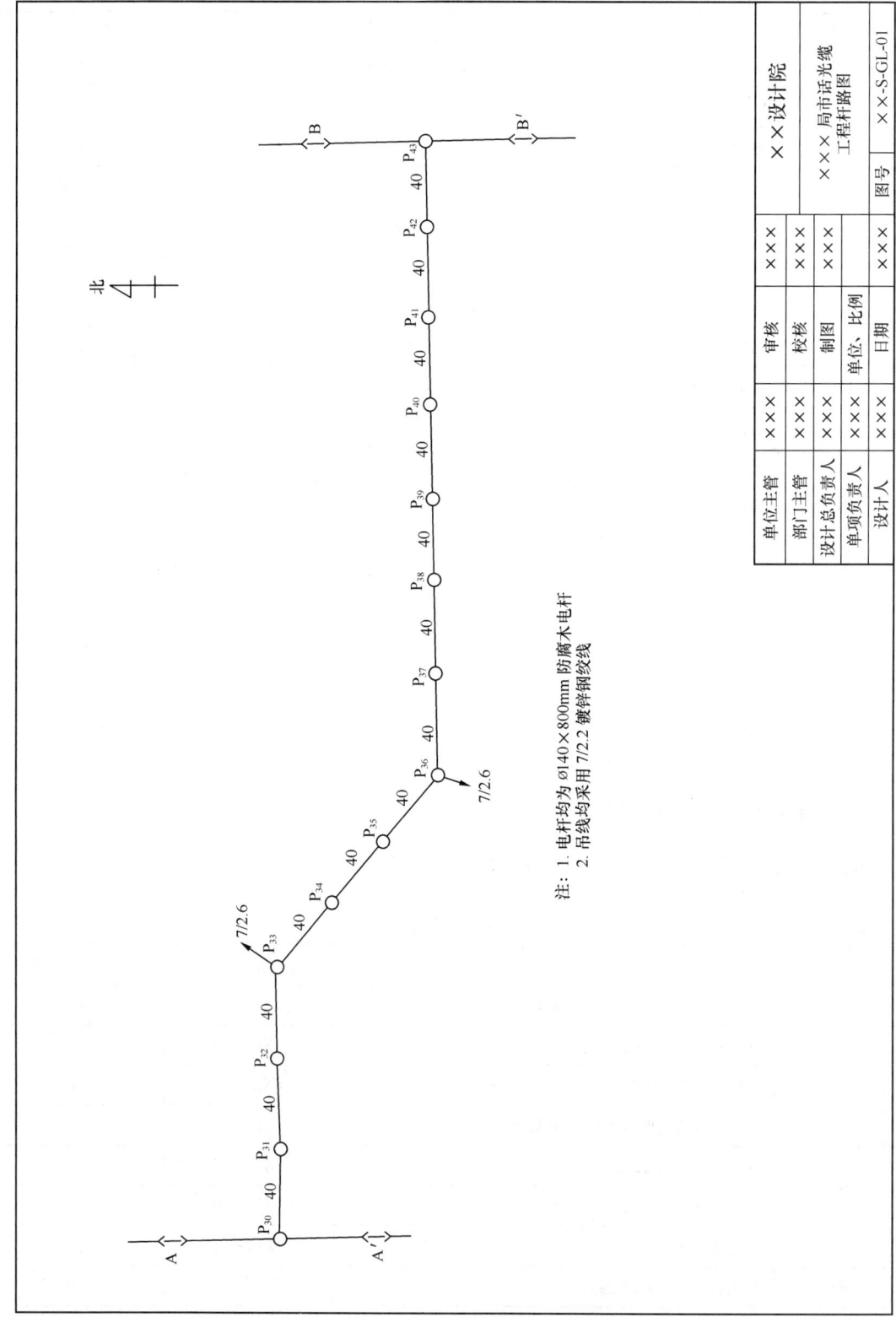

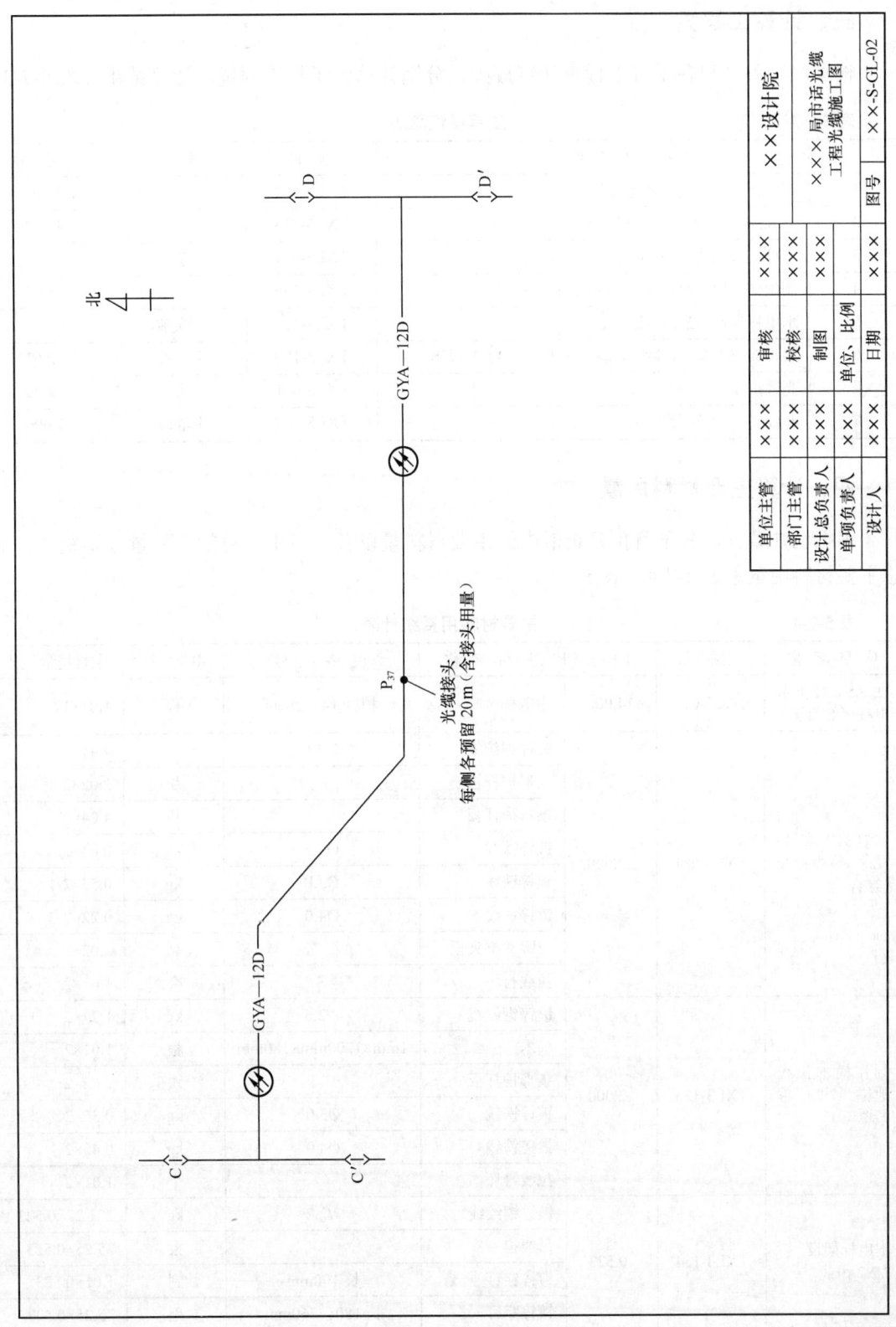

三、计算工程量

根据已知条件和各子目工程量计算规则,分别计算各子目工程量,计算结果如表 5-7-3。

表 5-7-3　　　　　　　　　　　　工程量汇总表

序 号	项 目 名 称	定额编号	定额单位	工 程 量
1	架空光(电)缆工程施工测量	TXL1-002	百米	5.200
2	立 8.5m 以下木电杆(综合土)	TXL3-013	根	14.000
3	木杆夹板法装 7/2.6 单股拉线(综合土)	TXL3-081	条	2.000
4	制做横木拉线地锚(7/2.6 单条单下)	TXL3-135	个	2.000
5	木电杆架设 7/2.2 吊线	TXL3-154	千米条	0.523
6	架设架空光缆(丘陵、城区、水田)(12 芯以下)	TXL3-180	千米条	0.563
7	光缆接续(12 芯以下)	TXL5-001	头	1.000
8	40km 以下中继段光缆测试	TXL5-067	中继段	1.000

四、计算主要材料用量

根据已知条件、各子目预算定额中的主要材料量以及上表中计算的工程量分别统计、汇总主要材料用量见表 5-7-4、表 5-7-5。

表 5-7-4　　　　　　　　　　　　主要材料用量统计表

项 目 名 称	定额编号	工程量	主材名称	规格型号	主材单位	主材用量统计
立 8.5m 以下木电杆(综合土)	TXL3-013	14.000	木电杆	梢径 14~20cm	根	1.01×14
木杆夹板法装 7/2.6 单股拉线(综合土)	TXL3-081	2.000	镀锌钢绞线	7/2.6	kg	4.41×2
			瓦形护杆板		块	2.02×2
			条形护杆板		块	4.04×2
			镀锌铁线	Ø1.5	kg	0.04×2
			镀锌铁线	Ø3.0	kg	0.55×2
			镀锌铁线	Ø4.0	kg	0.22×2
			三眼双槽夹板		副	2.02×2
			拉线衬环		个	1.01×2
制作横木拉线地锚(7/2.6 单条单下)	TXL3-135	2.000	镀锌钢绞线	7/2.6	kg	1.27×2
			横木	1mm×1200mm×180mm	根	1.01×2
			条形护杆板		块	2.02×2
			镀锌铁线	Ø3.0	kg	0.35×2
			镀锌铁线	Ø4.0	kg	0.45×2
			拉线衬环		个	1.01×2
木电杆架设 7/2.2 吊线	TXL3-154	0.523	镀锌钢绞线	7/2.2	kg	221.27×0.523
			吊线担		根	25.25×0.523
			镀锌穿钉	长 100mm	副	1.01×0.523
			镀锌穿钉	长 180~260mm	副	25.25×0.523

续表

项目名称	定额编号	工程量	主材名称	规格型号	主材单位	主材用量统计
木电杆架设 7/2.2 吊线	TXL3-154	0.523	三眼单槽夹板		副	28.28×0.523
			镀锌铁线	Ø4.0	kg	2×0.523
			镀锌铁线	Ø3.0	kg	1×0.523
			镀锌铁线	Ø1.5	kg	0.1×0.523
			拉线衬环		个	6.06×0.523
			瓦形护杆板		块	8.08×0.523
			条形护杆板		块	12.12×0.523
			U形卡子		个	12.12×0.523
架设架空光缆（丘陵、城区、水田）（12芯以下）	TXL3-180	0.563	架空光缆		m	1007×0.563
			电缆挂钩		只	2060×0.563
			保护软管		m	25×0.563
			镀锌铁线	Ø1.5	kg	0.61×0.563
光缆接续（12芯以下）	TXL5-001	1.000	光缆接续器材		套	1.01×1

表 5-7-5　　　　　　　　　主要材料用量汇总表

主材名称	规格型号	主材单位	主材用量汇总	主材用量
木电杆	梢径14～20cm	根	1.01×14	14.14
镀锌钢绞线	7/2.6	kg	4.41×2+1.27×2	11.36
瓦形护杆板		块	2.02×2+8.08×0.523	8.27
条形护杆板		块	4.04×2+2.02×2+12.12×0.523	18.46
镀锌铁线	Ø1.5	kg	0.04×2+0.1×0.523+0.61×0.563	0.48
镀锌铁线	Ø3.0	kg	0.55×2+0.35×2+1×0.523	2.32
镀锌铁线	Ø4.0	kg	0.22×2+0.45×2+2×0.523	2.39
三眼双槽夹板		副	2.02×2	4.04
拉线衬环		个	1.01×2+1.01×2+6.06×0.523	7.21
横木	1mm×1200mm×180mm	根	1.01×2	2.02
镀锌钢绞线	7/2.2	kg	221.27×0.523	115.72
吊线担		根	25.25×0.523	13.21
镀锌穿钉	长100mm	副	1.01×0.523	0.53
镀锌穿钉	长180～260mm	副	25.25×0.523	13.21
三眼单槽夹板		副	28.28×0.523	14.79
U形卡子		个	12.12×0.523	6.34
架空光缆		m	1007×0.563	566.94
电缆挂钩		只	2060×0.563	1159.78
保护软管		m	25×0.563	14.08
光缆接续器材		套	1.01×1	1.01

五、预算编制

（一）预算编制说明

1．工程概况

××局架空光缆线路单项工程，新立 8m 木电杆 14 根；架设 7/2.2 镀锌钢绞线 0.52 千米条；架空光缆 0.56 千米条。本设计为一阶段施工图设计，总投资 51834.95 元。

2．编制依据及对采用的取费标准和计算方法

（1）编制依据

① 施工图设计图纸及说明；

② 工信部规〔2008〕75 号《关于发布〈通信建设工程概算 预算编制办法〉及相关定额的通知》；

③ 《××电信建设工程概算、预算常用电信器材基础价格目录》。

（2）有关费用与费率的取定

① 本工程采用一阶段设计，总预算中计列预备费，费率为 4%；

② 主材运杂费费率取定：光缆按运距 500km 以内取定为 1.4%，其他运杂费费率按 800km 以内取定为 7.2%，塑料及制品按运距 500km 以内取定为 6.5%，木材及木材制品按运距 500km 以内取定为 12.5%；

③ 主材不计采购代理服务费；

④ 已知条件不具备的相关项目费用不计取。

3．工程技术经济指标分析

本单项工程总投资 51834.95 元。其中建安费 45387.43 元；工程建设其他费 4453.87 元；预备费 1993.65 元。

本工程在 0.52km 的路由上架设 12 芯光缆，平均每芯公里造价 8306.88 元。

4．其他需说明的问题（略）

（二）预算表格

（1）工程预算总表（表一）（表格编号：JKGL-1）；

（2）建筑安装工程费用预算表（表二）（表格编号：JKGL-2）；

（3）建筑安装工程量预算表（表三）甲（表格编号：JKGL-3）；

（4）建筑安装工程机械使用费预算表（表三）乙（表格编号：JKGL-4）；

（5）建筑安装工程仪器仪表使用费预算表（表三）丙（表格编号：JKGL-5）；

（6）国内器材预算表（表四）甲（表格编号：JKGL-6）；

（7）工程建设其他费预算表（表五）甲（表格编号：JKGL-7）。

工程预算总表（表一）

建设项目名称：××局架空光缆线路单项工程
建设单位名称：×××
表格编号：JKGL-1
第全页

单项工程名称：××局架空光缆线路单项工程

序号	表格编号	费用名称	小型建筑工程费	需要安装的设备费	不需要安装的设备工器具费	建筑安装工程费	其他费用	预备费	总价值 人民币（元）	其中外币（ ）
I	II	III	IV	V	VI	VII	VIII	IX	X	XI
1	JKXL-2	工程费				45387.43			45387.43	
2	JKXL-7	工程建设其他费					4453.87		4453.87	
		合计				45387.43	4453.87		49841.30	
3		预备费：（合计×4%）						1993.65	1993.65	
		总计				45387.43	4453.87	1993.65	51834.95	

设计负责人：×××　　审核：×××　　编制：×××　　编制日期：2008 年 9 月

建筑安装工程费用预算表（表二）

工程名称：××局架空光缆线路单项工程　　　建设单位名称：×××　　　表格编号：JKGL-2　　　第全页

序号	费用名称	依据和计算方法	合计（元）	序号	费用名称	依据和计算方法	合计（元）
I	II	III	IV	I	II	III	IV
	建筑安装工程费	一+二+三+四	45387.43	8	夜间施工增加费	人工费×3%	76.56
一	直接费	直接工程费+措施费	42501.98	9	冬雨季施工增加费	人工费×2%	51.04
(一)	直接工程费	1至4之和	40014.50	10	生产工具用具使用费	人工费×3%	76.56
1	人工费	技工费+普工费	2551.99	11	施工生产用水电蒸汽费		
(1)	技工费	技工总工日×48元/工日	2107.20	12	特殊地区施工增加费		
(2)	普工费	普工总工日×19元/工日	444.79	13	已完工程及设备保护费		
2	材料费	主要材料费+辅助材料费	36167.57	14	运土费		
(1)	主要材料费	表四甲材料表一总计	36059.39	15	施工队伍调遣费	2×106×5	1060.00
(2)	辅助材料费	主要材料费×0.3%	108.18	16	大型施工机械调遣费	0.62元/吨・单程千米×大型机械总吨位×100公里×2	496.00
3	机械使用费	表三乙一总计	292.00	二	间接费	1至2之和	1582.24
4	仪表使用费	表三丙一总计	1002.94	(一)	规费	规费+企业管理费	816.64
(二)	措施费	1至16之和	2487.48	1	工程排污费		
1	环境保护费	人工费×1.5%	38.28	2	社会保障费	人工费×26.81%	684.19
2	文明施工费	人工费×1%	25.52	3	住房公积金	人工费×4.19%	106.93
3	工地器材搬运费	人工费×5%	127.60	4	危险作业意外伤害保险费	人工费×1%	25.52
4	工程干扰费			(二)	企业管理费	人工费×30%	765.60
5	工程点交、场地清理费	人工费×5%	127.60	三	利润	人工费×30%	765.60
6	临时设施费	人工费×10%	255.20	四	税金	(纳税直接费+间接费+利润)×3.41%	537.61
7	工程车辆使用费	人工费×6%	153.12				

设计负责人：×××　　　审核：×××　　　编制：×××　　　编制日期：2008年9月

建筑安装工程量预算表（表三）甲

工程名称：××局架空光缆线路单项工程　　建设单位名称：××××　　表格编号：JKGL-3　　第全页

序号	定额编号	项目名称	单位	数量	单位定额值（工日）			合计值（工日）		
					技工	普工		技工	普工	
I	II	III	IV	V	VI	VII		VIII	IX	
1	TXL1-002	架空光（电）缆工程施工测量	百米	5.200	0.60	0.20		3.12	1.04	
2	TXL3-013	丘陵、水田、城区立8.5m以下木电杆（综合土）	根	14.000	0.47	0.47		6.58	6.58	
3	TXL3-081	丘陵、水田、城区夹板法装7/2.6木杆单肩拉线（综合土）	条	2.000	1.20	0.78		2.40	1.56	
4	TXL3-135	制作横木拉线地锚（7/2.6单条单下）	个	2.000	0.40	0.20		0.80	0.40	
5	TXL3-154	木电杆架设7/2.2吊线	千米条	0.523	8.00	8.50		4.18	4.45	
6	TXL3-180	丘陵、城区、水田地区架设架空光缆（12芯以下）	千米条	0.563	14.23	11.24		8.01	6.33	
7	TXL5-001	光缆接续（12芯以下）	头	1.000	3.00	0.00		3.00	0.00	
8	TXL5-067	40km以下中继段光缆测试（双窗口测试，12芯以下）	中继段	1.000	10.08	0.00		10.08	0.00	
		合　计						38.17	20.36	
		工程总工日100工日以下调整（系数：1.15）						5.73	3.05	
		总　计						43.90	23.41	

设计负责人：××××　　审核：××××　　编制：××××　　编制日期：2008年9月

建筑安装工程机械使用费预算表（表三）乙

工程名称：××局架空光缆线路单项工程　　　　建设单位名称：×××　　　　表格编号：JKGL-4　　　　第全页

序号	定额编号	项目名称	单位	数量	机械名称	单位定额值		合 计 值	
						数量（台班）	单价（元）	数量（台班）	合价（元）
I	II	III	IV	V	VI	VII	VIII	IX	X
1	TXL5-001	光缆接续（12芯以下）	头	1.000	光缆接续车	0.50	242.00	0.50	121.00
2					光纤熔接机	0.50	168.00	0.50	84.00
3					汽油发电机（10kW）	0.30	290.00	0.30	87.00
					合　计				292.00

设计负责人：×××　　　　审核：×××　　　　编制：×××　　　　编制日期：2008 年 9 月

- 202 -

建筑安装工程仪器仪表使用费预算表（表三）丙

工程名称：××局架空光缆线路单项工程　　　建设单位名称：×××　　　表格编号：JKGL-5　　　第全页

序号	定额编号	项目名称	单位	数量	仪表名称	单位定额值		合计值	
						数量（台班）	单价（元）	数量（台班）	合价（元）
I	II	III	IV	V	VI	VII	VIII	IX	X
1	TXL1-002	架空光（电）缆工程施工测量	百米	5.200	地下管线探测仪	0.05	173.00	0.26	44.98
2	TXL3-180	丘陵、城区、水田地区架设架空光缆（12芯以下）	千米条	0.563	光时域反射仪	0.10	306.00	0.06	18.36
3	TXL5-001	光缆接续（12芯以下）	头	1.000	光时域反射仪	1.00	306.00	1.00	306.00
4	TXL5-067	40km以下中继段光缆测试（双窗口测试，12芯以下）	中继段	1.000	光功率计	1.44	62.00	1.44	89.28
5					光时域反射仪	1.44	306.00	1.44	440.64
6					稳定光源	1.44	72.00	1.44	103.68
					合　计				1002.94

设计负责人：×××　　　审核：××××　　　编制：××××　　　编制日期：2008 年 9 月

国内器材预算表（表四）甲

（主要材料表）

工程名称：××局架空光缆线路单项工程 建设单位名称：××× 表格编号：JKGL-6 第 1 页

序号	名称	规格程式	单位	数量	单价（元）	合计（元）	备注
I	II	III	IV	V	VI	VII	VIII
1	架空光缆		m	566.94	50.00	28347.00	
	光缆类小计					28347.00	
	运杂费	小计×1.4%				396.86	
	采购保管费	小计×1.1%				311.82	
	运输保险费	小计×0.1%				28.35	
	光缆类合计					29084.03	
2	横木		根	2.02	50.00	101.00	
3	木电杆	梢径14～20cm	根	14.14	300.00	4242.00	
	木材及木制品类小计					4343.00	
	运杂费	小计×12.5%				542.88	
	采购保管费	小计×1.1%				47.77	
	运输保险费	小计×0.1%				4.34	
	木材及木制品类合计					4937.99	
4	光缆接续器材		套	1.01	500.00	505.00	
5	U形卡子		个	6.34	1.00	6.34	
6	电缆挂钩		只	1159.78	0.30	347.93	
7	吊线担		根	13.21	5.00	66.05	
8	镀锌穿钉	180～260mm	副	13.21	2.00	26.42	
9	镀锌穿钉	长100mm	副	0.53	0.70	0.37	
10	镀锌钢绞线	7/2.2	kg	115.72	6.00	694.32	

设计负责人：×××   审核：×××   编制：×××   编制日期：2008 年 9 月

国内器材预算表（表四）甲
（主要材料表）

工程名称：××光缆线路单项工程　　　　建设单位名称：×××　　　　表格编号：JKXL-6　　　　第 2 页

序号	名称	规格程式	单位	数量	单价（元）	合计（元）	备注
I	II	III	IV	V	VI	VII	VIII
11	镀锌钢绞线	7/2.6	kg	11.36	6.00	68.16	
12	镀锌铁线	Ø1.5	kg	0.48	6.15	2.95	
13	镀锌铁线	Ø3.0	kg	2.32	4.80	11.14	
14	镀锌铁线	Ø4.0	kg	2.39	4.80	11.47	
15	拉线衬环		个	7.21	1.95	14.06	
16	三眼单槽夹板		副	14.79	3.00	44.37	
17	三眼双槽夹板		块	4.04	3.50	14.14	
18	条形护杆板		块	18.46	1.00	18.46	
19	瓦形护杆板		块	8.27	4.15	34.32	
	其他类小计					1865.50	
	运杂费	小计×7.2%				134.32	
	采购保管费	小计×1.1%				20.52	
	运输保险费	小计×0.1%				1.87	
	其他类合计					2022.21	
20	保护软管		m	14.08	1.00	14.08	
	塑料及塑料制品类小计					14.08	
	运杂费	小计×6.5%				0.92	
	采购保管费	小计×1.1%				0.15	
	运输保险费	小计×0.1%				0.01	
	塑料及塑料制品类合计					15.16	
	总计	以上 4 类合计之和				36059.39	

设计负责人：×××　　　　审核：×××　　　　编制：×××　　　　编制日期：2008 年 9 月

工程建设其他费预算表（表五）甲

工程名称：××局架空光缆线路单项工程　　　　建设单位名称：×××　　　　表格编号：JKGL-7　　　　第 全 页

序号	费用名称	计算依据及方法	金额（元）	备注
I	II	III	IV	V
1	建设用地及综合赔补费	已知	1000.00	
2	建设单位管理费			
3	可行性研究费			
4	研究试验费			
5	勘察设计费	已知	3000.00	
6	环境影响评价费			
7	劳动安全卫生评价费			
8	建设工程监理费			
9	安全生产费	建筑安装工程费×0.01	453.87	
10	工程质量监督费			
11	工程定额测定费			
12	引进技术及引进设备其他费			
13	工程保险费			
14	工程招标代理费			
15	专利及专用技术使用费			
	总　计		4453.87	
16	生产准备及开办费			

设计负责人：×××　　　审核：×××　　　编制：×××　　　编制日期：2008 年 9 月

# 示例八 ××电话局配套通信管道单项工程一阶段施工图设计预算

一、已知条件

（一）工程概况：

本工程为××电话局配套通信管道单项工程。其中新建六孔（6×1）Ø114钢管（丝扣接续）管道17.5m；新建（3×2）Ø110六孔塑料管道39.5m；新建[1.2m×1.7m×1.8m（内宽×内长×内高）]特殊手孔#1、#2共2个（现场浇筑上覆）；钢管管道下方有污水沟其基础应加筋；塑料管道基础不加筋；开人孔窗口一个。

（二）本工程采用一阶段设计。

（三）本工程施工企业驻地距施工现场35km；工程所在地为城区。

（四）施工用水电蒸汽费按200元计列。

（五）本工程勘察设计费为1123.28元，建设单位管理费为1000元，建设用地及综合赔补费为21190元。

（六）本工程预算内不计列"特殊地区施工增加费"、"已完工程及设备保护费"、"运土费"、"工程排污费"、"建设用地及综合赔补费"、"可行性研究费"、"研究试验费"、"环境影响评价费"、"劳动安全卫生评价费"、"建设工程监理费"、"工程质量监督费"、"工程定额测定费"、"工程保险费"、"工程招标代理费"、"生产准备及开办费"、"建设期利息"。

（七）设计图纸及说明：

1．××局××××光缆环配套电信管道工程平面图（图号：××-S-GD-01）。

2．××局××××光缆环配套电信管道工程纵断面图（图号：××-S-GD-02）。

3．1.20m×1.7m×1.80m手孔图（图号：××-S-GD-03）。

4．6孔（6×1）钢管管道、6孔（3×2）塑料管道横断面图（图号：××-S-GD-04）。

5．施工图纸说明：

（1）图纸中的管道长度，是路由长度（手孔中心～手孔中心）。

（2）开挖路面类别：

① #原中号直通（人孔中心至人孔外墙壁长边990mm）～#1手孔间：Ø114mm的6孔钢管管道沟长14m为柏油马路面（厚250mm）；其余为水泥花砖路面（厚100mm）。

② #1手孔～#2手孔间：管道沟长7m为混凝土砌块路面；其余为水泥花砖路面（厚100mm）。

③ 两手孔坑路面：为水泥花砖路面（厚100mm）。

（3）#原人孔开窗口1处。

（4）人孔坑、管道沟土质为硬土，放坡系数为0.33；管道基础厚80mm。

（5）手推车倒运土方为18m³。

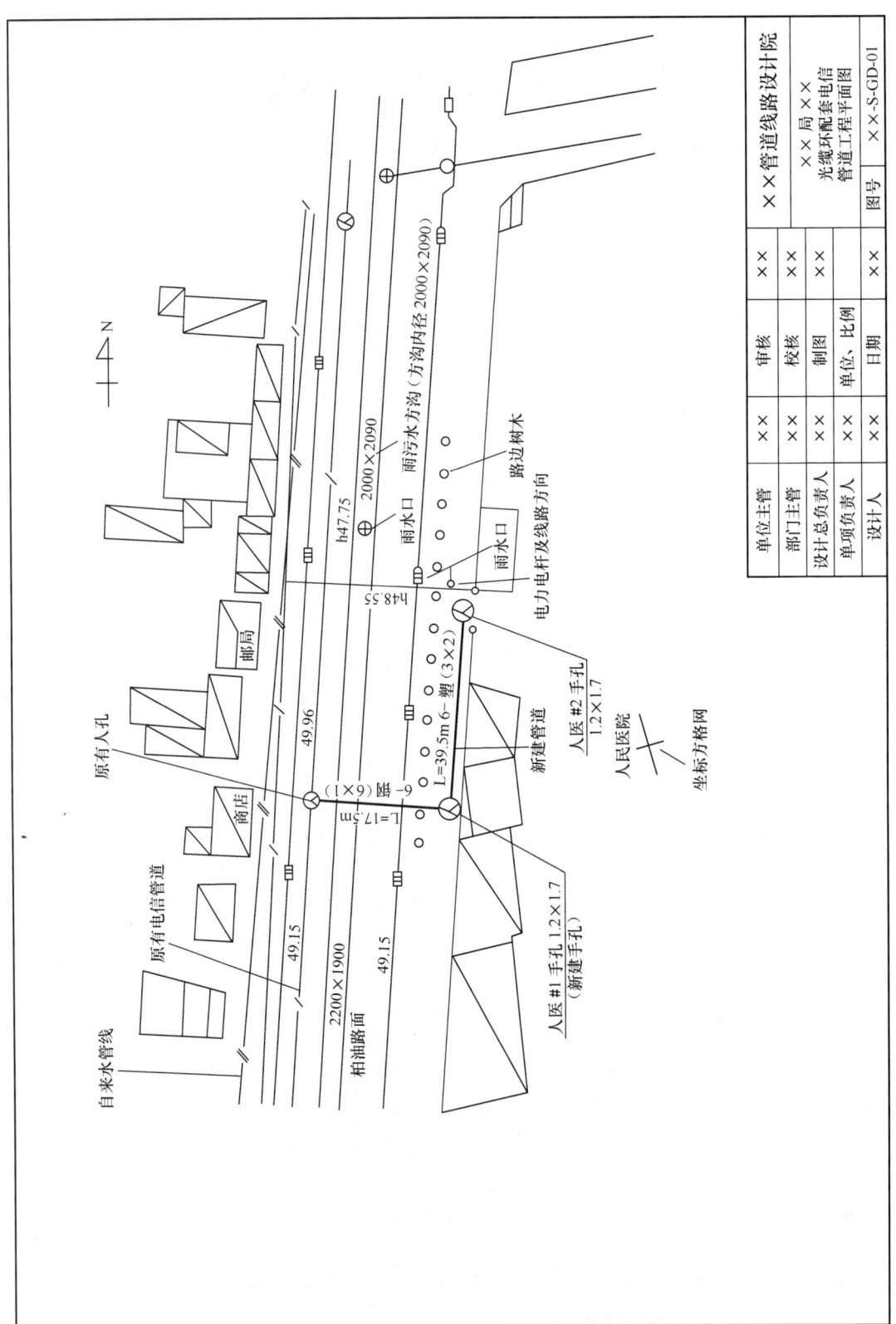

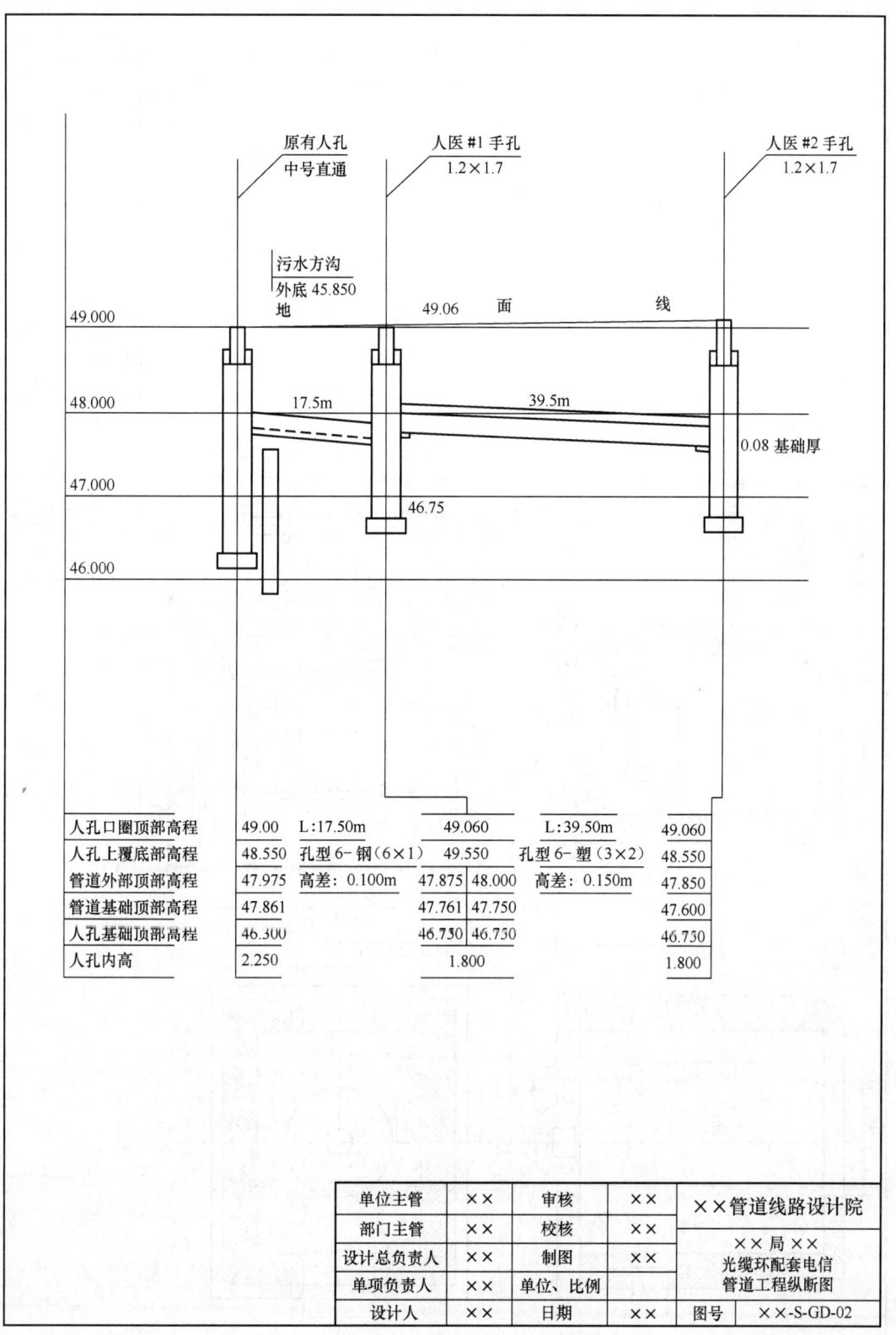

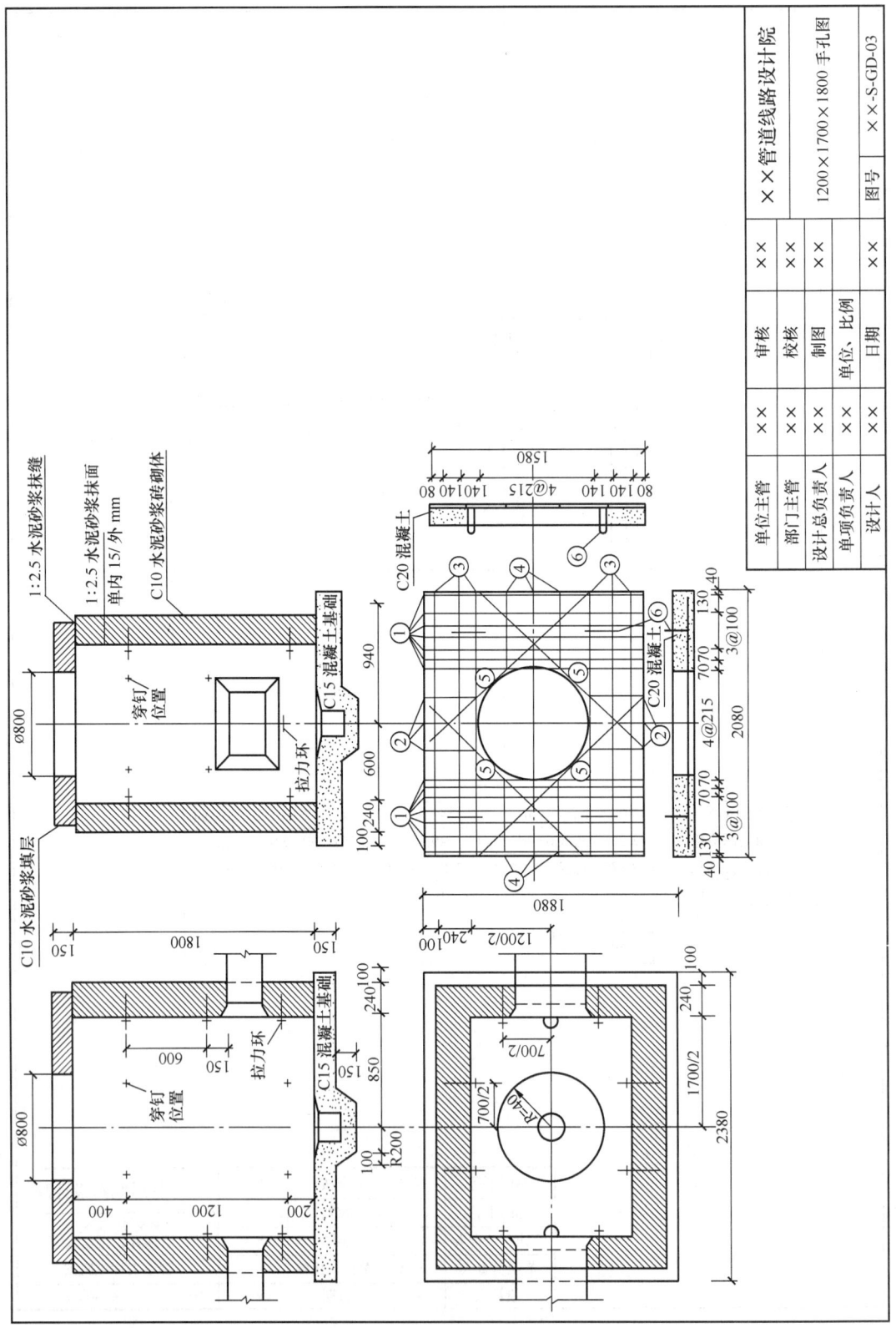

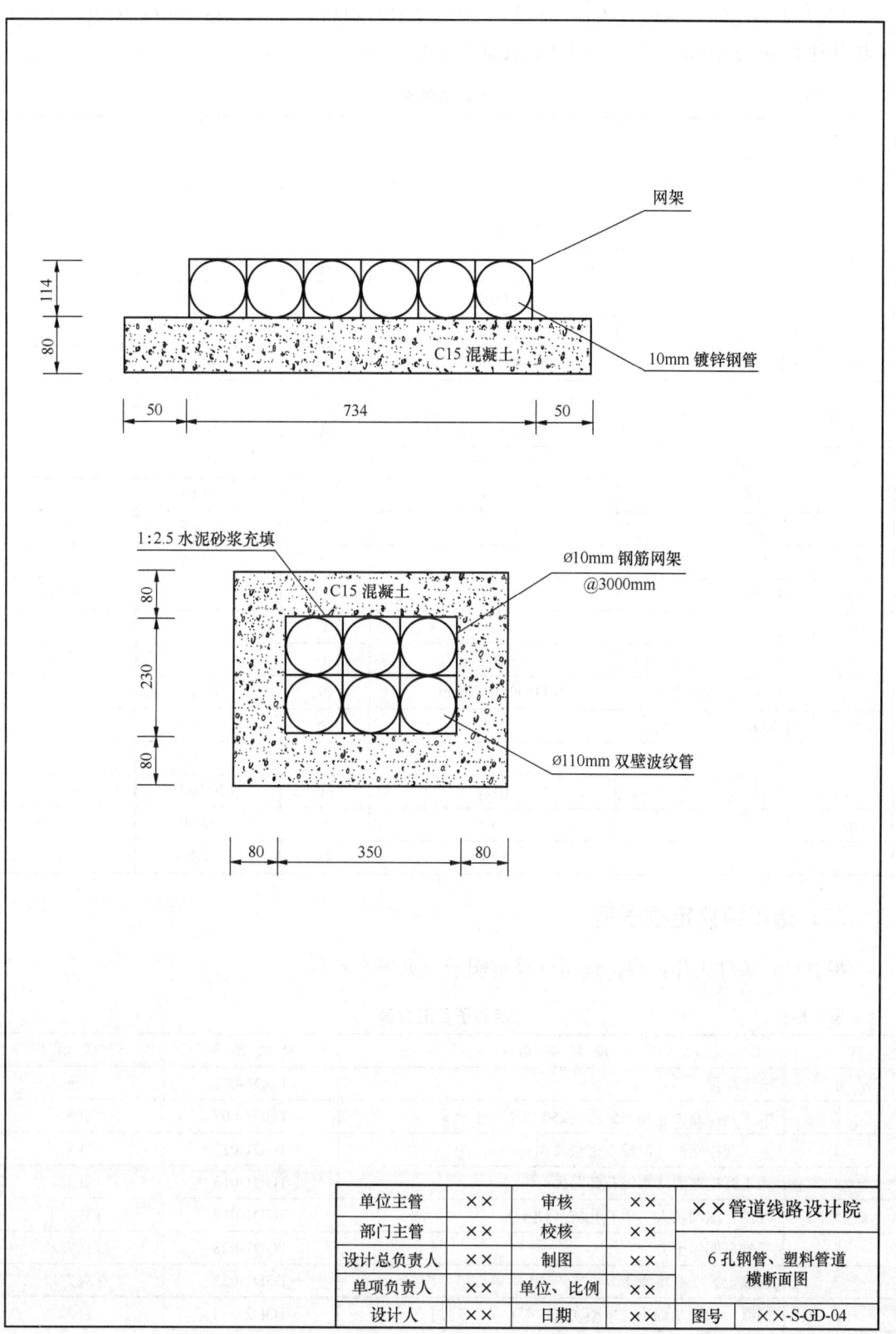

（八）主材运距：水泥及水泥构件类、塑料及塑料制品类按 500km 计取；木材及木制品类和其他类按 1500km 计取。主材单价见表 5-8-1。

表 5-8-1　　　　　　　　　　　　主材单价表

序号	主材名称	规格程式	单位	单价（元）原价	单价（元）预算价
1	钢筋	Ø6	kg	2.72	
2	钢筋	Ø10	kg	2.72	
3	圆钢	Ø6	kg	2.65	
4	圆钢	Ø10	kg	2.64	
5	圆钢	Ø12	kg	2.80	
6	镀锌焊接钢管	Ø114×4mm×6000mm	根	201.81	
7	钢管管箍		个	1.02	
8	人孔盖	车行道用、含口圈	套	688.00	
9	电缆托架	60cm	根	15.30	
10	托架穿钉	M16	副	3.35	
11	积水罐（带盖）		套	21.95	
12	拉力环		个	8.65	
13	机制砖	24×12×5cm	千块		236.00
14	粗砂		t		30.90
15	碎石	5～32mm	t		29.11
16	塑料管（含连接件）	Ø100×6000mm	根	66.50	
17	接续胶圈		个	0.95	
18	塑料管支架		套	15.00	
19	板方材	III等	m^3	1300.00	
20	水泥	32.5	t	267.00	
21	扁钢	50×5	kg	2.61	

二、选用预算定额子目

根据已知条件工作内容，选用预算定额子目见表 5-8-2。

表 5-8-2　　　　　　　　　　　　定额子目汇总表

序号	项目名称	定额编号	定额单位
1	施工测量	TGD1-001	km
2	人工开挖路面［柏油路面（250 以下）］	TGD1-007	百米
3	人工开挖路面（混凝土砌块路面）	TGD1-012	百米
4	人工开挖路面（水泥花砖路面）	TGD1-013	百米
5	开挖管道沟及人（手）孔坑（硬土）	TGD1-016	百立方米
6	手推车倒运土方	TGD1-028	百立方米
7	回填土方（夯填原土）	TGD1-023	百立方米
8	混凝土管道基础［一平型（460 宽）（C15）］	TGD2-013	百米

续表

序　号	项 目 名 称	定 额 编 号	定 额 单 位
9	混凝土管道基础［四平A型（880宽）（C15）］	TGD2-029	百米
10	混凝土管道基础加筋	TGD2-040	百米
11	铺设镀锌钢管管道［6孔（6×1）］	TGD2-079	百米
12	铺设塑料管道（6孔（3×2））	TGD2-064	百米
13	管道填充水泥砂浆（1∶2.5）	TGD2-087	m³
14	管道混凝土包封（C15）	TGD2-090	m³
15	砖砌手孔［（现场浇筑上覆）（120×170）］	TGD3-026	个
16	砂浆砖砌体（C10）	TGD4-012	m³
17	砂浆抹面（1∶2.5）	TGD4-013	m
18	人孔壁开窗口	TGD4-015	处

三、计算工程量

根据已知条件和各子目工程量计算规则，分别计算各子目工程量，计算结果如表5-8-3。

表 5-8-3　　　　　　　　　　工程量汇总表

序　号	项 目 名 称	定 额 编 号	工 程 量	定 额 单 位
1	施工测量	TGD1-001	0.057	km
2	人工开挖路面［柏油路面（250以下）］	TGD1-007	0.321	百平方米
3	人工开挖路面（混凝土砌块路面）	TGD1-012	0.124	百平方米
4	人工开挖路面（水泥花砖路面）	TGD1-013	0.885	百平方米
5	开挖管道沟及人（手）孔坑（硬土）	TGD1-016	1.437	百立方米
6	手推车倒运土方	TGD1-028	0.180	百立方米
7	回填土方（夯填原土）	TGD1-023	1.221	百立方米
8	混凝土管道基础［一平型（460宽）（C15）］	TGD2-013	0.373	百米
9	混凝土管道基础［四平A型（880宽）（C15）］	TGD2-029	0.157	百米
10	混凝土管道基础加筋	TGD2-040	0.117	百米
11	铺设镀锌钢管管道［6孔（6×1）］	TGD2-079	0.175	百米
12	铺设塑料管道［6孔（3×2）］	TGD2-064	0.395	百米
13	管道填充水泥砂浆（1∶2.5）	TGD2-087	0.877	m³
14	管道混凝土包封（C15）	TGD2-090	2.896	m³
15	砖砌手孔［（现场浇筑上覆）（120×170）］	TGD3-026	2.000	个
16	砂浆砖砌体（C10）	TGD4-012	1.947	m³
17	砂浆抹面（1∶2.5）	TGD4-013	16.224	m²
18	人孔壁开窗口	TGD4-015	1.000	处

四、计算主要材料用量

根据已知条件、各子目预算定额中的主要材料量以及上表中计算的工程量分别统计、汇总主要材料用量见表5-8-4、表5-8-5。

表 5-8-4　　　　　　　　　　　　　　主材用量统计表

项目名称	定额编号	工程量	主材名称	规格型号	材料单位	主材用量统计
混凝土管道基础（一平型（460宽）（C15））	TGD2-013	0.373	水泥	32.5	t	1.14×0.373×1.11
			粗砂		t	2.6×0.373×1.11
			碎石	5~32	t	4.93×0.373×1.11
			圆钢	Ø6	kg	1.54×0.373
			圆钢	Ø10	kg	9.78×0.373
			板方材	III等	m³	0.1×0.373×1.11
混凝土管道基础（四平A型（880宽）（C15）	TGD2-029	0.157	水泥	32.5	t	2.18×0.157×0.941
			粗砂		t	4.98×0.157×0.941
			碎石	5~32	t	9.43×0.157×0.941
			圆钢	Ø6	kg	3.1×0.157
			圆钢	Ø10	kg	19.56×0.157
			板方材	III等	m³	0.11×0.157×0.941
混凝土管道基础加筋	TGD2-040	0.117	钢筋	Ø6	kg	107.64×0.117
			钢筋	Ø10	kg	679.17×0.117
铺设镀锌钢管管道（6孔（6×1））	TGD2-079	0.175	镀锌钢管	Ø114	m	600×0.175
			管箍		个	120×0.175
			扁钢	50×5	kg	19.4×0.175
铺设塑料管道（6孔（3×2））	TGD2-064	0.395	塑料管（含连接件）		m	606×0.395
			塑料管支架		套	50×0.395
			接续胶圈		个	100×0.395
管道填充水泥砂浆（1:2.5）	TGD2-087	0.877	水泥	32.5	t	0.49×0.877
			粗砂		t	1.51×0.877
管道混凝土包封（C15）	TGD2-090	2.896	水泥	32.5	t	0.31×2.896
			粗砂		t	0.71×2.896
			碎石	5~32	t	1.34×2.896
			板方材	III等	m³	0.06×2.896
砖砌手孔（现场浇筑上覆）（120×170））	TGD3-026	2.000	水泥	32.5	t	0.65×2
			粗砂		t	2.10×2
			碎石	5~32	t	1.30×2
			机制砖		千块	1.08×2
			圆钢	Ø12	kg	15.37×2
			圆钢	Ø10	kg	7.64×2
			圆钢	Ø6	kg	2.10×2
			板方材	III等	m³	0.10×2
			人孔口圈	车行道	套	1.01×2
			电缆托架	60cm	根	4.04×2
			电缆托架穿钉	M16	副	8.08×2
			积水罐		套	1.01×2
			拉力环		个	2.02×2

续表

项目名称	定额编号	工程量	主材名称	规格型号	材料单位	主材用量统计
砂浆砖砌体（C10）	TGD4-012	1.947	水泥	32.5	kg	105×1.947
			粗砂		kg	322×1.947
			机制砖		千块	0.56×1.947
砂浆抹面（1：2.5）	TGD4-013	16.224	水泥	32.5	kg	14.34×16.224
			粗砂		kg	44×16.224

表 5-8-5　　　　　　　　　　　　主材用量汇总表

主材名称	规格型号	材料单位	主材用量汇总	主材用量
水泥	32.5	t	1.14×0.373×1.11+2.18×0.157×0.941+0.49×0.877+0.31×2.896+0.65×2+105×1.947×0.001+14.34×16.224×0.001	3.86
粗砂		t	2.6×0.373×1.11+4.98×0.157×0.941+1.51×0.877+0.71×2.896+2.10×2+322×1.947×0.001+44×16.224×0.001	10.73
碎石	5～32	t	4.93×0.373×1.11+9.43×0.157×0.941+1.34×2.896+1.30×2	9.92
圆钢	Ø6	kg	1.54×0.373+3.1×0.157+2.10×2	5.26
圆钢	Ø10	kg	9.78×0.373+19.56×0.157+7.64×2	22.00
钢筋	Ø6	kg	107.64×0.117	12.59
钢筋	Ø10	kg	679.17×0.117	79.46
板方材	III等	m³	0.1×0.373×1.11+0.11×0.157×0.941+0.06×2.896+0.10×2	0.43
镀锌钢管	Ø114	m	600×0.175	105.00
管箍		个	120×0.175	21.00
扁钢	50×5	kg	19.4×0.175	3.40
塑料管(含连接件)		m	606×0.395	239.37
塑料管支架		套	50×0.395	19.75
接续胶圈		个	100×0.395	39.50
机制砖		千块	1.08×2+0.56×1.947	3.25
圆钢	Ø12	kg	15.37×2	30.74
人孔口圈	车行道	套	1.01×2	2.02
电缆托架	60cm	根	4.04×2	8.08
电缆托架穿钉	M16	副	8.08×2	16.16
积水罐		套	1.01×2	2.02
拉力环		个	2.02×2	4.04

五、一阶段施工图预算的编制

（一）预算编制说明

1．工程概况

本工程为××电话局配套通信管道单项工程。其中新建六孔（6×1）Ø114 钢管（丝扣接续）管道 17.5m；新建（3×2）Ø110 六孔塑料管道 39.5m；新建［1.2m×1.7m×1.8m（内宽×内长×内高）］特殊手孔#1、#2 共 2 个；钢管管道下方有污水沟其基础应加筋；塑料管道基础不加筋；开人孔窗口一个。

本设计为一阶段施工图设计，预算总价值为 51845.60 元。其中建安费 25805.43 元，工程建设其他费 23571.33 元，预备费 2468.84 元；总工日为 219.90，其中技工工日 41.72，普工工日 178.18。

2．编制依据及对采用的取费标准和计算方法

（1）编制依据

① 施工图设计图纸及说明；

② 工信部规〔2008〕75 号《关于发布〈通信建设工程概算 预算编制办法〉及相关定额的通知》；

③ 《××电信建设工程概算、预算常用电信器材基础价格目录》。

（2）有关费用与费率的取定

① 本工程为一阶段设计，总预算中计列预备费，费率为 5%。

② 主材运杂费费率取定：其他运杂费费率按 1500km 以内取定为 9%；塑料及塑料制品按运距 500km 以内取定为 6.5%；木材及木制品运杂费费率按 1500km 以内取定为 21%；水泥及水泥构件运杂费费率按 500km 以内取定为 27%。

③ 主材不计采购代理服务费。

④ 已知条件不具备的相关项目费用不计取。

3．工程技术经济指标分析

本单项工程总投资 51845.60 元，新建 6 孔通信管道 57m，平均每孔公里造价 151595.32 元。

4．其他需说明的问题（略）

（二）预算表格

（1）工程预算总表（表一）（表格编号：GD-1）；

（2）建筑安装工程费用预算表（表二）（表格编号：GD-2）；

（3）建筑安装工程量预算表（表三）甲（表格编号：GD-3）；

（4）建筑安装工程机械使用费预算表（表三）乙（表格编号：GD-4）；

（5）国内器材预算表（表四）甲（表格编号：GD-6）；

（6）工程建设其他费预算表（表五）甲（表格编号：GD-16）。

工程预算总表(表一)

建设项目名称：××电话局配套通信管道单项工程
单项工程名称：××电话局配套通信管道单项工程
建设单位名称：×××
表格编号：GD-1
第全页

序号	表格编号	费用名称	小型建筑工程费	需要安装的设备费	不需要安装的设备工器具费	建筑安装工程费	其他费用	预备费	总价值 人民币(元)	其中外币( )
I	II	III	IV	V	VI	VII	VIII	IX	X	XI
1	GD-2	工程费				25805.43			25805.43	
2	GD-16	工程建设其他费					23571.33		23571.33	
		合计				25805.43	23571.33		49376.76	
3		预备费：(合计×5%)						2468.84	2468.84	
		总计				25805.43	23571.33	2468.84	51845.60	

设计负责人：×××　　审核：×××　　编制：×××　　编制日期：2008 年 9 月

建筑安装工程费用预算表（表二）

工程名称：××电话局配套通信管道单项工程　　建设单位名称：×××　　表格编号：GD-2　　第全页

序号	费用名称	依据和计算方法	合计（元）	序号	费用名称	依据和计算方法	合计（元）
I	II	III	IV	I	II	III	IV
	建筑安装工程费	一+二+三+四	25805.43	8	夜间施工增加费	人工费×3%	161.64
一	直接费	直接工程费+措施费	20536.32	9	冬雨季施工增加费	人工费×2%	107.76
（一）	直接工程费	1至4之和	18466.68	10	生产工具用具使用费	人工费×3%	161.64
1	人工费	技工费+普工费	5387.98	11	施工生产用水电蒸汽费	已知	200.00
（1）	技工费	技工总工日×48元/工日	2002.56	12	特殊地区施工增加费		
（2）	普工费	普工总工日×19元/工日	3385.42	13	已完工程及设备保护费		
2	材料费	主要材料费+辅助材料费	13052.08	14	运土费		
（1）	主要材料费	表四材料表一总计	12987.14	15	施工队伍调遣费		
（2）	辅助材料费	主要材料费×0.5%	64.94	16	大型施工机械调遣费		
3	机械使用费	表三乙一总计	26.62	二	间接费	规费+企业管理费	3071.16
4	仪表使用费	表三丙一总计	0.00	（一）	规费	1至4之和	1724.16
（二）	措施费	1至16之和	2069.64	1	工程排污费		
1	环境保护费	人工费×1.5%	80.82	2	社会保障费	人工费×26.81%	1444.52
2	文明施工费	人工费×1%	53.88	3	住房公积金	人工费×4.19%	225.76
3	工地器材搬运费	人工费×1.6%	86.21	4	危险作业意外伤害保险费	人工费×1%	53.88
4	工程干扰费	人工费×6%	323.28	（二）	企业管理费	人工费×25%	1347.00
5	工程点交、场地清理费	人工费×2%	107.76	三	利润	人工费×25%	1347.00
6	临时设施费	人工费×12%	646.56	四	税金	（纳税直接费+间接费+利润）×3.41%	850.95
7	工程车辆使用费	人工费×2.6%	140.09				

设计负责人：×××　　审核：×××　　编制：×××　　编制日期：2008年9月

建筑安装工程量预算表（表三）甲

工程名称：××电话局配套通信管道单项工程　　建设单位名称：×××　　表格编号：GD-3　　第全页

序号	定额编号	项目名称	单位	数量	单位定额值（工日）			合计值（工日）		
I	II	III	IV	V	技 VI	普工 VII		技 VIII	普工 IX	
1	TGD1-001	施工测量	km	0.057	30.00	0.00		1.71	0.00	
2	TGD1-007	人工开挖柏油路面（250mm以下）	百平方米	0.321	6.90	62.10		2.21	19.93	
3	TGD1-012	人工开挖混凝土砌块路面	百平方米	0.124	0.60	5.40		0.07	0.67	
4	TGD1-013	人工开挖水泥花砖路面	百平方米	0.885	0.50	4.50		0.44	3.98	
5	TGD1-016	开挖管道沟及人（手）孔坑（硬土）	百立方米	1.473	0.00	43.00		0.00	63.34	
6	TGD1-028	手推车倒运土方	百立方米	0.180	1.00	16.00		0.18	2.88	
7	TGD1-023	回填土方（夯填原土）	百立方米	1.221	0.00	26.00		0.00	31.75	
8	TGD2-013	混凝土管道基础（一平型（460mm宽）C15）（基础厚度为80mm）	百米	0.373	6.96	10.43		2.60	3.89	
9	TGD2-029	混凝土管道基础（三立型（880mm宽）C15）（基础厚度为80mm）	百米	0.157	11.06	16.60		1.74	2.61	
10	TGD2-040	混凝土管道基础加筋（三立或二平型（880mm））	百米	0.117	1.42	2.12		0.17	0.25	
11	TGD2-079	敷设镀锌钢管管道（6孔（2×3））	百米	0.175	3.46	5.20		0.61	0.91	
12	TGD2-064	敷设塑料管管道（6孔（3×2））	百米	0.395	3.04	4.56		1.20	1.80	
13	TGD2-087	管道填充水泥砂浆（1:2.5）	百米	0.877	1.54	1.54		1.35	1.35	
14	TGD2-090	管道混凝土包封（C15）	m³	2.896	1.74	1.74		5.04	5.04	
15	TGD3-026	砖砌手孔（现场浇筑上覆，120×170）	个	2.000	8.67	8.33		17.34	16.66	
16	TGD4-012	砂浆砖砌体（C10）	m²	1.947	0.85	1.28		1.65	2.49	
17	TGD4-013	砂浆抹面（1:2.5）	m²	16.224	0.10	0.15		1.62	2.43	
18	TGD4-015	人孔壁开窗口	处	1.000	0.00	2.00		0.00	2.00	
		合 计						37.93	161.98	
		工程总工日100~250工日以下调整（系数：1.1）						3.79	16.20	
		总 计						41.72	178.18	

设计负责人：×××　　审核：×××　　编制：×××　　编制日期：2008年9月

建筑安装工程机械使用费预算表（表三）乙

工程名称：××电话局配套通信管道单项工程　　建设单位名称：×××　　表格编号：GD-4　　第全页

序号	定额编号	项目名称	单位	数量	机械名称	单位定额值		合计	
						数量（台班）	单价（元）	数量（台班）	合价（元）
I	II	III	IV	V	VI	VII	VIII	IX	X
1	TGD1-007	人工开挖柏油路面（250mm以下）	百平方米	0.321	燃油式路面切割机	0.70	121.00	0.22	26.62
					合　计				26.62

设计负责人：×××　　审核：×××　　编制：×××　　编制日期：2008年 9 月

国内器材预算表（表四）甲
（主要材料表）

工程名称：××电话局配套通信管道单项工程　　建设单位名称：×××　　表格编号：GD-6　　第 1 页

序号	名称	规格程式	单位	数量	单价(元)	合计(元)	备注
I	II	III	IV	V	VI	VII	VIII
1	板方材	III等	m³	0.43	1300.00	559.00	
	木材及木制品类小计					559.00	
	运杂费	小计×21%				117.39	
	采购保管费	小计×3%				16.77	
	运输保险费	小计×0.1%				0.56	
	木材及木制品类合计					693.72	
2	扁钢	50×5	kg	3.40	2.61	8.87	
3	电缆托架	60cm	根	8.08	15.30	123.62	
4	电缆托架穿钉	M16	根	16.16	3.35	54.14	
5	镀锌钢管	80～114mm	m	105.00	33.64	3532.20	
6	管箍		个	21.00	1.02	21.42	
7	积水罐		套	2.02	21.95	44.34	
8	接续胶圈		个	39.50	0.95	37.53	
9	拉力环		个	4.04	8.65	34.95	
10	人孔口圈（车行道）		套	2.02	688.00	1389.76	
11	圆钢	Ø10	kg	22.00	2.64	58.08	
12	圆钢	Ø12	kg	30.74	2.63	80.85	
13	圆钢	Ø6	kg	5.26	2.65	13.94	

设计负责人：×××　　审核：×××　　编制：×××　　编制日期：2008 年 9 月

国内器材预算表（表四）甲
（主要材料表）

工程名称：××电话局配套通信管道单项工程　　建设单位名称：×××　　表格编号：GD-6　　第 2 页

序号	名称	规格程式	单位	数量	单价（元）	合计（元）	备注
I	II	III	IV	V	VI	VII	VIII
14	钢筋	Ø10	kg	79.46	2.72	216.13	
15	箍钢	Ø6	kg	12.59	2.72	34.24	
	其他类小计					5650.07	
	运杂费	小计×9%				508.51	
	采购保管费	小计×3%				169.50	
	运输保险费	小计×0.1%				5.65	
	其他类合计					6333.73	
16	水泥		t	3.86	267.00	1030.62	
	水泥及水泥制品类小计					1030.62	
	运杂费	小计×27%				278.27	
	采购保管费	小计×3%				30.92	
	运输保险费	小计×0.1%				1.03	
	水泥及水泥制品类合计					1340.84	
17	塑料管（含连接件）		m	239.37	11.08	2652.22	
18	塑料管支架		套	19.75	15.00	296.25	
	塑料及塑料制品类小计					2948.47	
	运杂费	小计×6.5%				191.65	
	采购保管费	小计×3%				88.45	
	运输保险费	小计×0.1%				2.95	
	塑料及塑料制品类合计					3231.52	
19	碎石	5～32mm	t	9.92	29.11	288.77	
20	机制砖		千块	3.25	236.00	767.00	
21	粗砂		t	10.73	30.90	331.56	
	总计	以上4类合计再加上预算价材料之和				12987.14	

设计负责人：×××　　审核：×××　　编制：×××　　编制日期：2008 年 9 月

工程建设其他费预算表（表五）甲

工程名称：××电话局配套通信管道单项工程
建设单位名称：×××
表格编号：GD-16
第全页

序号	费用名称	计算依据及方法	金额（元）	备注
I	II	III	IV	V
1	建设用地及综合赔补费	已知	21190.00	
2	建设单位管理费		1000.00	
3	可行性研究费			
4	研究试验费			
5	勘察设计费	已知	1123.28	
6	环境影响评价费			
7	劳动安全卫生评价费			
8	建设工程监理费			
9	安全生产费	建筑安装工程费×1%	258.05	
10	工程质量监督费			
11	工程定额测定费			
12	引进技术及引进设备其他费			
13	工程保险费			
14	工程招标代理费			
15	专利及专用技术使用费			
	总计		23571.33	
16	生产准备及开办费			

设计负责人：×××　　审核：×××　　编制：×××　　编制日期：2008年9月

附录 电信工程图形符号

1. 符号要素

序号	名 称	图 例	说 明
1-1	基本轮廓线	□ ▭ ○	元件、装置、功能单元的基本轮廓线
1-2	辅助轮廓线	△ ◇ ▽	元件、装置、功能单元的辅助轮廓线
1-3	边界线	—·—·—	功能单元的边界线
1-4	屏蔽线（护罩）	⌐ ⌐	

2. 限定符号

序号	名 称	图 例	说 明
2-1	非内在的可变性		
2-2	非内在的非线性可变性		
2-3	内在的可变性		
2-4	内在的非线性可变性		
2-5	预调、微调		
2-6	能量、信号的单向传播（单向传输）	→	
2-7	同时发送和接收	⇄	同时双向传播（同时双向传输）
2-8	不同时发送和接收	↔	不同时双向传播（不同时双向传输）
2-9	发送	→•	
2-10	接收	•→	

3. 连接符号

序号	名称	图例	说明
3-1	连接、群连接	形式1 形式2 3	导线、电缆、线路、传输通道等的连接 当用单线表示一组连接时，连接数量可用短线个数表示，或用一根短线加数字表示 示例为三个连接，三条连接线
3-2	T形连接		
3-3	双T形连接		
3-4	十字双叉连接		
3-5	跨越		
3-6	插座		指插座内孔或插座的一个极
3-7	插头		指插头的凸头或插头的一个极
3-8	插头和插座		

4. 交换系统、数据及 IP 网

序号	名称	图例	说明
4-1	国际局		可以加注文字符号表示设备的等级、容量、用途、规模及局号，例如： 1. 必要时增加以下符号表示不同的设备、局、站： ISC：国际交换机 ISTP：国际信令转接点 Router：国际出入口路由器 ATM/FR：国际出入口 ATM/FR 交换机 ISSP：国际业务交换点 2. 标注时可采用以下模式（可以省略），可放在图形内或图形右侧： 型号 ———— 容量 ———— 局号 （注意：不要将其横线与图形相连）
4-2	长途汇接节点		可以加注文字符号表示设备的等级、容量、用途、规模及局号，例如： 1. 必要时增加以下符号表示不同的设备、局、站： DC1、DC2：固定网长途交换机 TMSC1、TMSC2：移动网长途汇接局 HSTP：信令转接点 SSP：业务交换点 Router：核心路由器 ATM/FR：核心 ATM/FR 交换机 PRC：基准钟 NMC-N：全国网管中心 BC-N：全国计费结算中心 2. 标注时可采用以下模式（可以省略），可放在图形内或图形右侧： 型号 ———— 容量 ———— 局号 （注意：不要将其横线与图形相连）

续表

序号	名称	图例	说明
4-3	本地汇接节点	□	可以加注文字符号表示设备的等级、容量、用途、规模及局号，例如： 1. 必要时增加以下符号表示不同的设备、局、站： TS：固定网长途交换机 LSTP：信令转接点 SSP：业务交换点 Router：本地核心路由器 ATM/FR：本地核心 ATM/FR 交换机 LPR：区域基准钟 NMC-P：省级网管中心 BC-P：省级计费结算中心 2. 标注时可采用以下模式（可以省略），可放在图形内或图形右侧： 型号 ———— 容量 ———— 局号 （注意：不要将其横线与图形相连）
4-4	端局、汇聚层设备	○	可以加注文字符号表示设备的等级、容量、用途、规模及局号，例如： 1. 必要时增加以下符号表示不同的设备、局、站： LS：市话交换端局 MSC：移动端局 SP：信令点 SSP：业务交换点 Router：汇聚层路由器 ATM/FR：汇聚层 ATM/FR 交换机 BITS：大楼综合定时系统 OMC：本地维护中心 2. 标注时可采用以下模式（可以省略），可放在图形内或图形右侧： 型号 ———— 容量 ———— 局号 （注意：不要将其横线与图形相连）
4-5	远端模块、接入层设备	⏢	可以加注文字符号表示设备的等级、容量、用途、规模及局号，例如： 1. 必要时增加以下符号表示不同的设备、局、站： RSU：远端模块 PBX：用户交换机 Router：接入层路由器 ATM/FR：接入层 ATM/FR 交换机 PAD：分组接入设备 MODEM：调制解调器 2. 标注时可采用以下模式（可以省略），可放在图形内或图形右侧： 型号 ———— 容量 ———— 局号 （注意：不要将其横线与图形相连）

续表

序号	名称	图例	说明
4-6	软交换机	△	可以加注文字符号表示设备的等级、容量、用途、规模及局号，例如： 1. 必要时增加以下符号表示不同的设备、局、站： SS：软交换机 MSC Server：MSC 软交换服务器 GK：关守 2. 标注时可采用以下模式（可以省略），可放在图形内或图形右侧： 型号 ———— 容量 ———— 局号 （注意：不要将其横线与图形相连）
4-7	网关	⬠	可以加注文字符号表示设备的等级、容量、用途、规模及局号，例如： 1. 必要时增加以下符号表示不同的设备、局、站： TG：中继网关 SG：信令网关 MGW：媒体网关 AG：接入网关 GW：IP 电话网关 IAD：综合接入设备 2. 标注时可采用以下模式（可以省略），可放在图形内或图形右侧： 型号 ———— 容量 ———— 局号 （注意：不要将其横线与图形相连）
4-8	HLR SCP SGSN	⌭	可以加注文字符号表示设备的等级、容量、用途、规模及局号，例如： 1. 必要时增加以下符号表示不同的设备、局、站： HLR：归属位置寄存器 SCP：业务控制点 SGSN：业务 GPRS 支持节点 2. 标注时可采用以下模式（可以省略），可放在图形内或图形右侧： 型号 ———— 容量 ———— 局号 （注意：不要将其横线与图形相连）
4-9	局域网 交换机/HUB	▱	可以加注文字符号表示设备的等级、容量、用途、规模及局号，例如： 1. 必要时增加以下符号表示不同的设备、局、站： L3：三层交换机 L2：二层交换机 HUB：集线器 2. 标注时可采用以下模式（可以省略），可放在图形内或图形右侧： 型号 ———— 容量 ———— 局号 （注意：不要将其横线与图形相连）

续表

序号	名称	图例	说明
4-10	防火墙		
4-11	路由器		可以加注文字符号表示设备的等级、容量、用途、规模及局号,例如: 1. 必要时增加以下符号表示不同的设备、局、站: ROUTER:路由器 GGSN:网关 GPRS 支持节点 PDSN:分组数据服务节点 ATM/FR:ATM/FU 交换机 2. 标注时可采用以下模式(可以省略),可放在图形内或图形右侧: 型号 ———— 容量 ———— 局号 (注意:不要将其横线与图形相连)

5. 增值业务、信息化系统

序号	名称	图例	说明
5-1	服务器		或类似形状
5-2	磁盘阵列		
5-3	光纤交换机		
5-4	磁带库		
5-5	光盘库		
5-6	PC/工作站		
5-7	以太网		逻辑示意图用
5-8	传输链路		
5-9	网络云		
5-10	信令网关/排队机		
5-11	数据库		

6. 传输设备

序 号	名 称	图 例	说 明
6-1	光传输设备节点基本符号		* 表示节点传输设备的类型，S：SDH 设备，W：WDM 设备，A：ASON 设备，P：PDH 设备
6-2	微波传输		
6-3	告警灯		
6-4	告警铃		
6-5	公务电话		
6-6	延伸公务电话		
6-7	设备内部电话		
6-8	大楼综合定时系统		
6-9	网管设备		
6-10	ODF/DDF 架		
6-11	WDM 终端型波分复用设备		16/32/40/80 波等
6-12	WDM 光线路放大器		
6-13	WDM 光分插复用器		16/32/40/80 波等
6-14	4:1 透明复用器		1:8、1:16 依次类推
6-15	SDH 终端复用器		
6-16	SDH 分插复用器		
6-17	SDH 中继器		
6-18	DXC 数字义叉连接设备		
6-19	ASON 设备		

7．光缆

序号	名称	图例	说明
7-1	光缆		光纤或光缆的一般符号
7-2	光缆参数标注	a/b/c	a——光缆型号 b——光缆芯数 c——光缆长度
7-3	永久接头		
7-4	可拆卸 固定接头		
7-5	光连接器 （插头—插座）		

8．通信线路

序号	名称	图例	说明
8-1	通信线路		通信线路的一般符号
8-2	直埋线路		适用于路由图
8-3	水下线路、 海底线路		适用于路由图
8-4	架空线路		适用于路由图
8-5	管道线路		管道数量、应用的管孔位置、截面尺寸或其他特征（如管孔排列形式）可标注在管道线路的上方 虚斜线可作为人（手）孔的简易画法 适用于路由图
8-6	线路中的充气 或注油堵头		
8-7	具有旁路的充气 或注油堵头的线路		
8-8	沿建筑物 敷设通信线路	W	适用于路由图
8-9	接图线		

9．线路设施与分线设备

序号	名称	图例	说明
9-1	防电缆光缆 蠕动设置		类似于水底光电缆的丝网或网套锚固
9-2	线路集中器		
9-3	埋式光缆电缆 铺砖、铺水泥 盖板保护		可加文字标注明铺砖为横铺、竖铺及铺设长度或注明铺水泥盖板及铺设长度
9-4	埋式光缆电缆 穿管保护		可加文字标注表示管材规格及数量
9-5	埋式光缆电缆 上方敷设排流线		

续表

序号	名称	图例	说明
9-6	埋式电缆旁边敷设防雷消弧线		
9-7	光缆电缆预留		
9-8	光缆电缆蛇形敷设		
9-9	电缆充气点		
9-10	直埋线路标石		直埋线路标石的一般符号加注 V 表示气门标石加注 M 表示监测标石
9-11	光缆电缆盘留		
9-12	电缆气闭套管		
9-13	电缆直通套管		
9-14	电缆分支套管		
9-15	电缆接合型接头套管		
9-16	引出电缆监测线的套管		
9-17	含有气压报警信号的电缆套管		
9-18	压力传感器		
9-19	电位针式压力传感器		
9-20	电容针式压力传感器		
9-21	水线房		
9-22	水线标志牌		单杆或双杆水线标牌
9-23	通信线路巡房		
9-24	光电缆交接间		
9-25	架空交接箱		加 GL 表示光缆架空交接箱

续表

序 号	名 称	图 例	说 明
9-26	落地交接箱		加 GL 表示光缆落地交接箱
9-27	壁龛交接箱		加 GL 表示光缆壁龛交接箱
9-28	分线盒	简化形	分线盒一般符号 $$\frac{N-B}{C}\left|\frac{d}{D}\right.$$ 注：可加注 其中：N——编号 B——容量 C——线序 d——现有用户数 D——设计用户数
9-29	室内分线盒		
9-30	室外分线盒		
9-31	分线箱	简化形	分线箱的一般符号 加注同 11-28
9-32	壁龛分线箱	简化形 W	壁盒分线箱的一般符号 加注同 11-28

10. 通信杆路

序 号	名 称	图 例	说 明
10-1	电杆的一般符号	○	可以用文字符号 $\frac{A-B}{C}$ 标注 其中：A——杆路或所属 B——杆长 C——杆号
10-2	单接杆		
10-3	品接杆		
10-4	H 形杆		
10-5	L 形杆	Ⓛ	
10-6	A 形杆	Ⓐ	
10-7	三角杆	△	

续表

序号	名称	图例	说明
10-8	四角杆		
10-9	常撑杆的电杆		
10-10	带撑杆拉线的电杆		
10-11	引上杆		
10-12	通信电杆上装设避雷线		
10-13	通信电杆上装设带有火花间隙的避雷线		
10-14	通信杆上装设放电器		在A处注明放电器型号
10-15	电杆保护用围桩		河中打桩杆
10-16	分水桩		
10-17	单方拉线		拉线的一般符号
10-18	双方拉线		
10-19	四方拉线		
10-20	有V形拉线的电杆		
10-21	有高桩拉线的电杆		
10-22	横木或卡盘		

11. 通信管道

序号	名称	图例	说明
11-1	直通型人孔		人孔的一般符号
11-2	手孔		手孔的一般符号
11-3	局前人孔		

续表

序号	名称	图例	说明
11-4	斜通型人孔		
11-5	三通型人孔		
11-6	四通型人孔		
11-7	埋式手孔		

12. 移动通信

序号	名称	图例	说明
12-1	手机		
12-2	基站		可在图形内加注文字符号表示不同技术,例如: BTS:GSM 或 CDMA 基站 NodeB:WCDMA 或 TDSCDMA 基站
12-3	全向天线	俯视 正视	可在图形旁加注文字符号表示不同类型,例如: Tx:发信天线 Rx:接收天线 Tx/Rx:收发共用天线
12-4	板状定向天线	俯视 正视 背视 侧视1 侧视2	可在图形旁加注文字符号表示不同类型,例如: Tx:发信天线 Rx:接收天线 Tx/Rx:收发共用天线
12-5	八木天线		
12-6	吸顶天线	Tx/Rx	
12-7	抛物面天线		
12-8	馈线		

续表

序号	名称	图例	说明
12-9	泄漏电缆	⨉⨉⨉⨉⨉⨉⨉⨉	
12-10	二功分器		
12-11	三功分器		
12-12	耦合器		
12-13	干线放大器		

13. 无线通信站型

序号	名称	图例	说明
13-1	点对多点汇接站	CS	
13-2	点对多点微波中心站	BS	
13-3	点对多点微波中继站	RS	
13-4	点对多点用户站	SS	
13-5	微波通信中继站		
13-6	微波通信分路站		
13-7	微波通信终端站		
13-8	无源接力站的一般符号		
13-9	空间站的一般符号		
13-10	有源空间站		
13-11	无源空间站		

续表

序 号	名 称	图 例	说 明
13-12	跟踪空间站的地球站		
13-13	卫星通信地球站		
13-14	甚小卫星通信地球站	VSAT	

14．无线传输

序 号	名 称	图 例	说 明
14-1	传输电路	V+S+T+ …	如需要表示业务种类，可在虚线上方加注如下字符： V——电视通道 T——数据通道 S——语音通道
14-2	波导及同轴电缆一般符号		
14-3	矩形波导		
14-4	圆形波导		
14-5	椭圆形波导		
14-6	同轴波导		
14-7	矩形软波导		
14-8	成对的对称波导连接器		
14-9	成对的不对称波导连接器		
14-10	匹配负载		
14-11	三端口环行器		
14-12	卫星高频倒换开关		
14-13	两部位微波开关（每步100°）		
14-14	三部位微波开关（每步120°）		

15. 通信电源

序号	名　称	图　例	说　明
15-1	规划的变电所/规划的配电所	○	
15-2	运行的或未说明的变电所/运行的或未说明的配电所	⦶	
15-3	规划的杆上变压器		
15-4	运行的杆上变压器		
15-5	规划的发电站	□	
15-6	运行的发电站	▨	
15-7	断路器功能	×	
15-8	隔离开关功能	—	
15-9	负荷开关功能		
15-10	动合（常开）触点	形式1 / 形式2	
15-11	动断（常闭）触点		
15-12	多极开关的一般符号	单线表示 / 多线表示	
15-13	断路器		
15-14	隔离开关		
15-15	负荷开关		
15-16	中间断开的双向转换触点		
15-17	双向隔离开关		
15-18	自动转换开关（ATS）		

续表

序号	名称	图例	说明
15-19	熔断器的一般符号		
15-20	跌开式熔断器		
15-21	熔断器式开关		
15-22	熔断器式隔离开关		
15-23	熔断器式负荷开关		
15-24	手动开关的一般符号		
15-25	三角形连接的三相绕组		
15-26	星形连接的三相绕组		
15-27	中性点引出的星形连接的三相绕组		
15-28	电抗器一般符号		
15-29	双绕组变压器一般符号	形式1 形式2	
15-30	三绕组变压器一般符号	形式1 形式2	
15-31	自耦变压器一般符号	形式1 形式2	
15-32	单相感应调压器		
15-33	三相感应调压器		

续表

序号	名称	图例	说明
15-34	电流互感器/脉冲变压器	形式1 形式2	
15-35	星形三角形连接的变压器		
15-36	单相自耦变压器	形式1 形式2	
15-37	电流互感器	形式1 形式2	有两个铁芯,每个铁芯有一个次级绕组
15-38	三相交流发电机		
15-39	交流电动机		
15-40	发电机组		根据需要可加注油机和发电机类型
15-41	稳压器	VR	
15-42	桥式全波整流器		
15-43	不间断电源系统	UPS	
15-44	逆变器		
15-45	整流器/逆变器		
15-46	整流器/开关电源		
15-47	直流变换器		
15-48	电池或蓄电池		
15-49	电池组或蓄电池组		
15-50	太阳能或发电发生器		

续表

序号	名称	图例	说明
15-51	电源监控	形式1 [*] 形式2 (*)	符号内的星号可用下列字母代替： SC——监控中心 SS——区域监控中心 SU——监控单元 SM——监控模块
15-52	接地的一般符号		
15-53	抗干扰接地 （无噪声接地）		
15-54	保护接地		
15-55	避雷针		
15-56	火花间隙		
15-57	避雷器		
15-58	电阻器的一般符号	优选形 其他形	
15-59	可调电阻器		
15-60	压敏电阻器 （变阻器）		
15-61	带分流和分压端子的电阻器		
15-62	电容器的一般符号	优选形 其他形	
15-63	极性电容器		
15-64	电感器		
15-65	直流		
15-66	交流		
15-67	中性（中性线）	N	
15-68	保护（保护线）	P	
15-69	中间线	M	
15-70	正极性	+	
15-71	负极性	−	
15-72	直流母线		
15-73	交流母线		

续表

序号	名称	图例	说明
15-74	中性线		
15-75	保护线		
15-76	中性线和保护线共用线		
15-77	具有中性线和保护线的三相线		
15-78	指示仪表		符号内的星号可用下列字母代替： V——电压表 $I\sin\varphi$——无功电流表 $\cos\varphi$——功率因数表 φ——相位表 Hz——频率表
15-79	积算仪表		符号内的星号可用下列字母代替： h——小时计 Ah——安培小时计 Wh——电度表（瓦时计） varh——无功电度表

16. 机房建筑及设施

序号	名称	图例	说明
16-1	墙		墙的一般表示方法
16-2	可见检查孔		
16-3	不可见检查孔		
16-4	方形孔洞		左为穿墙洞，右为地板洞
16-5	圆形孔洞		
16-6	方形坑槽		
16-7	圆形坑槽		
16-8	墙预留洞		尺寸标注可采用（宽×高）或直径形式
16-9	墙预留槽		尺寸标注可采用（宽×高×深）形式
16-10	空门洞		
16-11	单扇门		包括平开或单面弹簧门作图时开度可为45°或90°
16-12	双扇门		包括平开或单面弹簧门作图时开度可为45°或90°
16-13	对开折叠门		
16-14	推拉门		
16-15	墙外单扇推拉门		

续表

序号	名称	图例	说明
16-16	墙外双扇推拉门		
16-17	墙中单扇推拉门		
16-18	墙中双扇推拉门		
16-19	单扇双面弹簧门		
16-20	双扇双面弹簧门		
16-21	转门		
16-22	单层固定窗		
16-23	双层内外开平开窗		
16-24	推拉窗		
16-25	百页窗		
16-26	电梯		
16-27	隔断		包括玻璃、金属、石膏板等与墙的画法相同，厚度比墙窄
16-28	栏杆		与隔断的画法相同，宽度比隔断小，应用文字标注
16-29	楼梯		应标明楼梯上（或下）的方向
16-30	房柱	□ 或 ■	可依照实际尺寸及形状绘制，根据需要可选用空心或实心
16-31	折断线		不需画全的断开线
16-32	波浪线		不需画全的断开线
16-33	标高	室内 室外	

17. 机房配线与电气照明

序号	名称	图例	说明
17-1	向上配线		
17-2	向下配线		
17-3	垂直通过配线		

附录 电信工程图形符号

续表

序 号	名 称	图 例	说 明
17-4	盒（箱）的一般符号		
17-5	用户端供电输入设备示出带配电		
17-6	配电中心 示出五路馈线		
17-7	连接盒 接线盒		
17-8	动力配电箱		种类代码 AP
17-9	照明配电箱		种类代码 AL
17-10	应急电源配电箱		种类代码 APE：表示应急电力配电箱 种类代码 ALE：表示应急照明配电箱
17-11	双电源切换箱		
17-12	明装单相二极插座		
17-13	明装单相三极插座		
17-14	明装三相四极插座		
17-15	暗装单相二极插座		
17-16	暗装单相二极插座		
17-17	暗装单相三极防爆插座		
17-18	暗装三相四极插座		
17-19	电信插座一般符号		注：可用文字符号加以区别，如： TP——电话； TX——电传； TV——电视； FM——调频； M——传声器； nTO——综合布线 n 孔信息插座
17-20	墙壁开关的一般符号		

— 243 —

续表

序号	名称	图例	说明
17-21	墙壁明装单极开关		
17-22	墙壁暗装单极开关		
17-23	墙壁密封（防水）单极开关		
17-24	墙壁防爆单极开关		
17-25	暗装双极开关		注：明装、密封、防爆型的画法同上
17-26	暗装三级开关		注：明装、密封、防爆型的画法同上
17-27	单极拉线开关		
17-28	单极双控拉线开关		
17-29	单极限时开关		
17-30	单极双控开关		
17-31	灯的一般符号		
17-32	示出配线的照明引出线位置		
17-33	在墙上的照明引出线（示出配线向左方）		
17-34	单管荧光灯		
17-35	双管荧光灯		
17-36	三管荧光灯		
17-37	防爆荧光灯		
17-38	密闭防爆灯		
17-39	在专用配电回路上的应急照明灯		

续表

序号	名称	图例	说明
17-40	自带电源的应急照明灯（应急灯）		
17-41	壁灯		
17-42	天棚灯		
17-43	泛光灯		
17-44	射灯		
17-45	安全出口灯		
17-46	疏散指示灯		
17-47	弯灯		
17-48	防水防尘灯		

18．地形图常用符号

序号	名称	图例	说明
18-1	房屋		
18-2	在建房屋		
18-3	破坏房屋		
18-4	窑洞		
18-5	蒙古包		
18-6	悬空通廊		
18-7	建筑物下通道		

续表

序 号	名 称	图 例	说 明
18-8	台阶		
18-9	围墙		
18-10	围墙大门		
18-11	长城及砖石城堡（小比例）		
18-12	长城及砖石城堡（大比例）		
18-13	栅栏、栏杆		
18-14	篱笆		
18-15	铁丝网		
18-16	矿井		
18-17	盐井		
18-18	油井		
18-19	露天采掘场		
18-20	塔形建筑物		
18-21	水塔		
18-22	油库		
18-23	粮仓		
18-24	打谷场（球场）		
18-25	饲养场（温室、花房）		
18-26	高于地面的水池		
18-27	低于地面的水池		
18-28	有盖的水池		
18-29	沼气池		

续表

序号	名称	图例	说明
18-30	雷达站、卫星地面接收站		
18-31	体育场	体育场	
18-32	游泳池	泳	
18-33	喷水池		
18-34	假山石		
18-35	岗亭、岗楼		
18-36	电视发射塔	TV	
18-37	纪念碑		
18-38	碑、柱、墩		
18-39	亭		
18-40	钟楼、鼓楼、城楼		
18-41	宝塔、经塔		
18-42	烽火台	烽	
18-43	庙宇		
18-44	教堂		
18-45	清真寺		
18-46	过街天桥		
18-47	过街地道		

续表

序 号	名 称	图 例	说 明
18-48	地下建筑物的地表入口		
18-49	窑		
18-50	独立大坟		
18-51	群坟、散坟		
18-52	一般铁路		
18-53	电气化铁路		
18-54	电车轨道		
18-55	地道及天桥		
18-56	铁路信号灯		
18-57	高速公路及收费站		
18-58	一般公路		
18-59	建设中的公路		
18-60	大车路、机耕路		
18-61	乡村小路		
18-62	高架路		
18-63	涵洞		
18-64	隧道、路堑与路堤		
18-65	铁路桥		
18-66	公路桥		
18-67	人行桥		
18-68	铁索桥		
18-69	漫水路面		
18-70	顺岸式固定码头		

续表

序号	名称	图例	说明
18-71	堤坝式固定码头		
18-72	浮码头	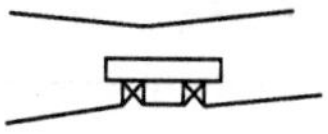	
18-73	架空输电线		可标注电压
18-74	埋式输电线		
18-75	电线架	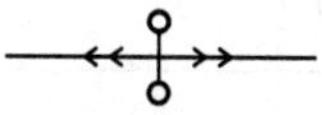	
18-76	电线塔	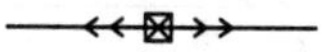	
18-77	电线上的变压器	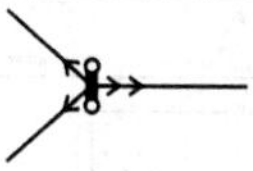	
18-78	有墩架的架空管道	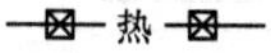	图示为热力管道
18-79	常年河		
18-80	时令河		
18-81	消失河段		
18-82	常年湖		
18-83	时令湖		
18-84	池塘	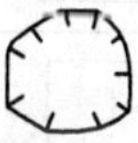	
18-85	单层堤沟渠	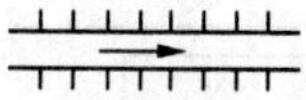	
18-86	双层堤沟渠	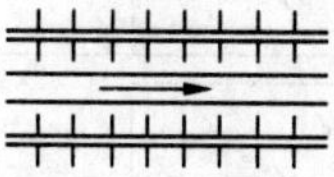	
18-87	有沟堑的沟渠	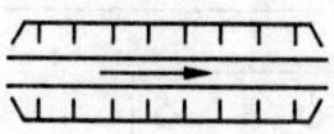	
18-88	水井		
18-89	坎儿井		
18-90	国界		

续表

序号	名称	图例	说明
18-91	省、自治区、直辖市界	 —··—··—	
18-92	地区、自治洲、盟、地级市界	 — — ·— — ·—	
18-93	县、自治县、旗、县级市界	 — —·— —·—	
18-94	乡镇界	 — ·— ·— ·—	
18-95	坎		
18-96	山洞、溶洞		
18-97	独立石		
18-98	石群、石块地		
18-99	沙地	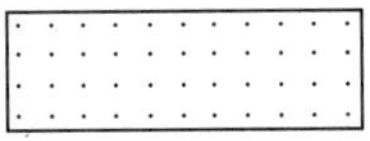	
18-100	砂砾土、戈壁滩	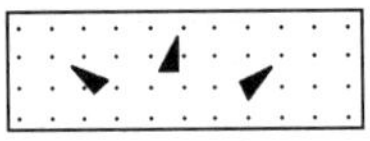	
18-101	盐碱地		
18-102	能通行的沼泽	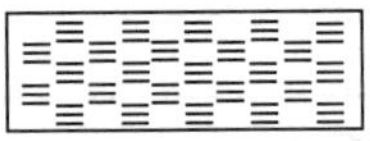	
18-103	不能通行的沼泽	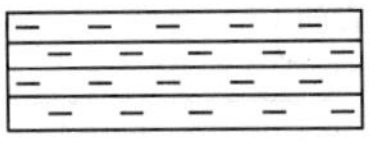	
18-104	稻田	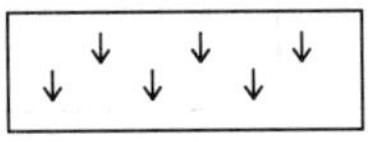	
18-105	旱地	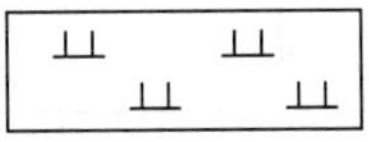	
18-106	水生经济作物	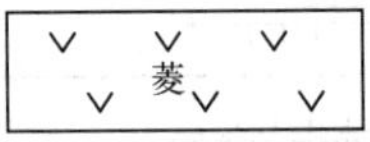	图示为菱
18-107	菜地	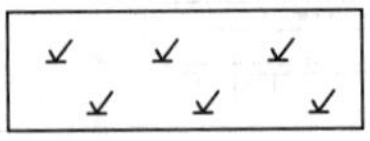	
18-108	果园	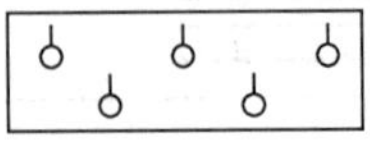	果园及经济林一般符号可在其中加注文字，以表示果园的类型，如苹果园、梨园等，也可加注桑园、茶园等表示经济林，与17-109至17-111共用
18-109	桑园	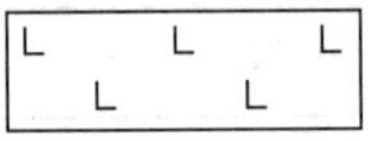	

续表

序 号	名 称	图 例	说 明
18-110	茶园		
18-111	橡胶园		
18-112	林地		
18-113	灌木林		
18-114	行道树		
18-115	阔叶独立树		
18-116	针叶独立树		
18-117	果树独立树		
18-118	棕榈、椰子树		
18-119	竹林		
18-120	天然草地		
18-121	人工草地		
18-122	芦苇地		
18-123	花圃		
18-124	苗圃		